ÉTUDE GÉOLOGIQUE

DE LA

RÉGION DU MONT VENTOUX

PAR

F. LEENHARDT

DOCTEUR ÈS-SCIENCES

CHARGÉ D'UN COURS DE SCIENCES ET DE PHILOSOPHIE NATURELLES A LA FACULTÉ DE THÉOLOGIE PROTESTANTE DE MONTAUBAN

Avec Figures dans le texte, quatre Planches de Coupes et une Carte.

MONTPELLIER
C. COULET, ÉDITEUR
LIBRAIRE DE LA BIBLIOTHÈQUE UNIVERSITAIRE
Grand'Rue, 5

PARIS
G. MASSON, ÉDITEUR
LIBRAIRE DE L'ACADÉMIE DE MÉDECINE
120, Boulevard Saint Germain

1883

ÉTUDE GÉOLOGIQUE

DE LA

RÉGION DU MONT VENTOUX

MONTPELLIER
TYPOGRAPHIE ET LITHOGRAPHIE BOEHM ET FILS

ÉTUDE GÉOLOGIQUE

DE LA

RÉGION DU MONT VENTOUX

PAR

F. LEENHARDT

DOCTEUR ÈS-SCIENCES

CHARGÉ D'UN COURS DE SCIENCES ET DE PHILOSOPHIE NATURELLES A LA FACULTÉ
DE THÉOLOGIE PROTESTANTE DE MONTAUBAN

Avec Figures dans le texte, quatre Planches de Coupes et une Carte.

MONTPELLIER
C. COULET, ÉDITEUR
LIBRAIRE DE LA BIBLIOTHÈQUE UNIVERSITAIRE
Grand'Rue, 5

PARIS
G. MASSON, ÉDITEUR
LIBRAIRE DE L'ACADÉMIE DE MÉDECINE
120, Boulevard Saint Germain

1883

INTRODUCTION

Au nord-ouest de la plaine fertile qu'arrosent à la fois la Durance et le Rhône, se dresse brusquement la masse imposante d'une montagne qui, d'un seul jet, atteint l'altitude de 1912^{m} [1] : c'est le mont Ventoux.

Ce sommet dénudé forme l'extrémité d'une longue arête qui, de Sisteron à la plaine du Rhône, s'élève comme une vague gigantesque pour séparer les montagnes du Dauphiné de celles du Comtat et de la Provence occidentale. Une étroite et profonde coupure, par laquelle passe la route de Sault au Buis, partage très naturellement cette arête en deux parties inégales : à l'E., la montagne de Lure, dont je n'ai pas à m'occuper ; à l'O., le mont Ventoux, qui s'avance comme une sentinelle perdue des Alpes au milieu de la plaine du Rhône.

Tandis que le Ventoux s'abaisse rapidement à l'ouest, il s'appuie, à l'est et au nord, sur une région montagneuse, qu'il domine, sans rencontrer de rival, jusqu'à plus de 60 kilom. au N.-E. (montagne de Durbonas 2089^{m}) et à plus de 50 kilom. à l'E. (montagne de Monges 2117^{m}) ; au delà, les ondulations de cette mer houleuse s'élèvent de plus en plus, et de sommet en sommet, des murailles hardies du Pelvoux aux glaciers de l'Iseran, le regard ne s'arrête qu'aux cimes dentelées et neigeuses de la grande chaîne des Alpes.

[1] C'est le chiffre du Dépôt de la Guerre, calculé par Delcros en 1823; mais il faut remarquer que ce chiffre, qui est exactement 1911^{m},4, est un minimum. Voir Guérin, Observations météorologiques, 1839. Martins, Essai de topographie botanique du mont Ventoux, 1838. Le Ventoux, par MM. Bouvier, Pamard et Giraud, 1879. Cette altitude va être rigoureusement déterminée avec la création prochaine de l'Observatoire météorologique dû à l'initiative de la Société météorologique de Vaucluse.

Au point de vue géologique, on ne peut limiter l'étude du mont Ventoux au seul relief qui porte le point culminant ; autour de lui, d'autres montagnes moins élevées se rattachent à sa masse comme ses contreforts ou ses prolongements ; il ne peut être étudié sans elles ; leur ensemble formera, si l'on veut, la région du mont Ventoux.

Cette région, dont la description géologique fait l'objet de ce travail, est limitée au N.-O. et à l'O. par la vallée de l'Ouvèze, au S.-O. par la plaine de Carpentras, au S. et au S.-E. par la Nesque, à l'E. par le côté extérieur de la dépression de Sault et d'Aurel, dépression qui sépare le Ventoux de la montagne de Lure et de ses dépendances ; enfin au N.-E. par la vallée d'Eygaliers et le prolongement de sa direction jusqu'au delà de Montbrun.

De Mollans au N., au-delà de Mormoiron au S., c'est-à-dire dans toute la moitié O. de la région, la Molasse marine forme la limite effective de la surface étudiée. Dans toute la moitié E., cette limite reste sans lien avec les formations géologiques.

Le mont Ventoux occupe la partie centrale et S.-E. de la surface ainsi délimitée. Il se divise en trois parties : à l'ouest, le petit Ventoux ; au centre, le Ventoux proprement dit ; à l'est, le Ventouret.

Son revers méridional s'abaisse, dans sa moitié O., en un demi-cercle ouvert vers la plaine et occupé par deux rangées de collines plus ou moins concentriques ; la moitié E., au contraire, reste surélevée et forme le plateau des Abeilles, qui rattache le mont Ventoux aux monts de Vaucluse [1].

Au nord, le Ventoux s'abaisse presqu'à pic dans la vallée du Toulourenc ; dans la partie ouest, cependant, son revers nord forme le ressaut appelé le Mont-Serein, qui le relie par le col du Comte à la montagne de la Plate. En s'abaissant à l'ouest et au nord-ouest, celle-ci devient la montagne et le plateau du Rissas qui s'avance comme un promontoire entre les vallées de l'Ouvèze et de Malaucène.

La rive droite de la vallée du Toulourenc est formée, dans sa partie ouest, par la montagne de Bluye, et dans sa partie est par le prolongement très abaissé de cette montagne ; il ne porte pas de nom spécial ; je le désignerai par une périphrase ou par le nom d'arête de Brantes.

[1] Montagnes qui séparent le bassin de la Nesque de celui du Coulon (Vallée d'Apt).

La montagne de Bluye, dont l'altitude ne dépasse pas 1064^m, rappelle un peu le Ventoux, et domine le confluent des vallées d'Eygaliers et de l'Ouvèze.

L'ensemble montagneux constitué par le mont Ventoux, la montagne de Bluye et leurs dépendances, et parcouru de l'est à l'ouest par le Toulourenc, occupe les trois quarts de la surface étudiée.

La majeure partie du quart restant est formée par un petit massif montagneux compris entre Vaison, Vacqueyras et Malaucène. Il est parcouru du S.-O. au N.-E. par une chaîne centrale qui atteint au plateau de Saint-Amand l'altitude de 734^m. Simple dans sa partie est, où je l'appellerai montagne de Saint-Amand, cette chaîne se décompose dans sa partie ouest en trois arêtes qui frappent au loin les regards par l'aspect hardi et déchiqueté d'où leur est venu le surnom de Dentelles, mais auxquelles je donnerai le nom plus général de montagnes de Gigondas.

Au nord, cette chaîne (Gigondas Saint-Amand) s'appuie sur une sorte de plateau ondulé qui s'abaisse lentement vers Vaison.

Au sud, on remarque encore le petit relief de Laroque, dont le prolongement très abaissé s'étend à l'est jusqu'au Petit-Ventoux et se confond avec lui.

Entre les deux massifs montagneux du Ventoux à l'E., et de Gigondas à l'O., qui forment deux régions assez naturelles, bien que d'importance très inégale, s'étend la dépression dans laquelle se trouve la ville de Malaucène, et que j'appellerai, par extension et pour plus de simplicité, la vallée de Malaucène. Par son altitude très inférieure et par la Molasse supérieure qui la remplit, cette large vallée forme une séparation très nette entre les deux régions montagneuses dont je viens de parler, et qui n'ont de communication qu'au sud par le col Saint-Michel et les collines du Barroux, dont l'altitude ne dépasse guère 400 mètres.

Je me borne à ces considérations topographiques très générales, mais suffisantes lorsqu'on a la carte sous les yeux [1].

[1] A propos de la carte de l'État-Major, dont j'ai été heureux de me servir, il me sera permis d'exprimer ici le vœu que les feuilles dont j'ai dû faire usage soient bientôt l'objet d'une révision sérieuse, et à mon sens indispensable, surtout au point de vue de l'orographie.

La région du mont Ventoux n'a pas été l'objet de nombreux travaux d'histoire naturelle. La plupart ne concernent que le Ventoux lui-même et n'ont trait qu'à la botanique. Il faut citer celui de M. Martins sur la botanique topographique de cette montagne, qui offre des conditions si favorables à une étude de ce genre.

Les deux naturalistes avignonnais Renaux et Requien, dont le dernier surtout a, pendant trente ans, parcouru cette région dans tous les sens et distribué partout avec générosité les plantes qu'il y recueillait, n'ont laissé aucun travail sur la géologie de cette même région ; il ne reste comme témoins de leurs nombreuses explorations que quelques indications accidentelles dans les *Bulletins de la Société géologique* et les fossiles conservés au Musée Requien à Avignon et à la Faculté des Sciences de Montpellier.

En 1842, M. Eugène Raspail, leur compagnon de course et leur ami, fit suivre la description du *Neustosaurus Gigondarum*, qu'il venait de découvrir, d'une intéressante petite Notice géologique sur les montagnes de Gigondas[1], et réunit une belle collection de fossiles de la région, qu'on peut admirer dans sa propriété du Colombier, près de Gigondas. Cette collection, toujours ouverte avec amabilité aux géologues, consacre cette petite localité comme capitale géologique du massif montagneux aux pieds duquel elle est située.

En 1862, l'ingénieur en chef des mines, Sc. Gras, qui avait été chargé par le Conseil Général de dresser la Carte géologique du département de Vaucluse, publia une description géologique de ce même département, dans laquelle il réunit aux siennes propres et à celles de ses aides toutes les observations qui avaient été faites avant lui[2]. Ce double travail de carte et de description, fait d'une manière un peu hâtive, présente des lacunes et un certain nombre d'erreurs; je ne signalerai ici que celle qui se rapporte à l'étage à Ancyloceras de cet auteur. Ce singulier étage est formé par la combinaison, variable suivant les localités, de la plupart des assises qui se trouvent, dans ma région, comprises entre le Jurassique et les marnes aptiennes; il est placé

[1] Eug. Raspail ; *Observations sur un nouveau genre de Saurien fossile, le* « Neustosaurus Gigondarum », *avec quelques notes géologiques sur les montagnes de Gigondas*, 1842.

[2] Sc. Gras ; *Description géologique du département de Vaucluse*, 1862.

par Sc. Gras au-dessus des calcaires à *Requienia* et n'exclut point l'existence d'un étage Néocomien ; il est inutile d'insister sur les erreurs de détail qu'amènent de telles confusions.

En 1861, M. Lory[1], après Sc. Gras en 1835[2], fait connaître les grands traits de la géologie du bord de la région du Ventoux limitrophe des départements de la Drôme et de Vaucluse.

La même année, Reynès[3] présente quelques observations assez incomplètes sur le Crétacé de Bédoin et de Sault.

En 1875, M. Hébert donne une coupe du Crétacé moyen de Bédoin[4].

Enfin on trouve de rares indications données en passant sur quelques points de la géologie de la région du Ventoux dans les travaux d'Ém. Dumas, de MM. Matheron, de Saporta et d'autres savants, indications qui seront mentionnées à l'occasion, au cours de cette étude.

Comme on le voit par ce qui précède, il y avait encore lieu de consacrer à la géologie de la région du Ventoux une étude spéciale. Le projet, aujourd'hui en voie d'exécution, de la création d'un Observatoire au sommet de la montagne, promettait à cette étude un caractère d'actualité qui pouvait en augmenter l'intérêt.

Bien qu'éloigné par mes occupations professionnelles de cette région, à laquelle me rattache plus d'un lien, j'ai essayé d'entreprendre cette étude en y consacrant mes vacances pendant plusieurs années.

Je ne me dissimule ni les lacunes ni les imperfections de ce travail ; peut-être me sera-t-il donné plus tard de pouvoir en faire disparaître quelques-unes.

Quant aux erreurs que j'ai certainement commises, mon espoir est de les voir bientôt rectifiées par le contrôle de mes confrères : je l'appelle de tous

[1] Ch Lory ; *Description géologique du Dauphiné*, 1861.

[2] Sc. Gras ; *Statistique minéralogique et géologique du département de la Drôme*, 1835.

[3] Reynès ; *Étude sur le synchronisme de la formation crétacée dans le S.-E. de la France.* (Mémoires de la Société d'Émulation de Provence, 1861.)

[4] Hébert et Toucas ; *Description du bassin d'Uchaux*. (Bibliothèque de l'école des Hautes études, XII, 1875.)

mes vœux. Le privilège des sciences est de conserver toujours la possibilité de faire la preuve, et d'avoir ainsi la certitude que les observations incomplètes ou erronées ne tarderont pas à être corrigées. Heureux celui qui voit entrer définitivement dans l'édifice des sciences les quelques pierres qu'il a laborieusement préparées ! Je ne parle pas des fatigues et des difficultés matérielles : que sont-elles auprès des jouissances que procurent toujours à celui qui les étudie avec amour, les œuvres magnifiques du Créateur ? Et, parmi toutes les sciences, n'est-ce pas la Géologie qui fait revivre devant nous l'histoire la plus merveilleuse et la plus féconde en enseignements, l'histoire de l'activité du grand Ouvrier préparant à travers une complexité de moyens qui n'est surpassée que par la majesté de l'ensemble, la venue de cet être admirable et étrange, tout à la fois résumé de la Nature, dont il est le suprême développement, et artisan d'un monde nouveau dont il est le point de départ !

Le plan de ce travail est simple. J'étudierai d'abord, d'une manière indépendante, les divers terrains qu'on rencontre dans la région du mont Ventoux; puis, une fois les unités géologiques ou les matériaux connus, j'essayerai d'exposer la manière dont ils ont été mis en œuvre dans l'architecture géologique de la région. Enfin je résumerai cette double étude dans une esquisse de la formation progressive du sol et de son relief.

Qu'il me soit permis de remercier ici tous ceux qui, à un titre quelconque, ont bien voulu m'aider dans ce travail ; la plupart sont nommés au cours de cet ouvrage. Je dois exprimer tout spécialement ma profonde gratitude à M. le professeur de Rouville, Doyen de la Faculté des Sciences de Montpellier, qui n'a cessé de m'entourer de ses encouragements sympathiques et de ses conseils si autorisés, et qui a bien voulu me faciliter autant que possible l'accès de la bibliothèque et des collections de la Faculté.

ÉTUDE GÉOLOGIQUE

DE LA

RÉGION DU MONT VENTOUX

PREMIÈRE PARTIE.

STRATIGRAPHIE PALÉONTOLOGIQUE.

Lorsque, parvenu au sommet du Ventoux, le géologue promène ses regards sur la région qui s'étend immédiatement à ses pieds, il ne tarde pas à distinguer, soit à leurs couleurs, soit aux traits de leur relief, un certain nombre de formations qui, dès l'abord, se réunissent en deux groupes.

Le premier groupe constitue les grands reliefs et comme la charpente de la région, en même temps qu'un ensemble stratigraphique continu. Il comprend : le Jurassique, dont la partie supérieure, avec ses calcaires à teinte bleuâtre, se dresse sur les marnes plus foncées de sa partie moyenne; le Néocomien, terne et jaunâtre, avec ses talus rubanés et son aspect aride et désolé ; enfin l'Urgonien, dont la teinte rappelle souvent celle du Jurassique supérieur, mais auquel ses abrupts, ses surfaces rocheuses dénudées ou boisées, donnent toujours un aspect caractéristique. Au pied des montagnes formées par ces trois termes, s'étale un second groupe dans lequel l'élément marneux et arénacé prédomine ; ce sont : les marnes jaunes ou noires de l'Aptien ; le Crétacé moyen, débutant par des sables colorés et se continuant par des grès calcaires qui forment ordinairement des collines boisées; les sables et les argiles plastiques, bariolés des plus vives couleurs; la formation lacustre avec ses marnes blanchâtres et ternes, ses reliefs calcaires, et sa partie inférieure si montée en couleur dans les montagnes de Gigondas qu'on en ferait volontiers un terme spécial ; la Molasse marine, qui s'étend dans la plaine après avoir formé çà et là, par ses couches inférieures solides et redressées, des reliefs faciles à confondre avec ceux des terrains secondaires; enfin quelques dépôts d'alluvions de diverses époques, mais sans étendue.

Ces différents termes de la série géologique, représentés dans la région du Ventoux, sont loin d'avoir tous la même importance et le même intérêt.

Le Crétacé inférieur, c'est-à-dire le Néocomien, l'Urgonien et l'Aptien, occupent à eux seuls les trois quarts de la surface totale ; ils présentent des particularités d'autant plus intéressantes que les deux derniers se trouvent en continuité géographique et géologique avec les deux localités classiques d'Orgon et d'Apt.

L'étude du Crétacé inférieur occupera donc tout naturellement une place importante dans cette première partie. Il en résulte peut-être un certain manque de proportion qui ne sera que le reflet d'un trait saillant de la région.

CHAPITRE PREMIER.

Jurassique.

Le Jurassique ne se rencontre qu'au nord et à l'ouest du Ventoux.

Au nord, ses affleurements forment la limite de la région et se rattachent au Jurassique de la Drôme.

A l'ouest, ils constituent une petite région montagneuse, remarquable par les dislocations qui ont mis au jour les parties profondes de ce terrain.

Quelques pointements isolés relient aux affleurements du nord les montagnes de Gigondas, qui s'avancent comme un promontoire jurassique au milieu d'un grand développement de terrain crétacé.

Le Jurassique est constitué par des marnes, des calcaires marneux et des calcaires compactes qui se sont déposés de bas en haut dans l'ordre indiqué et sans interruption dans la sédimentation.

Il se divise très naturellement en deux groupes : un groupe marno-calcaire inférieur J^1, et un groupe calcaire supérieur J^2.

Prises dans leur ensemble, ces deux divisions[1] correspondent assez bien, comme on le verra plus loin, au Jurassique moyen et au Jurassique supérieur.

Jurassique moyen. J^1.

La division inférieure du Jurassique de la région du Ventoux n'est développée que sur le revers sud des montagnes de Gigondas. Elle se compose d'une série marneuse inférieure A, et d'une série calcaréo-mar-

[1] Peut-être faudra-t-il ajouter plus tard une troisième division, inférieure aux deux précédentes, dans laquelle viendraient se placer les couches, d'âge encore douteux, dont il sera question à propos de l'horizon de Suzette.

neuse supérieure B, dans chacune desquelles on peut reconnaître deux niveaux assez distincts.

Bien que ces marnes ou ces calcaires marneux se montrent sur un grand nombre de points et couvrent même une surface assez étendue, eu égard à celle qu'occupe tout le Jurassique, ils ne se présentent avec leur complet développement et dans des conditions stratigraphiques passables, que dans les environs de Lafare, où les quatre niveaux suivants peuvent être observés de bas en haut.

A. J^1 a. — On rencontre près de Lafare des marnes grises ou noires remplies de petites Posidonies; elles sont surmontées par des marnes toutes semblables où les Posidonies deviennent de plus en plus rares et dans lesquelles s'intercalent des lits minces de calcaire marneux roussâtre.

Ces affleurements, qui se trouvent à la fois au centre d'une voûte ouverte et au bas du ravinement le plus profond, représentent stratigraphiquement la partie la plus inférieure des marnes jurassiques observables dans cette région.

Elles se rapportent à la partie supérieure du Callovien d'Orb., comme le montrent les espèces suivantes, recueillies à Lafare.

Belemnites, fragments.
Ammonites Duncani, Sow.
— *Lamberti*, Sow.
— *Mariæ*, d'Orb.
— *coronatus*, Brug.
— *hecticus*, Rein.
Ammonites punctatus, Stahl.
— *tortisulcatus*, d'Orb. petits
— individus,
— cf. *backeriæ*, Sow. in d'Orb.
Posidonia.

On rencontre une grande abondance de petits Harpoceras indéterminés, parmi lesquels une forme voisine, n'étaient ses tours beaucoup moins arrondis, de l'*Harpoceras Krakoviense*, Neum. Céph. Balin.

Renaux, Requien et M. Raspail ont recueilli en outre les espèces suivantes, citées par d'Orbigny dans la *Paléontologie française*.

Ammonites arthriticus, Sow.
— *Jason*, Ziet.
Hommairei, d'Orb.
Ammonites Lalandeanus, d'Orb.
— *tatricus*, Pusch.
— *Adelae*, d'Orb.

J'b. — Au-dessus du niveau précédent se développe une grande épaisseur de marnes foncées qui constituent la presque totalité des affleurements marneux du Jurassique.

Ces marnes, ou plutôt ces schistes marneux, sont noirs ou gris, souvent pyriteux et pénétrés de lamelles de gypse. Leur consistance peut devenir assez variable pour présenter localement de vraies alternances de parties marneuses et de parties calcaires. Ils renferment de nombreux nodules calcaires, tantôt irrégulièrement distribués, tantôt assez rapprochés pour former des cordons ou même se confondre dans de minces bancs de calcaire marneux. Ces nodules empâtent fréquemment des fossiles bien conservés.

La partie supérieure de ce niveau présente des phénomènes de coloration caractéristiques et qui, du reste, semblent se reproduire avec une certaine constance à ce niveau ou un peu au-dessus dans le Jurassique moyen du Midi. Les marnes deviennent grises et prennent volontiers des teintes violacées, tandis que les lits de calcaire, noduleux ou non, qui les traversent, sont fortement colorés en jaune ou en rouge. On rencontre fréquemment dans ces bancs colorés, aux environs de Lafare en particulier, des *Am. tortisulcatus* de grandes dimensions avec leur test.

Ces phénomènes de coloration fournissent un point de repère souvent utile, mais dont il ne faut cependant se servir qu'avec prudence, car, vu la stratigraphie très obscure de ces marnes, il est difficile de s'assurer qu'ils appartiennent exclusivement à ce niveau.

Dans les parties inférieures de J'b, on trouve quelques petites Ammonites ferrugineuses.

Le fossile caractéristique de cet ensemble marneux est l'*Am. cordatus* et ses variétés.

J'y ai recueilli les fossiles suivants :

Rhynchotheutis, sp.
Belemnites hastatus, Blainv. Abondant ; un individu à forme élancée, que sa coupe peu déprimée rapproche de *Bel. semisulcatus*, Munst.
— *sauvanosus*, d'Orb.
Ammonites cordatus, Sow. Variétés à grosses côtes, à côtes fines, lisses.

Ammonites Lamberti, Sow. Petits individus qui disparaissent vers le milieu de la hauteur de J'b.
— *Mariæ*, d'Orb.
— *tortisulcatus*, d'Orb. Individus avec test formé de deux couches dont l'externe masque les sillons sur les flancs. Le pourtour de l'ombilic, qui forme un repli à la suture, est marqué de fines stries.
— *zignodianus*, d'Orb.
— *Mediterraneus*, Neum., in Favre. Voirons, pl. I, *fig.* 11, 12. On voit nettement sa selle trilobée.
— cf. *ptychoicus*, Quenst. Voir Collot, Aix, pag. 67. Bien que je n'aie pas recueilli cette espèce en place, elle provient certainement des marnes à *Am. cordatus*, très probablement de la partie supérieure (niveau des grands Tortisucalti).
— *Erato*, d'Orb.
— sp. Plusieurs Phylloceras à test finement costulé.
— *plicatilis*, d'Orb.
— cf. *backeriæ*, d'Orb. Ter. Jur., pl. 147.
— *caprinus*, Schlot., in Quenst. Jura, pl. 71, *fig.* 5, et Céph., pl. 16, *fig.* 5.
— *Eugenii*, Rasp.
— *Constantii*, d'Orb.
— *Henrici*, d'Orb.
— *lunula* (Rein) in d'Orb. Ter. Jur., pl. 157, *fig.* 3.
— *Christoli*, Baudoin. *Bull. Soc. Géol.*, série 2, VIII, pl. 10.
— *bipartitus*, Ziet.
— cf. *pictus*. Scholt, in Quenst. Jura, pl. 76, *fig.* 18. Un seul individu qui diffère par le peu d'accentuation des côtes ombilicales, tandis que celles des flancs sont plus fortes que celles de la fig. de Quenstedt.
— sp. (Lytoceras).

Pleurotomaria Munsteri, Rœm ? D'Orb. Ter. Jur., pl. 416, *fig.* 4-8.
Inoceramus Oosterii, Favre ? Alpes Frib., pl. 3.

B. J'c. — Au-dessus du niveau coloré qui termine ordinairement les marnes à *Am. cordatus*, on voit, à mi-côte de l'arête qui domine Lafare au N.-O., se développer des alternances irrégulières de calcaires marneux et de marnes.

Ces calcaires, à pâte foncée comme les marnes, sont très cassants, et s'émiettent en quelque sorte en fragments anguleux; ils sont faciles à confondre avec certains calcaires marneux du Néocomien, dont ils ne se distinguent guère que par une pâte plus fine et une cassure plus anguleuse. Ils forment des bancs d'épaisseur très variable, dont les surfaces exposées présentent par altération une teinte ocreuse assez caractéristique.

Les fossiles sont rares à ce niveau, et la nature de la roche ne favorise ni leur conservation ni leur extraction. Les Ammonites du groupe de de l'*Am. plicatilis* sont assez communes; en particulier, une Ammonite à tours presqu'en contact, à large ombilic, à côtes espacées, régulièrement bifurquées près du pourtour externe, mais dont je n'ai pu recueillir que des fragments aplatis et indéterminables.

Belemnites Dionysii, Favre. Son sillon court et sa pointe plus excentrique la séparent du *Bel. Didayi*.
Ammonites canaliculatus, Munst.
— *stenorhynchus*, Oppel. Caractérisé par la forme de l'ombilic.
— *tortisulcatus*, d'Orb. Variété qui par les inflexions des sillons se rapproche de l'*Am. Silenus*, Font.
— *bachianus*, Oppel. ?..
Une petite *Oppelia* qui par ses côtes, toutes élargies au pourtour en un tubercule obtus, rappelle l'*Opp. greenackeri*, dont elle diffère par sa carène et d'autres détails.

Les fossiles précédents, auxquels il faut ajouter l'*Am. Toucasianus*, recueillie par Renaux et par M. Raspail, permettent de regarder ces calcaires marneux comme correspondant au moins en partie à la zone à *Am. transversarius*. Je dis en partie, car il se pourrait que cette zone descendît plus bas, jusque dans l'horizon coloré dont j'ai précédemment parlé.

J'd. — A la partie supérieure de la série calcaréo-marneuse, les marnes, les calcaires et leurs relations se modifient sensiblement.

Les marnes deviennent plus argileuses, beaucoup plus claires, d'un gris sale, jaunâtre ou un peu rosé; les calcaires sont plus durs, à pâte sublithographique plus claire, gris bleu ou rose, souvent bicolore ; on y rencontre des noyaux siliceux.

Ce niveau occupe seulement les 15 ou 20 derniers mètres de la série calcaréo-marneuse, mais il est facile à reconnaître à la présence de nombreux fragments de Bél. plates.

Avec quelques Aptychus et des fragments indéterminables de *Harpoceras*, ces Bélemnites sont les seuls fossiles que j'y ai recueillis.

Elles appartiennent à plusieurs espèces. La plus commune est caractérisée par un double sillon plus ou moins profond sur les flancs et qui se transforme en côte obtuse à la partie antérieure du rostre du côté du sillon alvéolaire. Ce caractère appartient aux *Bel. Dumortieri*, Opp., *Voironensis*, Favre et *Argovianus*, Favre. Les deux premières semblent représenter la même espèce, et les échantillons les plus complets que je possède se rapportent assez bien aux *fig.* 4, pl. I, Voirons, et 9, pl. IV, Crussol, mais avec une section plus ovale que cette dernière.

Un ou deux fragments de Bél. recueillis à ce niveau semblent, par leur coupe très déprimée, par leurs sillons latéraux et leurs petites dimensions, pouvoir être rapprochés du *Bel. Royerianus*, d'Orb.

D'autres enfin, par leur large canal arrivant presque jusqu'à la pointe, ou par leurs flancs largement creusés, rappellent des formes qu'on retrouve plus bas.

Signalons encore quelques fragments d'Aptychus qui par leur côte suturale, à laquelle viennent se réunir des côtes peu nombreuses sous un angle assez ouvert, peuvent être rapprochés de l'*Apt. sparcilamellosus*, Gumb.

Ces fossiles sont insuffisants pour paralléliser ce niveau, soit avec la zone à *Tereb. impressa* (*Bel. Dumortieri*), soit avec celle à *Am. bimammatus* (*Bel. Royerianus ?*).

Certains caractères semblent rapprocher davantage ce niveau de celui qui le suit que de celui qui le précède. En l'absence de caractères paléontologiques précis, je l'ai laissé dans J' pour respecter les groupements locaux.

Sur un point où le talus très raide de l'arête rocheuse qui domine Lafare au nord-ouest a été un peu raviné, on relève la coupe suivante de la série calcaréo-marneuse B, *fig.* 1.

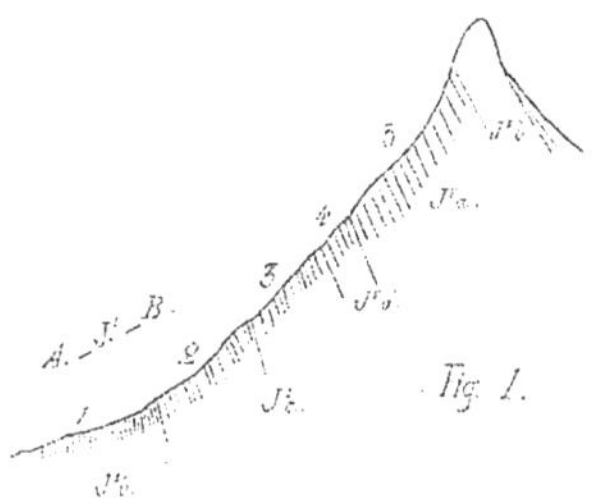

1. Marnes foncées avec teintes bleuâtres, grisâtres, brunâtres et bancs minces très espacés de calcaire marneux ou de nodules rouges. *Am. cordatus, Am. tortisulcatus.*
2. Alternances assez rapprochées de marnes dures et de calcaires marneux foncés et très cassants.
3. Bancs plus rapprochés et plus épais comme 2, suivis d'alternances de groupes de couches dans lesquelles le calcaire ou les marnes dominent tour à tour.
4. Calcaire gris de fer avec des parties rougeâtres et des zones bleuâtres, parfois bicolores ; bancs de marnes grises intercalées entre les bancs calcaires. Noyaux siliceux. *Harpoceras, Bel. plates.*

   La partie supérieure de ce niveau est masquée ; un peu plus loin, le contact avec 5 se fait par un lit grumeleux que je n'ai pas retrouvé ailleurs.
5. Calcaires régulièrement stratifiés de J^2a.

Dans le ravin du Grand Débat, on peut faire une coupe beaucoup plus abordable que la précédente et où la partie supérieure de J'd est plus complète (*fig.* 2).

1. Marnes noires ou gris foncé qui se continuent avec les marnes à *Am. cordatus* qu'on trouve un peu plus bas. Les parties colorées de cette zone ne se voient pas.
2. Calcaires marneux foncés, très cassants, en bancs de 3 à 50 cent. très mouvementés, alternant irrégulièrement avec des marnes. La tranche des bancs est souvent de couleur ocreuse ; leur surface se délite en forme de pavés. 30 à 35^m. *Am. tortisulcatus*, *Am. canaliculatus* jeunes ? *Am.* du groupe du *plicatilis*.
3. Quelques bancs plus épais de calcaire plus dur, à surface très ocreuse ou rousse. 6-8^m. *Am. stenorhynchus*, Opp.
4. Les marnes dominent pendant 12 à 15^m. *Bel. Dionysii*, Fav., *Am.* du groupe du *plicatilis*. Petites *Oppelia*.
5. Marnes et calcaires marneux plus ou moins masqués sur une dizaine de mètres d'épaisseur.
6. Série de bancs assez rapprochés de calcaires moins marneux, plus durs et plus clairs que 2 ; souvent bicolores ou un peu roses par place ; noyaux siliceux et ferrugineux. *Am. tortisulcatus*, *Harpoceras*.
7. Deux ou trois gros bancs de calcaire gris, compacte, séparés par des calcaires marneux et des marnes grises assez claires. Gisement principal des Bél. plates caractéristiques de J^2 d.
8. Bancs régulièrement stratifiés de calcaire compacte, base de J. a.

Jurassique supérieur. J^1.

La division supérieure du Jurassique est constituée par des calcaires régulièrement stratifiés ou massifs, gris, blonds, parfois mouchetés ; plus clairs et souvent teintés de rose dans les parties supérieures.

Elle forme la majeure partie des affleurements jurassiques des montagnes de Gigondas et la totalité de ceux qu'on retrouve ailleurs dans la région du Ventoux.

Les calcaires qui la composent forment une masse continue qui se prête mal à des subdivisions. Je crois cependant devoir y distinguer trois niveaux qui se retrouvent partout d'une manière très constante, bien qu'avec d'assez grandes variations d'épaisseur et d'aspect.

J^2a. — Au-dessus du niveau à Bélemnites plates commence une longue série de bancs régulièrement stratifiés, d'une épaisseur moyenne de 0,30 à 0,60 cent., souvent séparés par des lits argileux gris ou jaunes. Ces bancs sont formés par un calcaire dur, à pâte fine, ordinairement gris ou blond, souvent moucheté, d'apparence extérieure fréquemment un peu marneuse ; ils renferment çà et là des rognons de silex, surtout à la partie supérieure. Parfois, comme à la cluse de Saint-Christophe, principalement aux deux tiers de la hauteur, ces bancs ont une tendance à se confondre et à former une ou plusieurs masses à stratification confuse ; le calcaire prend alors volontiers une teinte rose sombre.

La puissance de ce niveau peut être évaluée à 60 ou 80 mètres.

Sa faune, encore trop incomplète pour permettre d'y introduire des subdivisions, le caractérise suffisamment comme équivalent de la zone dite à *Am. tenuilobatus* (*sensu lato*). Je citerai les espèces suivantes :

Belemnites astartinus, Etall.
— sp.
Ammonites Lothari, Oppel.
— *lictor*, Font.
— *inconditus*, Font.
— *effrenatus*, Font. ?
— *fasciferus*, Neum. Fauna der Sch. m. Asp. Acanth., pl. 39, *fig.* 1.
— cf. *Tiziani*, in Loriol. Baden, pag. 56 et 191. Les côtes sont un peu plus rapprochées dans les tours intérieurs, mais ce sont identiquement les mêmes proportions.
— *balnearius*, de Lor.
— *Weinlandi*, Opp.
— *frotho*, Opp.

Ammonites tenuilobatus Opp.? Diffère de la *fig.* 9, pl. 16, Céph. de Quenstedt (*Pictus costatus*), par davantage de côtes ombilicales et une grande atténuation des tubercules du milieu des flancs, ce qui le rapproche de l'*Op. levi picta*, Font., dont elle n'a pas la forme comprimée.
— *compsus*, Opp.?
— plusieurs espèces d'*Oppelia*.
— *longispinus*, Sow.
— cf. *Altenensis*, d'Orb. Diffère de l'espèce de d'Orb. par la direction des tubercules inclinés vers l'ombilic. Sauf son épaisseur, beaucoup moins grande, conforme à la fig. de l'*Am. inflatus macrocephalus*. Quenst. Jura, pl. 75 (*circumspinosus*, Opp.).
— cf. *sesquinodosus*, Font? Flancs plus arrondis et pourtour plus étroit.
— *bispinosus*, Zieten? fragment.
Aptychus sp. du groupe de l'*Apt. latus*.
— *sparcilamellosus*. Gümb., in Favre. Voirons, VII, 6-9.
— *punctatus*, Voltz.

J^2 b. —Aux calcaires régulièrement stratifiés de J^2 a, en succèdent d'autres qui diffèrent par leur nature et par leur mode de stratification.

Ce sont des calcaires de couleur ordinairement claire, souvent veinés de rouge, gris ou couleur de chair, très résistants, le plus souvent grumeleux ou bréchoïdes, pouvant présenter tous les degrés de transition entre une pâte compacte et une structure grossièrement bréchoïde.

Cette nature de roche paraît liée à des particularités de stratification qu'il n'est peut-être pas inutile de relever avec quelques détails.

Dans la région, comme en général dans tout le Midi, les calcaires de ce niveau couronnent ordinairement les bancs réguliers de J^2a par un abrupt caractéristique. Calcaires massifs, calcaires ruiniformes, klippenkalk, etc.

Dans les localités fortement disloquées, ces calcaires se redressent en murailles verticales et forment les arêtes étroites et si hardiment découpées qui ont valu aux montagnes de Gigondas le nom significatif de Dentelles.

Cet abrupt consiste fréquemment en une masse calcaire plus ou moins puissante, qui ne laisse apercevoir que des traces confuses de stratification et, le plus souvent même, semble former un seul banc. D'autres fois, la stratification est nettement visible et l'abrupt se décompose en bancs d'épaisseur très inégale ; on remarque souvent alors deux ou trois groupes de bancs minces séparés par de gros bancs qui atteignent au nord de Brantes jusqu'à 4^m d'épaisseur. Ces petits bancs sont tantôt très distincts, tantôt montrent une tendance à se confondre entre eux et avec les gros bancs. Ailleurs enfin, une stratification irrégulière et oblique révèle un mode de dépôt particulier, très différent de celui qui a formé les couches régulièrement stratifiées qui supportent J^{2}b. On trouve un bel exemple de cette stratification oblique au sud-est de Laroque, où de gros bancs de calcaire bréchoïde se terminent brusquement par des surfaces obliques, et les biseaux ou les coins ainsi formés s'enchevêtrent les uns dans les autres, en sorte qu'on dirait toute la masse calcaire formée par le dépôt de gigantesques lentilles, épaisses et allongées. A Entrechaux, un de ces bancs qui venait d'être mis à découvert par les chaufourniers mesurait déjà 2^m,50 d'épaisseur à 3^m, de son extrémité biseautée[1].

Il faut signaler encore l'aspect ruiniforme que présentent souvent les calcaires de ce niveau, ainsi que les corrosions de leurs surfaces exposées aux intempéries, d'où leur est venu, dans le Midi, le nom significatif de rascle[2].

L'épaisseur de ces calcaires varie de 20 à 40^m ; leur puissance paraît augmenter en allant vers l'est, tout en subissant des variations sensibles à des distances très rapprochées.

La faune de ces calcaires est à peu près nulle ; les traces de fossiles ne

[1] Cette stratification oblique ou en biseau semble à peu près normale dans les dépôts formés de débris atténués de roches ou de fossiles plus ou moins roulés sur place. Elle est très fréquente dans l'Urgonien et dans la Molasse, et paraît se rapporter à ce qu'on appelle faciès de charriage. Elle paraît avoir pour origine les mouvements des eaux marines, dus aux vagues, aux marées, aux courants agissant presque sur place, dans le voisinage des côtes pour la Molasse, des récifs coralligènes pour l'Urgonien et peut-être aussi pour le Jurassique supérieur, bien que dans ce dernier la roche soit plus grumeleuse que lumachellique.

[2] Le rascle, que nous retrouverons avec un grand développement dans l'Urgonien, a des rapports étroits avec les lapiés et les karrenfelder des Suisses. Dans ma région, il est dû sans contestation possible à l'action des eaux. L'explication qui attribue sa formation aux glaciers, explication à laquelle on ne peut recourir en Provence, me paraît compromise par l'observation de de Charpentier, que cite M. Renevier. (*Orographie des Hautes-Alpes calcaires*, pag. 79.)

sont pas très rares, mais il est à peu près impossible de les dégager, et ceux qu'on recueille sur les surfaces dénudées sont trop mal conservés. On remarque cependant plusieurs espèces de Bélemnites, dont une paraît être le *Bel. semisulcatus*, et des Aptychus qui se rapportent aux types de l'*Aptychus latus* et de l'*Aptychus punctatus*, Voltz (*imbricatus*, H. de Mey.).

L'absence de fossiles ne permet de paralléliser J^2b que par des inductions tirées de sa position stratigraphique et de ses caractères pétrographiques. Ces derniers sont trop particuliers pour qu'on n'en tienne pas compte, et leur valeur est confirmée par leur constance à ce niveau. Dans toute notre région des Alpes et des Cévennes, les calcaires dits à *Am. tenuilobatus* sont couronnés par des calcaires appelés calcaires massifs, calcaires ruiniformes, calcaires bréchoïdes, gros bancs supérieurs, etc., qui certainement, pris comme ensemble, sont l'équivalent de J^2b.

Les analogies si frappantes de ces calcaires avec ceux de l'Urgonien (dans ses parties latérales aux amas de polypiers et de *Requienia*) amènent à se demander s'ils ne seraient pas eux aussi, comme ces derniers, le prolongement latéral d'un niveau coralligène, et si celui-ci ne devrait pas être recherché, par exemple, dans les calcaires à *Diceras Lucii*, développés dans le Gard et dans l'Hérault à un niveau stratigraphique homologue.

La continuité des calcaires massifs ou ruiniformes et des calcaires blancs à *Diceras Lucii* avait été, déjà en 1869, partiellement admise par MM. Coquand et Boutin. (*Bull. Soc. Géol.*, 1869, pag. 834.)

M. Torcapel l'accepte entièrement dans ses notes sur les lignes de Lunel au Vigan et d'Alais au Pouzin. (*Bull. Soc. Géol.*, 1876, pag. 23 ; et 1878, pag. 105.)

Enfin les travaux récents de M. Jeanjean et les observations de M. de Rouville viennent la confirmer pour la région sud-ouest du Gard, et donner ainsi un certain appui à l'équivalence, que j'avance d'ailleurs sous toutes réserves.

Les calcaires ruiniformes sont rapprochés, par M. Fontannes, des calcaires du château de Crussol. Ce rapprochement paraît assez naturel ; toutefois, si en l'absence de données paléontologiques on tient compte des caractères pétrographiques de ces calcaires (*Calc. du Chât.*, pag. 8), ce serait plutôt avec la partie supérieure de J²a (calc. à silex) que correspondraient les calcaires du Château. Du reste, la limite entre J²a et J²b reste variable ; ces groupes correspondent à des limites locales, et je ne serais pas étonné que la paléontologie ne réunît la partie supérieure de J²a, dans laquelle je n'ai rencontré que de très rares fossiles, avec tout ou partie de J²b, dans lequel je n'en ai, pour ainsi dire, point recueilli. La coupe de la cluse de Saint-Christophe, dont j'ai parlé précédemment, serait favorable à cette division si la distinction qu'elle ferait établir dans J²a ne s'effaçait entièrement à peu de distance.

J²c. — Les calcaires précédents ne terminent pas la série jurassique. Au-dessus d'eux, on rencontre des calcaires gris ou blancs avec des parties violacées très caractéristiques, puis des calcaires de plus en plus blancs, mouchetés de rose, quelquefois de bleu, très cassants, formant une sorte de gravier sonore et craquelant sous le pied. Au milieu de ces calcaires, ordinairement sublithographiques, on en rencontre qui paraissent formés par le mélange de deux pâtes différentes, et d'autres grumeleux ou bréchoïdes. Ces divers calcaires sont assez régulièrement stratifiés en bancs d'épaisseur moyenne, à surface souvent irrégulière, surtout dans les parties inférieures.

Quelquefois, là où se trouvent des calcaires bréchoïdes, la stratification devient confuse et les calcaires prennent une apparence de rascle peu consistant.

J'ai recueilli à la partie inférieure de ce niveau les fossiles suivants :

Belemnites semisulcatus, Munst. Petits et grands individus.
— sp. voisine des *Bel. conophorus*, Oppel.
Gemellaroi, Zittel.
strangulatus, Oppel.
— sp. Fragments empâtés d'une petite Bélemnite assez fréquente, et dont la coupe est identique avec celle du *Bel. Datensis*, Favre. Tith., pl. I.

Ammonites Lorioli, Zittel. Je dois cette détermination, ainsi que la suivante, à l'obligeance de M. de Loriol. Un des échantillons porte : Particulièrement conforme à un échantillon des Alpes fribourgeoises.

Ammonites Basilicæ, Favre. Je ferai remarquer que cette dernière espèce a un ombilic plus grand, un dernier tour moins haut que l'*Am. Basilicæ*, Favre. Z. à A. Acanthicus, pl. III, et une division de côtes trifurquées qui rappelle celle de l'*Am. contiguus*, Cat. in Favre, *Ibid.*

— cf. *Roubianus*, Font. Calc. du Chât., VIII.

— sp. Petit *perisphinctes* qui par ses côtes bifurquées, infléchies en avant, se rapproche du *Per. prænuntians*, Font., dont il diffère par sa plus grande épaisseur et par ses côtes ombilicales, très légèrement convexes en avant.

— sp. Plusieurs *perisphinctes* remarquables par leurs côtes tranchantes, régulièrement bifurquées, avec un très léger renflement à la bifurcation.

— *ptychoïchus*, Quenst. Chez quelques-uns, la ligne qui joint les sillons aux bourrelets fait un angle aussi aigu que chez bien des *Am. semisulcatus* du Néocomien.

— sp. Plusieurs *Phylloceras*.

— sp. (*Lytoceras*) indét.

Aptychus punctatus, Voltz. Abondants, grands individus. Deux d'entre eux (?) montrent les deux ou trois dernières côtes se repliant vers le bord sutural.

Aptychus du groupe de l'*Apt. latus*.

Terebratula janitor, Pict.

Rhynchonella capillata, Zitt. in Favre. Tith., V, 12.

Metaporhynus, sp. de petite taille.

Au-dessus des bancs inférieurs qui renferment la faune précédente, se développent des calcaires très blancs dans lesquels on ne rencontre que très-peu de fossiles presque toujours fragmentaires et indéterminables.

Ce sont surtout de petites Ammonites du groupe de l'*Am. callisto*, des Bélemnites plates, *Bel. ensifer*, Opp. ?, des Bélemnites cylindriques, et enfin des Aptychus parmi lesquels une forme qui ne paraît se distinguer des *Aptychus punctatus* des bancs inférieurs que par ses dimensions toujours plus réduites.

A la partie supérieure de ces calcaires blancs, on trouve l'*Am. privasensis*, puis, peu à peu, toute la faune de Berrias.

Par sa position stratigraphique comme par sa faune, quelque pauvre qu'elle soit encore, J^2c paraît être l'équivalent des couches dites tithoniques.

Il se décompose, comme on vient de le voir, en deux horizons : au bas, les calcaires violacés fossilifères ; au haut, les calcaires blancs passant au Crétacé.

Les premiers sont trop liés à J^2b pour pouvoir être séparés du Jurassique aussi longtemps que leur faune ne l'exigera pas. Or, le *Bel. semisulcatus*, les *Am. Lorioli*, *Basilicæ*, cf. *Roubyanus*, etc., sont des formes jurassiques. La *Ter. janitor* est jurassique à Crussol (*Calc. du Chât.*) et dans le Gard (*Ass. Franç.* Montpellier, pag. 106), sans parler des gisements étrangers. (Voir la liste de ces gisements dans Favre, zone à *Am. acanth.*, pag. 106.)

Quant aux calcaires blancs qui constituent le second horizon de J^2c, il est bien difficile de ne pas y voir un groupe de transition entre le Jurassique et le Crétacé (calcaire de Berrias). Je reviendrai plus loin sur ce passage (pag. 34).

Au point de vue des équivalences régionales, je réunirai J^2c et J^2b. Avec d'assez grandes variations de détail, ils forment un même ensemble qui, des Cévennes aux Alpes, partout où manquent les calcaires à *Ter. moravica*, représentent les calcaires à *Ter. janitor* de la Porte-de-France.

Les coupes suivantes montrent la constitution et les relations de cet ensemble.

Coupe de l'arête jurassique au N.-O. de Brantes, prise de haut en bas (*fig.* 3).

1. Calcaire de Berrias avec *Am. privasensis* et *semisulcatus*.
2. Calcaire plus blanc, esquilleux, se délitant en fragments anguleux ; empreintes de petites Am. du groupe de l'*Am. Callisto*, d'Orb. Aptychus ferrugineux.
3. Calcaire à cassure moins sèche. *Bel.* cf. *conicus*. *Am. Boissieri?* *Am. privasensis*. *Am. Pronus*. Aptychus à bord tronqué.
4. Calcaire bréchoïde, légèrement plus foncé, formant rascle à la surface des bancs. *Bel.* cf. *datensis*, Fav.
5. Calcaire analogue à 3. Un peu moucheté.
6. Calcaire analogue à 4.

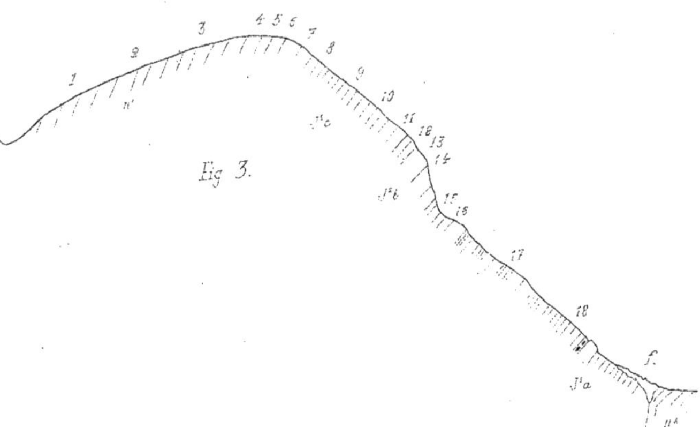

Fig 3.

7. Calcaire un peu gris, avec parties ou taches plus foncées.
8. Quelques bancs de 30 à 40 cent. de calcaire bréchoïde clair.
9. Calcaire clair, moucheté, se délitant en morceaux, très analogue au calcaire à faune de Berrias. Bél., nombreux Aptychus dont plusieurs ne se distinguent que par leur taille des *Aptychus punctatus* qu'on trouve plus bas.
10. Même calcaire prenant une apparence de rascle.
11. Calcaire bréchoïde gris.
12. Calcaire gris plus foncé, compacte.
13. Calcaire très bréchoïde.
14. Gros bancs de 3 à 4 mètres de calcaire bréchoïde formant abrupt, à surface rugueuse et profondément cannelée par l'écoulement des eaux de pluie. (J'ai mesuré des cannelures de plus de 20 cent. de creux.)
15. Calcaire grenu ou grossièrement gréseux.
16. Calcaire compacte mêlé de parties formées par le calcaire 15.
17. Environ 30 à 35 mètres de calcaires compactes, bréchoïdes, grenus, formant des alternances de un ou deux gros bancs séparés par un plus ou moins grand nombre de petits bancs indistinctement stratifiés. Ces alternances ne sont pas continues et tiennent à la nature hétérogène et variable de ces calcaires. Bél. un fragment d'Am. Aptychus.

18. Bancs assez réguliers de calcaire compacte.
19. Un lit de silex.
20. Un gros banc surmontant une série de bancs peu distincts qui se perdent bientôt sous les éboulis avant de butter contre le Néocomien moyen.

Dans cette coupe, 1 à 3 sont bien Crétacés, 4-8 douteux, 9-10 représentent J^2c, et 11-16 ou 17 ? J^2b. Un bloc éboulé qui semble se rapporter à 11, ou peut-être à 14, est pétri de grands Aptychus.

Coupe près d'Auric, au N.-N.-O. de Malaucène, de bas en haut (*fig.* 4).

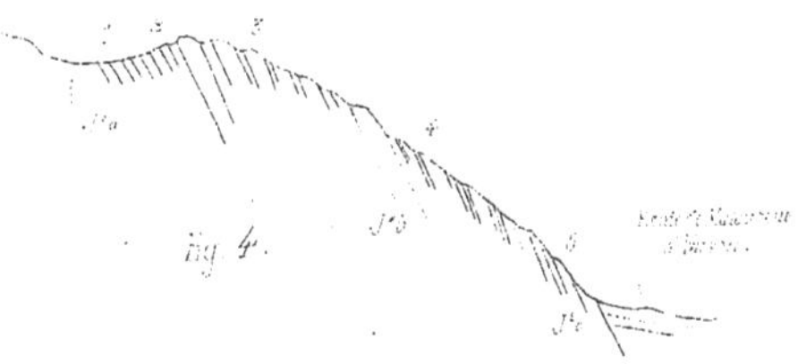

1. Calcaire blond, plus ou moins régulièrement stratifié, avec quelques bancs à surface légèrement marneuse dans lesquels on trouve les fossiles *Am. Lothari*, *Am. inconditus*, *Am. longispinus*, *Am. fasciferus*, etc.
2. Calcaires blonds tachetés, mêlés de calcaires finement bréchoïdes ou comme gréseux.
3. Alternances irrégulières de bancs gros ou moyens formés de calcaires, tantôt assez compactes, tantôt bréchoïdes, faisant rascle. Aptychus.
4. Très analogue à 3. Mais les gros bancs de rascle sont séparés par des alternances de calcaires bréchoïdes qui affectent l'apparence de petits bancs grumeleux irrégulièrement stratifiés. Bél. Aptychus.

   Ces deux numéros forment un tout comme faciès général, mais un tout très hétérogène dans le détail.
5. Calcaires très durs, blond clair, irrégulièrement tachetés de teintes violacées, en bancs régulièrement stratifiés ; à la partie supérieure, le calcaire est presque blanc et les bancs sont plus nettement séparés. La surface de contact de ces bancs est très-irrégulière, ses inégalités sont comme empâtées par un calcaire marneux, jaune, assez dur. On trouve d'assez nombreux fossiles en très mau-

vais état et comme arasés à la surface de ces bancs ; la plupart font partie du banc, quelques autres sont pris dans le calcaire marneux ; ces derniers sont surtout de petites Bélemnites. Les fossiles des deux roches appartiennent à la même faune ; les plus communs sont : *Bel. semisulcatus*, *Am. Lorioli*, *Aptychus punctatus* de grande taille.

6. Molasse sous laquelle ces calcaires disparaissent, pour reparaître dans les deux pointements jurassiques entre lesquels passe la route de Malaucène à Entrechaux.

Dans cette coupe, 1 représente la partie supérieure de J^2 a, 3 et 4 J^2 b, et 5 J^2 c ; ce dernier est incomplet ; pour le trouver bien entier, il faut aller dans les montagnes de Gigondas, où, dans la vallée d'Assault, on peut faire la coupe suivante.

Coupe vers le milieu de la vallée d'Assault (Lissau) de bas en haut (*fig.* 5).

1. Calcaires bréchoïdes, partie supérieure de J^2 b.
2. Calcaires gris clairs ou blancs, avec taches noduleuses violacées ; les bancs inférieurs sont encore un peu bréchoïdes. Nombreuses Am. usées d'un côté et le plus souvent indéterminables.
3. Calcaires blancs, avec mouchetures roses ou violacées. *Ter. janitor*.
4. Calcaires très blancs, sublithographiques ; mouchetures plus rares. Aptychus.
5. Calcaires blancs, peut-être un peu moins purs que les précédents. *Am. privasensis*.
6. Calcaires légèrement jaunâtres de N^1.

La continuité est parfaite dans cette série et les transitions y sont insensibles, alors même que plusieurs bancs sont séparés par des surfaces irrégulières ou par des lits d'argile ocreuse. J'avais cru trouver dans un de ces derniers une limite entre 4 et 5 ; mais en la suivant il ne m'a pas paru possible de la maintenir.

J'ai rapproché mes divisions locales de leurs équivalents, certains ou probables, dans les régions voisines où s'est développé le même faciès méridional du Jurassique. Les matériaux dont je dispose ne me permettent pas d'aller plus loin et d'aborder la discussion du parallélisme de ces divisions avec celles du Jurassique classique. Toutefois je ne puis me dispenser de quelques explications au sujet du terme de Jurassique supérieur dont je me suis servi, et qui laisse supposer que je regarde J^2 comme l'équivalent réel du Jurassique supérieur classique, et non, ainsi que le pensent encore quelques géologues, comme un représentant méridional de la partie supérieure de l'Oxfordien et du Corallien.

Sans entrer dans la discussion des travaux remarquables qui ont été publiés sur cette question pendant ces dernières années, et dont les résultats n'ont pas encore amené l'accord complet de tous les géologues, il me suffira d'indiquer les raisons qui, indépendamment de toute autre considération, me portent à considérer, dans ma région, ma division J^2 comme l'équivalent du Jurassique supérieur.

La raison principale est la continuité statigraphique, pétrographique et, prise dans les grands traits, paléontologique, si frappante qu'on observe des couches franchement oxfordiennes à *Am. canaliculatus* aux couches franchement néocomiennes à *Bel. latus*.

Ni la présence de calcaires bréchoïdes considérés par quelques-uns comme des brèches témoins d'une longue émersion, ni celle des surfaces irrégulières et comme corrodées de certaines couches données comme preuves de discontinuité évidente dans la sédimentation, ne peuvent effacer cette impression de continuité.

Ailleurs, je n'en disconviens pas, les calcaires bréchoïdes ressemblent singulièrement à des brèches[1] ; mais dans la région du Ventoux ils ont

[1] J'en ai été frappé tout récemment, à Saint-Julien en Beauchêne. Et cependant, malgré ces apparences locales, l'impression de continuité est telle qu'elle s'est imposée à ceux-là

simplement les caractères grumeleux ou même bréchoïdes qu'on retrouve, soit déjà dans J²a, formant des lits entre les bancs calcaires ou entrant dans la composition même de ces calcaires, soit surtout dans les calcaires blancs qui passent aux calcaires de Berrias et jusqu'au milieu de ces derniers[1]. Ce caractère bréchoïde peut s'atténuer encore et manquer à peu près complètement.

Il en est de même des surfaces irrégulières et comme altérées que présentent les bancs J²b c; elles se répètent sur une série trop considérable de bancs dont la continuité générale est complète, pour y voir autre chose qu'une discontinuité temporaire et en quelque sorte régulière dans la sédimentation[2]. Ce phénomène se retrouve dans l'Urgonien avec des caractères tout aussi frappants et tranchés.

D'ailleurs, ces surfaces sont, à leur maximum, au-dessus des gros bancs de calcaires bréchoïdes à la base desquels il faudrait placer la limite inférieure du Crétacé, s'ils étaient le témoin du retour de la mer sur les calcaires à *Am. polyplocus* exondés. Or, J²b ne peut être séparé de J²a dans les montagnes de Gigondas.

Je n'insiste pas sur l'absence totale de discordance, quelque locale qu'elle puisse être entre le Jurassique et le Néocomien de nos régions; non plus que sur l'impossibilité de distinguer jusqu'ici les fossiles appartenant à la roche jurassique démantelée ou altérée, de ceux de la roche néocomienne qui aurait cimenté les morceaux de la première ou empâté ses surfaces corrodées.

mêmes qui la repoussent. Voir, entre autres, dans le *Bull. Soc. Géol.*, 1861, pag. 145, la coupe de Montclus, par M. Hébert.

[1] Voir la note de la pag. 48.

[2] Ne pourrait-on pas supposer que sur de très grandes étendues et sans perdre leur semi-horizontalité, les couches du Jurassique supérieur ont été amenées à des profondeurs d'eau telles, qu'on puisse chercher dans des marées ou quelque phénomène analogue une des causes de ces formations singulières? Dans bien des cas cependant, les calcaires bréchoïdes semblent n'être que des calcaires grumeleux, — comme on en trouve dans tous les terrains, — qui doivent leur aspect bréchiforme aux actions mécaniques auxquelles ils ont été soumis. On retrouve la trace d'effets analogues jusque dans les calcaires en apparence homogènes, dont certaines parties, évidemment plus résistantes, sont en quelque sorte mécaniquement isolées de la masse dans laquelle elles semblent avoir comme pénétré de force.

Dans ces conditions de concordance et de continuité, il faudrait, pour accepter une séparation d'étage, comme on le fait ailleurs sans hésiter entre des termes tout aussi liés, que la faune l'imposât d'une manière indiscutable. Or, on sait que celle-ci, loin de présenter les différences qui devraient témoigner de l'existence d'une lacune considérable, porte plutôt l'empreinte de la même remarquable continuité.

Il semble donc, jusqu'à preuve du contraire, que cette continuité n'est pas une simple apparence et que J^2 représente bien dans nos contrées tout le Jurassique supérieur, quelles que soient d'ailleurs les équivalences de détail qu'on pourra proposer entre les divers niveaux de J^2 et ceux du Jurassique supérieur classique.

La réalité de cette continuité viendrait confirmer les rapports que j'ai supposés plus haut entre tout ou partie de J^2b c et les calcaires à *Ter. moravica*.

A priori, l'équivalence générale de ces deux formations n'a rien qui doive surprendre. En tant que dépôts coralligènes, les calcaires à *Ter. moravica* ne peuvent représenter qu'un faciès d'un terrain qui ailleurs doit s'être développé sous une autre forme. Dans le cas actuel, il est naturel de chercher cette dernière dans la continuité homotaxique de ces dépôts.

Mais cette équivalence générale peut encore être appuyée par les considérations suivantes, qui ne sont que les conséquences de la continuité précédente.

Les calcaires de Berrias, qui reposent ici sur les couches considérées par les auteurs comme la partie supérieure des calcaires à *Am. tenuilobatus*, recouvrent ailleurs les calcaires à *Ter. moravica*; de là, une certaine transgressivité des calcaires de Berrias sur le Jurassique.

Cette transgressivité a été considérée comme une des preuves de la lacune qui, d'après M. Hébert et d'autres savants, doit se trouver dans notre région entre la zone à *Am. tenuilobatus* et le Crétacé.

Mais s'il y avait réellement transgressivité, au sens ordinaire du mot, il y aurait discordance, de quelque nature qu'elle fût, sur tous les points considérés, sauf un, celui où la série des étages est complète.

Or, dans le cas actuel, on se trouve en présence de cette anomalie que la discordance, si elle peut être constatée quelque part, existerait plutôt là où la série jurassique est plus complète, tandis que la concordance la plus grande frapperait tous les observateurs là où les calcaires à *Ter. moravica* font défaut, c'est-à-dire là où manque le terme régional considéré comme le plus élevé du Jurassique.

L'équivalence de tout ou partie de J^2b c avec les calcaires à *Ter. moravica* fait disparaître cette anomalie, et la transgressivité signalée n'est plus que celle qu'on peut rencontrer dans le sein d'un même étage entre les différents niveaux qui représentent les dépôts locaux ou les faciès d'un même ensemble [1].

En effet, la concordance parfaite qui existe entre les dépôts du Jurassique supérieur et ceux du Crétacé inférieur implique que ces dépôts se sont effectués successivement dans les eaux de la même mer ; le fond de cette mer devait présenter, indépendamment des reliefs préexistants possibles, des inégalités dues aux grandes différences d'épaisseur des divers faciès de la fin du Jurassique. Là où s'étaient déposés, au-dessus de la zone à *Am. tenuilobatus*, quelques centaines de mètres de calcaires coralligènes, il y avait surélévation du fond et peut-être aussi, en rapport avec la station coralligène, des conditions peu favorables à la sédimentation. Celle-ci se continuait dans les parties intermédiaires déprimées, pour ne gagner que peu à peu les parties surélevées et ne les recouvrir entièrement que lorsque le changement du Jurassique au Crétacé était achevé, ou même plus tard dans quelques cas exceptionnels. Ainsi donc, là où le faciès coralligène ne s'est pas développé, on doit trouver la concordance la plus complète et les couches qui représentent la transition du Jurassique au Crétacé. C'est bien ce que l'on constate partout où manquent les calcaires à *Ter. moravica*, en particulier dans la région que je décris, où des calcaires blancs, ordinairement sublithographiques, réunissent, comme dans les Alpes, sans ligne de démarcation possible, les gros bancs bréchoïdes aux calcaires de Berrias.

[1] Cette transgressivité des différents niveaux d'un même étage devrait avoir un nom particulier qui la distinguât de celle qui se produit entre différents étages ; ces deux formes de transgressivité sont loin d'avoir la même valeur stratigraphique.

M. Hébert s'est efforcé de montrer l'indépendance des deux systèmes : calcaires à *Ter. moravica* et calcaires dits à *Ter. janitor*, que je réunis ici. Cette indépendance semble bien apparente dans les belles coupes de M. Mœsch, que le savant professeur de la Sorbonne a publiées à cette occasion (*Bull. Soc. Géol.*, 1874, pag. 151), mais l'est-elle moins dans les coupes récentes que M. Jeanjean a relevées dans les Basses-Cévennes ? (*Ass. franc.* Montpellier, 1879 et *Bull. Soc. Géol.*, 1882, pag. 97.)

Ces preuves contradictoires de soi-disante indépendance ne viennent-elles pas à l'appui de l'équivalence générale que je suppose ici, en même temps qu'elles démontrent une fois de plus qu'il n'y a rien d'absolu dans l'ordre de superposition des faciès non coralligènes d'un étage par rapport au faciès coralligène de ce même étage? L'étude de l'Urgonien en montrera plus loin des exemples.

Je n'ai pas besoin d'ajouter que, selon qu'un même faciès, comme les calcaires dits à *Ter. janitor*, est placé au-dessous, à la place ou au-dessus de son correspondant coralligène, — dans ce cas-ci, des calcaires à *Ter. moravica*, — il pourra présenter des caractères particuliers, en sorte qu'à ces différentes positions stratigraphiques correspondront des différences assez sensibles pour constituer les divers niveaux d'un même ensemble.

L'objection qu'on pourrait tirer de la très grande différence d'épaisseur de dépôts supposés synchroniques dans des points quelquefois tout à fait voisins, ne peut avoir une grande valeur dans une région où l'Urgonien, comme on le verra plus loin, présente des faits identiques. Quant à l'absence de vrais récifs à contours définis et abrupts, que quelques géologues demandent à voir surgir au milieu des couches non coralligènes, elle montre simplement que les dépôts coralligènes se sont faits, à cette époque, dans des conditions différentes que dans tel atoll des mers du Sud, pris arbitrairement comme type.

M. Hébert a donné dans le temps (*Bull. Soc. Géol.*, 1871, pag. 158) un schéma, pour expliquer la transgressivité précédente qui, dans sa manière de voir, correspond à une discordance très considérable. Une figure très-analogue pourrait encore représenter, en partant simplement de la concordance signalée entre J^2 et Berrias, les rapports des différents dépôts du

Jurassique supérieur et du Crétacé inférieur dans notre région (*fig.* 6.).

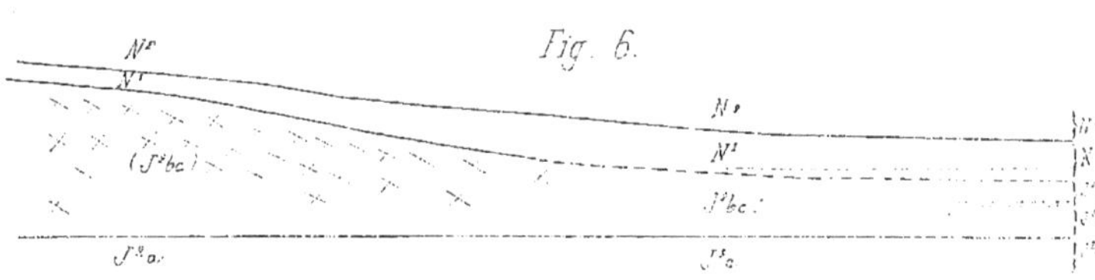

Je me borne à ces considérations. La concordance stratigraphique et la continuité pétrographique et paléontologique, en prenant la faune dans ses grands traits, de J^2c et de N^1 dans la région du Ventoux, m'oblige, jusqu'à preuve péremptoire du contraire, à considérer J^2 comme le représentant du Jurassique supérieur.

Ce n'est pas que je me fasse illusion sur la valeur des rapprochements que j'ai pu faire, non plus que sur les difficultés que je rencontrerais si je voulais passer de l'observation locale à des comparaisons plus générales ; mais il m'a paru utile de donner simplement, et pour ce qu'elle vaut, l'impression que l'étude du Jurassique de ma région a laissée dans mon esprit. Peut-être était-il préparé plus que d'autres, par l'étude des variations et des équivalences de l'Urgonien dans cette même région, à accepter une solution qui, en tenant un compte suffisant des faciès, modifie ce qu'il y avait d'artificiel dans l'idée de vouloir retrouver partout dans le Jurassique supérieur les divisions d'un même bassin supposé classique ?

CHAPITRE II.

Crétacé.

Le Crétacé occupe la plus grande partie de la région. Il comprend deux groupes principaux : le Crétacé inférieur et le Crétacé moyen.

Crétacé inférieur.

Avec d'Orbigny, la plupart des auteurs reconnaissent dans le Crétacé inférieur trois divisions : le Néocomien, l'Urgonien et l'Aptien, mais ils diffèrent sur la valeur de ces termes.

Quelles que soient les conclusions auxquelles leur étude pourra me conduire, je dois provisoirement, dans une description régionale, maintenir ces divisions, parce qu'elles répondent, dans la région du Ventoux, à des unités stratigraphiques ayant chacune son rôle et sa physionomie propre ; et si les deux dernières, sur la valeur desquelles porte surtout la discussion, doivent se retrouver quelque part, n'est-ce pas dans la région géologique dont Orgon et Apt font partie ?

Néocomien.

Ce nom a été donné par Thurmann à un ensemble de couches que de Montmollins en 1836, et déjà L. de Buch en 1803, avaient séparé du Jurassique et distingué du Crétacé proprement dit dans le canton de Neuchâtel.

Depuis lors, ce terme de Néocomien a été diversement compris par les géologues, les uns le prenant dans un sens restreint, les autres dans un sens beaucoup plus large. Parmi ces derniers, M. Hébert l'emploie pour désigner tout le Crétacé inférieur, c'est-à-dire le Néocomien, l'Urgonien et l'Aptien de d'Orbigny. Je ne puis entrer ici dans cette discussion ; il me suffit de dire que je désigne pour le moment, par le terme de Néocomien, les couches comprises entre le Jurassique et l'Urgonien de d'Orbigny ou ses équivalents.

Ainsi défini, le Néocomien occupe une place importante dans la région du Ventoux. On le rencontre à l'ouest, au nord, et au nord-ouest en particulier, où il forme une bonne partie du Ventoux.

Ce terrain est constitué par des marnes et des calcaires ordinairement marneux. Les marnes dominent dans le bas ; puis des calcaires marneux alternent d'une manière assez régulière avec les marnes ; enfin les calcaires l'emportent à la partie supérieure, où ils deviennent souvent durs et siliceux.

Une couleur grise ou gris jaunâtre, toujours terne, caractérise à première vue les surfaces occupées par le Néocomien; souvent aussi des alternances répétées de marnes et de calcaires donnent à ce terrain un aspect très caractéristique, mais identique à celui que présentent certaines parties du Cénomanien. Je fais remarquer cette conformité d'allures, parce qu'elle peut induire en erreur, comme c'est arrivé à Sc. Gras quand il signale une large bande de Grès vert au nord du Ventoux.

Je distingue dans le Néocomien du Ventoux quatre assises de très inégale puissance :

N[1]. Calcaires à faune de Berrias.

N[2]. Marnes et calcaires marneux, *Am. neocomiensis* ; niveau des petites Am. ferrugineuses.

N[3]. Alternances plus ou moins régulières de calcaires et de marnes, surmontées par des bancs calcaires bien stratifiés. *Crioceras Duvalii.*

N[4]. Une dernière division dont l'épaisseur et la pétrographie sont très variables, et que je caractérise par la présence de l'*Am. difficilis.*

Ces assises ne sont complètement distinctes ni par leur pétrographie, ni par leur faune ; à plus forte raison ne sont-elles pas séparées par une ligne de démarcation précise. Elles passent des unes aux autres et ne se distinguent que comme ensembles se détachant dans une série continue dont l'épaisseur peut dépasser mille mètres.

Calcaires de Berrias. N^1.

Malgré l'absence de limites précises, les calcaires de Berrias forment, entre le Jurassique et les marnes à Am. ferrugineuses du Néocomien, un horizon nettement caractérisé. Sa limite inférieure se perd dans les calcaires blancs, à pâte fine et à cassure sèche, dont j'ai parlé à propos de la partie supérieure du Jurassique, et qui forment un niveau assez bien caractérisé par les fragments tranchants et sonores sous le pied dont ils couvrent le sol en se délitant.

A ces calcaires jura-crétacés succèdent des calcaires clairs, à pâte fine, mais de plus en plus mouchetés de bleu ou de jaune orange, selon qu'on s'adresse à des parties plus ou moins superficielles. Bientôt un élément marneux se mêle à ces calcaires, soit en pénétrant leur pâte, qui devient moins fine et plus jaune, soit surtout sous forme de minces lits qui séparent des bancs calcaires d'épaisseur moyenne et régulièrement stratifiés. C'est dans ces lits qu'apparaîtront les premières Am. ferrugineuses, lorsque peu à peu ils auront acquis une épaisseur égale à celle des bancs calcaires qu'ils séparent.

Dans la partie inférieure, on rencontre fréquemment des lits de brèche à éléments le plus souvent atténués, qui rappellent, sous une forme peu consistante, les calcaires bréchoïdes du Jurassique supérieur et révèlent un mode de formation analogue dont ils seraient en quelque sorte un dernier écho [1].

Ailleurs, ce sont des bancs peu épais de calcaires impurs, mouchetés, rendus tout grumeleux par une grande abondance de petits fragments calcaires à angles émoussés. Ces bancs sont souvent séparés par des lits mar-

[1] Comme je l'ai fait remarquer plus haut, ces phénomènes confirment la continuité de la sédimentation de J^2 à N^1. Ils peuvent être encore plus accentués qu'ils ne le sont dans ma région. Près de Sisteron, par exemple, j'ai rencontré jusque vers la partie supérieure de Berrias, des couches à surfaces irrégulières et empâtées, ou formées de calcaires durs, grossièrement bréchoïdes, identiques à ceux du Jurassique.

neux mouchetés, d'un aspect difficile à décrire, mais très caractéristique.

Lorsque les calcaires de Berrias sont bien développés, on distingue en général : au bas, des calcaires blancs légèrement mouchetés, avec des lits bréchoïdes et de rares fossiles ; au-dessus, une épaisseur plus grande de calcaires gris ou jaunâtres, souvent très-mouchetés, avec ou presque sans lits marneux, fossiles plus abondants.

Du reste, cette assise paraît sujette à des variations assez grandes de composition et de puissance. Elle ne dépasse pas une soixantaine de mètres d'épaisseur et semble près de Laroque être réduite à 20 ou 25^m.

Les calcaires de Berrias ont la même distribution géographique que le Jurassique supérieur, qu'ils accompagnent invariablement. On verra plus loin leurs relations stratigraphiques (dynamiques).

Les coupes du Jurassique supérieur ont montré les rapports de cette assise avec J^2c ; la coupe suivante fait voir la composition la plus ordinaire des calcaires de Berrias et leur liaison avec l'assise néocomienne qui le suit.

Cette coupe est prise dans les montagnes de Gigondas, au midi de la ferme Quoilève. Les couches bien visibles du Jurassique aux marnes à Am. ferrugineuses permettent de se mettre en garde contre un refoulement, du reste très-apparent en ce point, des calcaires de Berrias sur eux-mêmes et sur le Jurassique. Cet accident est très-fréquent, j'allais dire presque normal, dans ces montagnes si fortement disloquées ; ici la ligne de glissement se voit, elle traverse obliquement le promontoire compris entre deux petits ravins parallèles (*fig.* 7).

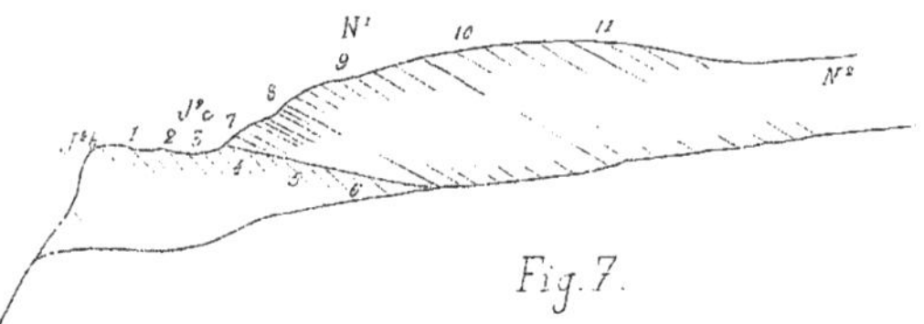

Fig. 7.

1. Calcaire irrégulièrement bréchoïde, couleur de chair pâle ou blanc avec des taches roses, se cassant en morceaux très irréguliers ; la surface des couches est inégale ou mal définie. 5-6^{m}.
2. Calcaire blanc, très cassant en fragments cuboïdes formant gravier. 2-3^{m}.
3. Calcaire blanc ou gris clair, avec taches violacées, en bancs à surface très irrégulière, souvent revêtue d'une patine jaune ; les taches correspondent fréquemment à des Ammonites. Ce sont les couches les mieux caractérisées de $J^{2}c$.
4. Calcaire très blanc, pur ; pâte très fine, se cassant facilement en morceaux plats, tranchants et sonores; bancs peu distincts; vers la partie supérieure, un ou deux bancs de calcaire plus dur avec des parties grenues ou finement bréchoïdes, un peu tacheté de rose, rappelant 2 et 3. *Am. Callisto ?* fossiles fragmentaires.
5. Calcaire d'un blanc moins pur avec taches roses; mêmes allures que 4. *Am. Callisto ?*
6. Calcaire d'un blanc sale presque gris, tacheté, mais se cassant en morceaux polyédriques; bancs plus épais. 7-8^{m}. *Am. Boissieri.*
7. Calcaire dur, un peu jaunâtre, tacheté, bien stratifié ; quelques couches tendent à devenir grumeleuses.
8. Calcaire gris terne, bréchoïde, grumeleux, se désagrégeant par place en gravier formé de petits nodules polyédriques ou arrondis, alternant avec des bancs à arêtes plus vives, formés des calcaires analogues à 6 et 7. 10-12^{m}.
9. Calcaires jaunâtres ou gris bleu, si tachés qu'ils en deviennent tout marbrés ; les bancs sont séparés par des lits très minces de marne feuilletée ou grumeleuse. 8-10^{m}.
10. Calcaires assez analogues aux précédents, moins tachetés et plus durs, en bancs d'épaisseur irrégulière, séparés par des lits marneux dont l'épaisseur, d'abord très petite, va en augmentant peu à peu. *Am. occitanicus.* Beaucoup d'empreintes d'Am. 12-15^{m}.
11. Calcaire jaunâtre moucheté; bancs de 20-50 cent., séparés par des lits marneux qui gagnent en épaisseur jusqu'à ce qu'elle soit égale à celle des bancs calcaires, et que des Aptychus et des Am. ferrugineuses commencent à s'y montrer. 15-20^{m}.

J'ai recueilli dans les calcaires de Berrias les fossiles suivants :

Belemnites cf. *latus*, Blainv.
— cf. *strangulatus*, Oppel.
— cf. *bipartitus*, Blainv., qui est probablement le *Bel. datensis*, Favre.
Ammonites Callisto, d'Orb. variétés.
— *privasensis*, Pict.

Ammonites sp. Intermédiaire pour les dimensions entre les deux précédentes, mais qui se distingue de la première par ses côtes moins nombreuses, fines vers l'ombilic, très élargies après la bifurcation, qui est plus profonde que dans la deuxième.

— *semisulcatus*, d'Orb. La plupart des individus des calcaires de Berrias sont marqués, sur la loge, de cinq à six sillons ombilicaux, fortement infléchis en avant. Sur la partie cloisonnée, les sillons sont ordinairement effacés. Les bourrelets commencent à la fin de cette dernière, qui peut en porter deux ou trois.

Les sillons et les bourrelets paraissent indépendants les uns des autres, quoique sur certains individus on puisse trouver un ou deux sillons qui se réunissent aux bourrelets par une ligne peu anguleuse.

— *semistriatus*, d'Orb.

— *berriasensis*, Pict.

— *Malbosi*, Pict. L'ornementation se rapporte ordinairement plutôt à la *fig.* 2, pl. XXXIX, qu'à la pl. XIV des *Mélanges*.

— sp. Ayant des rapports avec la précédente et avec l'*Am. Arnoldi* jeune, Pict. et Camp., Sainte-Croix, pl. XXXV, *fig.* 1.

— *Euthymi*, Pict. Ombilic plus étroit. M. Raspail possède un individu de cette espèce avec les épines du pourtour externe; elles sont comprimées et recourbées en arrière.

— *occitanicus*, Pict.

— sp. Se rapproche de la précédente par ses dimensions, mais en diffère par ses côtes fines et serrées, qui naissent, par deux ou trois, de tubercules ombilicaux et se multiplient sur les flancs par intercalations ou bifurcations.

— *rarefurcatus*, Pict.; un fragment.

— *Boissieri*, Pict.

— *Groteanus*, Opp.?, Céph. Stramb., pag. 90. *Asticrianus*, Pict., Mél., pl. 18, *fig.* 3.

— sp. Ornementation analogue à la précédente, mais avec un enroulement beaucoup plus lent et un très grand ombilic.

— sp. Peut-être forme de l'*Am. Dalmasi*, Pict.

— *subfimbriatus*, d'Orb.

— *Honoratianus*, d'Orb. Par la finesse de leurs côtes, certains individus se rapprochent davantage de la figure du *Lytoc. municipale*, Opp., Céph. Stramb., pl. 8. Mais leur aplatissement ne permet pas de distinctions précises entre ces deux formes, qui du reste pourraient bien représenter la même espèce.

Ammonites Grasianus, d'Orb.

— *pronus*, Opp? Céph.,. Stramb., pl. XV, *fig.* 8. Je rapporte avec doute à cette espèce un seul individu incomplet, trouvé dans la partie supérieure des calcaires blancs, avec une *Am. privasensis*.

Aptychus sp. Difficile à distinguer de l'*Apt. punctatus*, Voltz. du niveau précédent.

— sp. De petites dimensions, à côtes peu nombreuses et bien accusées.

— *seranonis*, Coq.; variété.

Pholadomya.

Goniomya.

Terebratula dyphoides, Pict.

Metaporhinus convexus (Catullo). Cotteau, dans les couches inférieures [1].

Marnes et calcaires marneux à Am. neocomiensis. N².

On distingue très-naturellement deux divisions dans cette assise : des marnes à Am. ferrugineuses dans le bas, N²a ; des alternances de calcaires marneux et de marnes dans le haut, N²b.

N²a.— L'élément marneux, qui faisait son apparition dans les couches les plus élevées des calcaires de Berrias, prend ici un grand développement. Des bancs marneux épais alternent avec des bancs souvent très réduits de calcaires marneux ; les marnes sont jaunes, ferrugineuses, ternes ; les calcaires marneux sont gris terreux.

De petites Am. ferrugineuses remplissent ces marnes et caractérisent suffisamment cet horizon, qui fournit un point de repère d'autant meilleur qu'il est très-constant, peu épais et impossible à méconnaître.

N²b. —Au-dessus de ces marnes à Am. ferrugineuses se développe une série souvent considérable de marnes et de calcaires marneux alternant régulièrement en bancs d'épaisseur moyenne. Ces calcaires et ces marnes ont une teinte moins terreuse que les précédents ; les marnes sont souvent bleues, les calcaires gris, foncés à la cassure.

Au milieu de ces alternances, qui donnent un aspect rubané à ce

[1] Je dois à l'obligeance de M. Cotteau la détermination de la plupart de mes Échinides.

niveau, on rencontre parfois des bancs plus épais de calcaire plus dur, gris de fer, souvent roux extérieurement; ces bancs ne paraissent pas avoir assez de continuité pour servir de point de repère.

La faune de ces calcaires est la même que celle des bancs calcaires peu épais, intercalés dans les marnes inférieures. Je réunis leurs fossiles dans la liste suivante.

Neustosaurus gigondarum, Rasp. Collection de M. Raspail au Colombier (Gigondas).
Dent de squalidés, Fleurets.
Rhyncholithes. Plusieurs espèces.
Belemnites latus, Blainv. Fréquent dans les parties inférieures, il devient plus rare à mesure qu'on s'élève. Il présente d'assez grandes variations dans la longueur du sillon.
— *dilatatus*, Blainv. ? Un seul fragment présentant un ovale très allongé pourrait être rapporté à cette espèce, d'un niveau plus élevé.
— *Emerici*, Rasp. Rare.
— *binervius*, Rasp. (*hybridus*, Duv.). Très abondant partout; variétés; monstruosités, *fig.* 15, pl. III. Duv., Bél. de Castellane.
— *polygonalis*, Blainv.
— *pistilliformis*, Blainv. variété *subfusiformis*. Il y a, parmi les Bél. cylindriques rangées dans cette espèce, des variations qui semblent indiquer plus d'une espèce; mais comme il est très rare d'en trouver d'entières, je ne puis qu'exprimer ce doute.
— *Orbignyanus*, Duv. Présente fréquemment avec le *Bel. latus* ces ponctuations linéaires en creux, longues de moins d'un millimètre et assez profondes, dont l'origine reste inconnue.
— *conicus*, Blainv.
— *bipartitus*, Blainv. Très abondant partout.
— *minaret*, Raspail. Quelques échantillons assez bien caractérisés dans N²b.
Aptychus seranonis, Coq. Très abondant dans N²a; devient très rare ou manque tout à fait dans N²b.
— *Mortilleti*, Pict. et de Lor.? Peut-être variété du précédent.
— *Didayi*, Coq. Rare dans N²a, devient très abondant et de grandes dimensions dans N²b, dont il est un fossile caractéristique.
— forme à côtes plus rapprochées, plus régulières, formant un chevron qui rappelle beaucoup celui de l'*Apt. angulicostatus*.
Ammonites neocomiensis, d'Orb. Très abondant; présente des variations dans

les dimensions de l'ombilic, le nombre et la disposition des côtes, qui établissent des rapports entre cette espèce et plusieurs espèces voisines.

Ammonites cryptoceras, d'Orb. ? Type alpin à ombilic étroit, figuré par Pictet, Voirons, pl. IV, *fig.* 4. Les échantillons rapportés à ce type sont tous écrasés; plusieurs pourraient n'être que des variétés de l'*Am. neocomiensis*.

— *Mortilleti*, Pict. et de Lor. ?

— *Castellanensis*, d'Orb., d'après M. de Loriol, Salève, pl. II, *fig.* 1.

— *Roubaudianus*, d'Orb.

— *asperrimus*, d'Orb. Échantillons conformes à la figure de d'Orb.; d'autres qui en diffèrent par des côtes plus nombreuses et des tours moins hexagonaux.

— *verrucosus*, d'Orb. Plusieurs formes ; les unes rapprochées du type, les autres qui s'en éloignent par l'ouverture de l'ombilic, le nombre et l'importance des tubercules. Jeunes sans tubercules avec la forme et les lobes de l'*Am. simplus*, d'Orb. Cette dernière Ammonite paraît être le jeune de la variété de l'*Am. verrucosus*, qui ne prend ses tubercules que tard.

— *sinuosus*, d'Orb.

— *strangulatus*, d'Orb.

— *quadrisulcatus*, d'Orb.

— *Juilleti*, d'Orb.

— *lepidus*, d'Orb.

— *semisulcatus*, d'Orb. Nombreux échantillons ferrugineux avec la rosette ombilicale, sans bourrelets sur le pourtour externe. Sur un seul échantillon, on voit nettement sur le pourtour externe un léger bourrelet accompagné d'un faible sillon, qui s'abaisse sur les flancs et qui correspond par un angle prononcé à un sillon ombilical. M. Coquand (*Bull. Soc. Géol.*, 2e sér., XXVI, pag. 849) signale dans la collection de M. Jeanjean, à Saint-Hippolyte, plusieurs *semisulcatus* ferrugineux de ce même niveau qui portent des bourrelets. Je n'ai pas recueilli d'*Am. semisulcatus* calcaires dans les bancs calcaires de N²a.

— *diphyllus* d'Orb.

— *Thetys*, d'Orb. (*semistriatus*, d'Orb.).

— *Grasianus*, d'Orb.

— *Astierianus*, d'Orb. Nombreuses variétés.

— *incertus*, d'Orb. ? Gisement douteux.

Baculites neocomiensis, d'Orb. Très abondant.
— sp. Calcaire et de grandes dimensions, dont les ornements sont mal conservés.
Gastéropodes ferrugineux, abondants.
Petits lamellibranches.
Terebratula diphyoides, Pict.
— *janitor*, Pict. Un échantillon trouvé dans N²b qui présente très nettement les caractères de cette espèce.
Rhynchonella peregrina, d'Orb. Le gisement n'est pas certain.
Spongiaires.
Empreintes végétales?
Fucoïdes.

Calcaires à Crioceras[1] Duvalii. N³.

Cette assise représente le Néocomien moyen et, d'une manière générale, la partie la plus constante et en quelque sorte centrale du Néocomien. Malgré son épaisseur, qui varie de 200 à 7 ou 800 mètres, elle se prête mal à des subdivisions. On peut cependant y reconnaître, dans la plupart des cas, un groupe calcaréo-marneux dans le bas et un groupe calcaire dans le haut.

Le premier N³a est difficile à séparer de N²b, dont il est la continuation[2].

[1] *Ancyloceras* dans les listes de fossiles; pour simplifier, j'ai maintenu dans le texte la désignation la plus courante.

[2] On rencontre quelquefois, au voisinage de la limite indécise de N² et de N³, un ou plusieurs bancs de calcaires durs à silex. Ces bancs, par leur couleur roussâtre ou ocreuse et surtout par leurs arêtes vives et la saillie qu'ils font au milieu des alternances de calcaires et de marnes dans lesquelles ils sont intercalés, formeraient un excellent point de repère dans la longue série rubanée de N² et de N³ s'ils étaient continus; mais je ne les ai observés que dans les montagnes de Gigondas, vers les Fleurets; au nord de Suzette et au nord du Ventoux, vers Plaisians.

Dans ces conditions, il paraîtra téméraire de faire un rapprochement entre ces quelques bancs isolés et la masse importante des calcaires du Fontanil, mais je crois cependant devoir attirer l'attention sur l'apparition fréquente, à ce niveau, de calcaires à silex, quelquefois rudimentaires, comme au Ventoux, mais d'autres fois beaucoup plus développés, comme à Saint-Julien en Beauchêne, où je les ai retrouvés dans la même position, et ailleurs encore: coupe de Montclus, par M. Hébert. (*Bull. Soc. Géol.*, 1871, pag. 144). J'ajouterai que la texture de ces calcaires

Il a le plus souvent le même aspect rubané, dû aux mêmes alternances de calcaires et de marnes. Dans l'ensemble cependant, ces alternances sont moins régulières ; d'abord l'épaisseur des bancs est plus variable : de 25 à 30 cent., elle peut dépasser un mètre ; puis elle ne reste pas toujours égale entre deux bancs consécutifs : tantôt c'est le banc calcaire qui est le plus épais, tantôt c'est le banc marneux ; enfin c'est souvent, non plus entre bancs isolés que se fait l'alternance, mais entre groupes de bancs, ou calcaires ou marneux.

Les calcaires plus ou moins marneux sont roux à la surface, gris de cendre terreux ou gris très foncé à l'intérieur (dans ce dernier cas, ils s'émiettent sous le choc du marteau en petits morceaux prismatiques ou à surface conchoïdales) ; ils présentent fréquemment des taches ferrugineuses et des fucoïdes.

Les marnes sont grises ou gris bleu ; à l'air, elles deviennent gris clair un peu jaunâtre.

Dans le second groupe N[3]b, l'élément calcaire l'emporte définitivement, soit qu'il se présente en une série ininterrompue de bancs couronnant N[3]a, soit qu'il se divise par des intercalations de calcaires marneux ou de marnes en deux ou trois masses, qui forment autant de petits reliefs à la partie supérieure de N[3] ; soit enfin qu'il ne se distingue en rien des parties de N[3]a dans lesquelles il avait la prépondérance.

Les bancs calcaires de ce niveau sont ordinairement épais, ils peuvent atteindre plusieurs mètres d'épaisseur. Ils sont formés d'un calcaire de couleur et de grain assez variables, souvent bicolore, c'est-à-dire gris jaunâtre avec parties bleues dans l'intérieur, sans que cette particularité, qui paraît simplement due à une oxydation profonde, puisse être considérée comme caractéristique de ces calcaires. Elle se retrouve dans les calcaires marneux inférieurs, comme dans les calcaires supérieurs à ce

rappelle celle de l'Urgonien. Cette analogie est aussi très frappante dans certaines parties des calcaires du Fontanil, dont les allures sont tout urgoniennes, de même que certains traits de leur faune. Ce serait comme un *Préurgonien* se développant au-dessus du *Bel. latus*, en attendant que l'Urgonien se développe au dessus de *l'Am. difficilis* ou de *l'Echinospatagus cordiformis.*

niveau, mais avec moins de netteté et de constance. Ces calcaires deviennent quelquefois très durs ; ils sont alors, ou gris de fer très foncé, ou gris plus clair et subsonores.

Les faunes de ces deux niveaux ne sont pas assez distinctes pour les séparer ici. Plusieurs espèces sont cependant localisées dans l'un ou l'autre, comme par exemple les Bélemnites plates dans N³a.

Belemnites pistilliformis, Blainv. Très abondant, nombreuses variétés. Ce n'est qu'à ce niveau que j'ai rencontré les deux variétés extrêmes, celle qu'on pourrait appeler filiforme et celle que d'Orb. a figurée, Ter. crét., pl. VI, *fig.* 1.

— *bipartitus*, Blainv. Seulement dans N³a.

— *minaret*, Rasp.

— *Orbignyanus*, Duv. Un ou deux échantillons douteux.

— *dilatatus*, Blainv. Seulement dans la partie inférieure de N³a.

— *isoscelis*, Duv. Un seul individu bien caractérisé, trouvé avec le *Bel. dilatatus* type.

— *binervius*, Rasp. Quelques fragments dont un se rapporte au *Bel. hybridus*, Duv. var. γ., Bél., pl. III, *fig.* 13.

— *polygonalis*, Blainv. var. *sicyoïdes*, Duv., Bél., pl. II, *fig.* 1.

Aptychus angulicostatus, Pict. et de Lor. Abondant, caractéristique de N³a.

— *Didayi*, Coq. Seulement dans le bas.

Ammonites angulicostatus, d'Orb. in Pictet, Mél. Pal., I. La forme à tours disjoints est fréquente.

— *Leopoldinus*, d'Orb.

— *Castellanensis*, d'Orb. Même var. que dans N².

— *cryptoceras*, d'Orb.

— *neocomiensis*, d'Orb. Couches les plus inférieures.

— *semistriatus*, d'Orb.

— *infundibulum*, d'Orb. = *Rouyanus*, d'Orb. Très abondant partout. Le jeune *Am. Rouyanus* n'est pas lisse, comme le disent d'Orbigny et Pictet, mais finement strié comme l'*Am. semistriatus*. Bien que je possède plusieurs individus sur lesquels on voit les deux formes de d'Orb. réunies, on peut ordinairement distinguer deux variétés qui semblent leur correspondre : l'une médiocrement renflée, chez laquelle les côtes prennent dès leur apparition leur caractère définitif; l'autre très élargie, comme l'*Am. Rouyanus* figuré par d'Orbigny, dont les côtes principales apparaissent d'abord marquées seulement sur le milieu des flancs et sur la ligne siphonale, où elles forment un bourrelet convexe en avant. Ce bourrelet persiste un tiers ou une moitié de tour ; il va diminuant à mesure que les côtes intermédiaires apparaissent, et bientôt toutes les côtes ont la même importance sur le pourtour externe. Plusieurs individus de cette variété montrent encore, sur les premières côtes, les fines stries du jeune.

Ammonites subfimbriatus, d'Orb. Abondant. Un gros individu bien caractérisé montre dans ses tours inférieurs l'ornementation de l'*Am. lepidus*, d'Orb. Ce fait avait été déjà signalé par Pictet dans le Néocomien des Voirons.

— *lepidus*, d'Orb. Jeune du précédent ?

— *ligatus*, d'Orb.

— sp. Plusieurs Ammonites qui se rapprochent à la fois des *Am. incertus* et *intermedius*.

— *Vandeckii*, d'Orb. in de Loriol, Salève, pl. II.

— cf. *vulpes*, Coq. in Math., Rech. Pal. C. 20.

— *Astierianus*, d'Orb. Très abondant, mais moins variable que dans les marnes à petites Am. ferrugineuses.

— *Jeannotti*, d'Orb. Diffère de la figure de d'Orb. par une beaucoup plus grande épaisseur.

Ancyloceras Duvalii (Lév.), Ast. (*Crioceras*, d'Orb.). Les derniers tours ne se distinguent pas toujours des deux espèces suivantes. Les individus bien caractérisés sont conformes au type 2 de Pictet, Sainte-Croix, pl. 47 bis, fig. 2.

— *Panescorsi*, Ast.

— *Villiersianus*, Ast.

— *Emerici*, Ast. (*Crioc.*, d'Orb.).

— *Thiollieri*, Ast. Très voisin du précédent et plus fréquent que lui.

— *Kœchlini*, Ast.

— *Binelli*, Ast.

— *pulcherrimus*, d'Orb ?

— divers indéterminés. Parmi ceux-ci, je signale un fragment formé de trois tours arrondis, ornés sur les flancs de deux rangs de tubercules reliés par une large côte, une ou deux côtes intermédiaires ; pourtour externe large, traversé par les côtes très effacées.

Hinnites, sp.

Terebratula Moutoniana, d'Orb.

Terebratula (*Waldheimia*) *hippopus*, d'Orb.
— (*Waldheimia*) *collinaria*, d'Orb.
Echinospatagus, sp. Indéterminables, rares.
Baguettes de cidaris assez analogues à celles du *Cidaris Lhardyi*. Ter. crét., VII, pl. MXLIII.

Calcaires à Am. difficilis. N[4].

Au-dessus de N[3] se développe, avec une puissance et une pétrographie très variables, une assise que je distingue de la précédente, avec la partie supérieure de laquelle elle a été très souvent confondue. Cette confusion, jusqu'à un certain point explicable, peut-être même justifiée ailleurs, ne pouvait être faite au Ventoux, où cette asise acquiert une puissance de 5 à 600 mètres et des caractères qui autorisent une distinction tranchée.

Elle se présente sous deux formes différentes: 1° un faciès siliceux; 2° un faciès ferrugineux. Le premier est constitué par des calcaires siliceux alternant plusieurs fois avec des calcaires d'aspect marneux; le second par des marnes avec des lits de calcaires marneux ou ferrugineux surmontés de beaux bancs calcaires.

1° Le faciès siliceux ne se montre qu'au Ventoux même, où il atteint une très grande puissance. La partie inférieure est malaisée à étudier, car on ne la rencontre que sur le revers N. de la montagne, sur une pente d'un accès difficile et couverte d'éboulis ou de végétation. La partie supérieure, au contraire, forme toute l'arête et le flanc S.-E. de la montagne.

Ce faciès est constitué par des calcaires gris, le plus souvent clairs, à texture grossière, quelquefois légèrement cristalline, quelquefois au contraire terreuse ; ces calcaires sont fréquemment remplis de rognons de silex ou de rognons de calcaires siliceux qui, en se délitant à l'air, couvrent de grandes surfaces de débris de silex poreux à teinte rouge brun. Au milieu de ces calcaires, se trouvent des parties moins dures et sans silex, qui se délitent en plaquettes tranchantes, tantôt un peu marneuses et jaunâtres (bleues dans la profondeur), tantôt formées d'un calcaire très semblable au premier, mais moins dur. Vers la limite supérieure de N[4], ces parties présentent souvent par place comme des veines roses, qui se retrouvent dans U[1].

Il est assez difficile de faire une coupe détaillée et complète de N[4] au Ventoux. Une des principales difficultés tient à ce que, sur le talus des combes comme sur la pente même de la montagne, les couches disparaissent presque entièrement sous leurs propres débris. Ceux-ci couvrent, en effet, d'un vaste manteau toute la partie supérieure du Ventoux, à laquelle ils donnent un aspect très caractéristique dans sa morne uniformité.

Une des meilleures coupes est certainement celle qu'on peut faire vers la source de Grave, pour la partie supérieure de N[4], et vers le signal est du Ventoux pour la partie inférieure.

Voici, de haut en bas, cette coupe détaillée.

Calcaires très analogues à ceux qui suivent. Ils en diffèrent surtout par une tendance, qui va s'accentuant vers le haut, à former des bancs de rascle, et par la présence d'Orbitolines, d'abord très rares.
— submarneux jaunes, quelquefois avec des parties roses. *Echin. Collegnii.* Ailleurs cette couche paraît se répéter une ou deux fois au milieu de calcaires gris plus durs, avec ou sans silex.
— gris avec des silex ordinairement petits. Rares fossiles, mal conservés ou fragmentaires, souvent constitués par du carbonate de chaux entouré d'une couche siliceuse irrégulière. 10^{m}. Nautiles, Céphalopodes déroulés, *Ostrea Couloni.*
— presque sans silex, se délitant en fragments plats. *Am. recticostatus.*
— submarneux jaunes, feuilletés, plus ou moins durs, 2 à 3^{m}, avec une couche fossilifère. *Am. difficilis, Feraudianus*, etc.
— gris assez durs, bien stratifiés, avec de nombreux et gros silex roussâtres ordinairement mamelonnés. 15 à 20^{m}. A la partie supérieure, les silex sont petits et ordinairement blancs à l'intérieur.
— submarneux, se délitant en petits fragments craquelant sous le pied.
— it. plus durs.
— plus marneux ; en se délitant plus que ceux qui les entourent, ils donnent lieu à un ressaut de 1 à 2^{m}. *Echin. Collegnii.*
— bleus ou jaunes. *Am. difficilis. Am. n. sp.*
— gris bleu.

Calcaires plus durs, gris, zonés de parties plus foncées. 10m.
— moins durs, submarneux.
Mêmes calcaires avec quelques silex.
— presque sans silex.
Banc calcaire rempli de silex roux mamelonnés.
Calcaires durs avec silex arrondis.
— grenus, avec quelques silex arrondis, *Naut. plicatus* ; lit de calcaire marneux jaune, dur, avec térébratules; je n'ai pas retrouvé ailleurs ce lit si caractérisé en ce point.
— jaune en bancs durs, d'aspect submarneux, avec de grands Céphalopodes déroulés.
— durs, se délitant en plaquettes tranchantes. 7 à 8m.
— submarneux formant un ressaut de 2 ou 3m, composé le plus souvent de deux couches plus marneuses séparées par des calcaires plus durs. *Am. difficilis*, *Am. galeatus?* Céphalopodes déroulés trituberculés.
— plus durs, se délitant en morceaux moyens. *Ostrea.*
— se délitant en gros morceaux. Ce sont des calcaires qui, plus à l'est, prennent localement un faciès Urgonien très remarquable avec *Ostrea*, *Catopygus*, etc.
— avec silex, se délitant en plaquettes.
— avec silex, se délitant en morceaux plus gros.
— presque sans silex, se délitant en gros morceaux.
— durs, en petits fragments.
— durs, en fragments plus gros.
— se délitant en gros morceaux à angles émoussés. 1 à 2m.
— durs avec quelques silex ou noyaux de calcaires siliceux.
— avec nombreux silex non mamelonnés, couvrant le sol d'un manteau roussâtre. Ces couches vont former le signal est du Ventoux, sur le revers nord duquel il faut se transporter pour continuer cette coupe, qui, à Grave, se perd dans un talus d'éboulis.
— devenant submarneux, feuilletés; encore quelques silex.
— submarneux, jaunes et bleus, feuilletés. 10m.
— tachetés d'orange, suivi de 4 à 5m de calcaires plus marneux, avec *Am. difficilis*, petits individus. *Echin. Collegnii?*
— submarneux plus durs, jaunes et bleus, remplis de fucoïdes. 40 à 50m.
— gris de fer, en bancs feuilletés; *Am. galeatus*. 30m.
— grenus, durs; quelques mètres.
— submarneux.

Calcaires gris plus durs, se délitant en plaques avec alternances de lits de calcaires feuilletés, jaunes, qui paraissent se continuer jusqu'aux bancs de calcaires plus foncés à *Crioceras Duvalii*, qui occupent la partie inférieure de la zone boisée du revers nord du Ventoux.

Cette coupe détaillée peut se résumer dans la succession suivante, qu'on retrouve sur tout le Ventoux, malgré des variations de détail et d'épaisseur.

U[1]. Calcaires avec Orbitolines.

N[4].
- *G*. Alternances de calcaires gris à silex, de calcaires gris sans silex et de calcaires submarneux feuilletés, jaunes, souvent avec parties roses. 20 à 25^{m}.
- *F*. Calcaires à silex. 15 à 20^{m}.
- *E*. — durs ou submarneux, gris, jaunes ou bleus. 30^{m}.
- *D*. — à silex. 15^{m}.
- *C*. — comme *E*, mais ordinairement plus durs, avec une intercalation de calcaires à silex. 40^{m}.
- *B*. — à silex à 40 à 50^{m}.
- *A*. Longue série de calcaires plus ou moins submarneux, jaunes d'abord, puis gris plus foncé. 150 à 200^{m}.

N[3]. Calcaires à *Crioceras Duvalii*.

La composition détaillée de ces différentes couches varie assez sensiblement sur toute la surface du Ventoux. Il en est de même de l'épaisseur ; vers le point culminant de la montagne, par exemple, le groupe *C.-F.* atteint 160 à 170 mètres d'épaisseur, *C.* 50 à 60 mètres, et l'ensemble dépasse 600 mètres de puissance [1].

Du reste, ces variations de composition et de puissance sont les conséquences naturelles de tout grand développement très local d'un faciès particulier.

2° Le faciès ferrugineux est développé dans la partie nord-ouest de la région.

[1] Ces estimations, faites sur le revers nord, en partie abrupt, du Ventoux, sont dues, soit à des mesures barométriques, soit à des mesures angulaires.

Il est constitué au bas par des marnes foncées et des calcaires marneux au milieu desquels se rencontrent des lits de calcaires grenus, ferrugineux, plus ou moins résistants, qui se brisent en dalles ondulées ou en simples plaquettes; ces marnes sont bien caractérisées par leurs fossiles semi-ferrugineux et de dimension moyenne. Ce groupe marneux occupe les deux vallons ravinés situés entre Vaison et Séguret; il y est trop mouvementé pour en donner avec sécurité une coupe de détail.

Au-dessus de lui se développent des calcaires qu'on peut étudier dans le double sommet qui domine ces vallons au nord-est. Ces calcaires se présentent en bancs bien réglés de 30 cent. à plus d'un mètre d'épaisseur, souvent séparés par des lits de marnes claires, et formés par un calcaire gris ou bleu, à pâte assez fine et à cassure conchoïdale ou terreuse; peut-être renferment-ils quelques rognons de silex.

La puissance totale de cet ensemble ne paraît pas dépasser 150 à 200 mètres dans sa plus grande épaisseur, qu'on voit sensiblement diminuer en allant vers le sud.

Le faciès ferrugineux de N^4 se retrouve au nord de la région, vers Pierrelongue, mais avec une épaisseur de 20 à 30 mètres seulement. Les marnes occupent encore la partie inférieure et présentent des parties ferrugineuses (ocreuses), dans lesquelles les fossiles conservent le mode particulier de conservation qui caractérise ce faciès. La partie supérieure est formée par des calcaires qui, dans leurs couches élevées, se confondent avec les calcaires de Vaison, dont il sera question plus loin.

Voici, du reste, une coupe prise vers Pierrelongue, de bas en haut (*fig.* 8).

Fig. 8.

1. Calcaires et marnes de N^3.
2. Calcaires marneux bleuâtres, à cassure sèche, se délitant, soit en morceaux, soit

en plaques tranchantes. *Am. semistriatus. Scaphites Yvanii. Heteroceras spectabile.*

3. Marnes gris jaunâtres, souvent ferrugineuses, avec des nodules et même quelques bancs calcaires.
4. Calcaires durs ou submarneux, tachetés, souvent cassants, 10^{m}. *Am. difficilis. Am. seranonis. Am.* cf. *recticostatus.*
5-6. Calcaires de Vaison.
7. Marnes aptiennes.

En allant à l'est et en se rapprochant du Ventoux, on voit apparaître des silex dans les calcaires supérieurs, sans que les parties marneuses se modifient beaucoup ; N^{4} prend alors un faciès mixte ou de passage entre les deux faciès ferrugineux et siliceux. La coupe suivante, prise à Brantes de haut en bas, peut donner une idée de la composition de ce faciès (*fig.* 9).

Fig. 9

1. Calcaires lumachelliques à foraminifères, avec silex en gros rognons ou en bandes irrégulières. Urgonien.
2. Calcaires en petits bancs, bientôt séparés par de minces lits marneux ; quelques silex. 6-8^{m}.
3. Calcaire dur à silex. 1^{m}.
4. Calcaire moins dur, avec lits marneux. 5-10^{m}.
5. Partie plus marneuse, un peu ferrugineuse. 3^{m}.
6. Calcaires plus durs, tachetés, en bancs réguliers et assez épais. Quelques silex. 20-25^{m}.
7. Calcaires marneux en bancs minces, tachetés, souvent jaunes, avec rognons ferrugineux. 5^{m}. *Am. difficilis* ?
8. Alternances de calcaires et de marnes, d'abord plus calcaires, puis plus marneuses. 30-40^{m}.
9. Calcaires plus compactes, suivis d'un grand développement de N^{3}.

Je réunis dans une même liste les fossiles recueillis dans les différents faciès de N[4]. La plupart des espèces provenant des parties marneuses, les différences de faune sont insignifiantes.

Pinces de Crustacés dans la partie supérieure.

Spirorbis, sp.

Belemnites pistilliformis, Blainv.

— *minaret*, Rasp. Assez variable dans sa forme, surtout dans celle de sa pointe et de la surface plane qui continue le sillon.

— cf. *Grasianus*, Duv. La longueur du sillon est en général plus grande que dans la figure de M. Duval-Jouve (Bél., pl. VII). É. Dumas, sous le nom de *Bel. Gervaisianus*, a figuré sans la décrire (Stat. géol. du Gard, pl. I, *fig.* 2 et 3) une Bélemnite de ce niveau assez semblable à celle-ci, mais avec un sillon encore plus court. D'après ce qu'il dit, pag. 334, il la distingue du *Bel. Grasianus*. — La distinction de la Bélemnite de N[4] d'avec certaines variétés du *Bel. latus* n'est pas toujours facile. Je possède un gros individu de cette dernière espèce qui a de grands rapports avec le *Bel. Grasianus*.

Nautilus plicatus, Sow. (*Requienianus*, d'Orb.). Un individu cassé, qui semble se rapporter à cette espèce, montre un jeune lisse.

— *pseudo-elegans*, d'Orb.

— *neocomiensis*, d'Orb.

— sp. Nautile que son ombilic ouvert, son peu de largeur, et ses côtes souvent bifurquées à l'ombilic rapprochent du précédent, mais dont le siphon varie de 0,39 à 0,42, et qui présente en outre, dans l'intervalle des côtes, une à trois stries parallèles aux côtes, caractère que je n'ai vu signalé nulle part chez le *Naut. neocomiensis*.

— sp. n. Très caractérisé par son peu d'épaisseur, ses flancs aplatis, son pourtour étroit et carré.

Ammonites difficilis, d'Orb. Très fréquent. A côté d'individus typiques, on en rencontre dont l'ombilic s'agrandit et dont l'épaisseur augmente ; chez d'autres, en outre, les sillons entament légèrement le bord de l'ombilic ; serait-ce alors la forme appelée *Oustaleti* par Reynès ?

— cf. *assimilis*, Math., Rech. Pal. C. Un seul individu dont la coupe paraît un peu moins élargie au pourtour externe, et dont les ornements sont aussi accentués que dans l'*Am. Thaïs*, Reyn. ?

— *ligatus*, d'Orb.

— *Juliæ*, d'Orb ?

Ammonites cf. *Honoratianus*, d'Orb. Enroulement un peu plus rapide que le type.

— *Rouyanus*, d'Orb. (*infundibulum*, d'Orb.). Comme dans N[3].

— *Thetys*, d'Orb. (*semistriatus*, d'Orb.). Je n'ai pas rencontré l'*Am. causonianus*, d'Orb., qui d'après le Prodrome doit à ce niveau remplacer l'*Am. semistriatus*. Cette Am., fréquente dans N[4], présente deux variétés : l'une dont les stries sont droites et ne dépassent le plus souvent pas le milieu des flancs, l'autre dont les stries sont légèrement falciformes et s'approchent davantage de l'ombilic. Cette dernière semble la plus fréquente dans N[4].

— *galeatus*, de Buch. (*Sartousianus*, d'Orb.).

— *Feraudianus*, d'Orb. Au moins deux variétés : une à côtes assez rapprochées, à tours larges; l'autre à tours plus étroits, à côtes accentuées et espacées. Cette dernière paraît avoir des rapports avec l'*Am. Soulieri*, Math. Outre le tubercule formé par les côtes sur les deux côtés du pourtour externe, on remarque fréquemment, sur l'une et l'autre forme, de légers tubercules près de l'ombilic et aux deux tiers des flancs.

— cf. *Feraudianus*.

— *recticostatus*, d'Orb. Le type de d'Orbigny vient du Ventoux, mais il est figuré d'une manière incorrecte. Sur les premiers tours, les côtes sont inclinées en avant et quelque peu irrégulières; la plupart naissent sur le pourtour de l'ombilic, où elles sont bien accentuées; mais d'autres, en petit nombre il est vrai, naissent aussi un peu après, soit par bifurcation des premières, soit par simple intercalation. Les gros individus montrent encore quelquefois, sur les derniers tours, des côtes bifurquées au pourtour de l'ombilic ; la plupart ont des bouches provisoires et des côtes moins rectilignes que la figure de la Pal. fr. ne le laisserait supposer.

— cf. *recticostatus*, d'Orb., Tours plus larges et plus embrassants.

— *seranonis*, d'Orb. Dans les individus plus grands que celui figuré par d'Orbigny, on voit sur les derniers tours une côte, sur deux ou trois, se bifurquer, pour passer sur le pourtour avec un léger tubercule à la bifurcation.

Quelques individus présentent des variations qui se rapportent peut-être à l'*Am. sp. n.* que d'Archiac, rapproche de l'*Am. seranonis*. Hist. des progr., IV, pag. 503, et qui se trouve associée à Barrême avec les mêmes fossiles qu'au Ventoux ?

— cf. *Jeannotti*, d'Orb.

Ancyloceras cf. *Andouli*, Ast.

Ancyloceras Fourneti, Ast.?
— *Emerici*, Ast. (*Crioc.*, d'Orb.) ?
— *Vanden Heckii*, Ast. Ornementation identique à la figure d'Astier. Catal., pl. II, *fig.* 11.
— sp. Caractéristique de N[4] supérieur au Ventoux. Je n'ai pu rapprocher cette espèce que de deux Ancyloceras du Musée de Marseille, très voisins l'un de l'autre et étiquetés par Reynès? *Ancyl. Vanden Heckii.*
— *brevis*, d'Orb.

Heteroceras spectabile, Reynès (Bull. Soc. Scient. et Indust. de Marseille, 1876, pag. 107. Musée de Marseille).

Scaphites Yvanii, Puz.
— sp.

Nombreux fragments de grands Céphalopodes déroulés, la plupart du groupe de l'*Ancyl. Matheronianus* ?

Natica. Plusieurs espèces.

Corbis corrugata (Sow.), Forbes.

Inoceramus neocomiensis, d'Orb.

Pecten cf. *Cottaldinus*, d'Orb., de petite taille, à test mince, orné de stries concentriques très régulières, mais sans stries rayonnantes, très abondant, identique à celui de l'Urgonien.

Ostrea Couloni, d'Orb. Les individus recueillis dans les couches où ils sont nombreux ne se distinguent que difficilement des *Ostrea* de l'Urgonien et de l'Aptien inférieur. Je n'ai trouvé que quelques individus isolés bien caractérisés, comme *Couloni*. Je ne crois pas que, d'après les échantillons du Ventoux, il soit possible de séparer l'*O. Couloni* de l'*O. Aquila*, ce qui viendrait à l'appui de l'opinion de Pictet.

Ostrea rectangularis, Rœm. Rare à ce niveau, elle devient très abondante dans les premières couches urgoniennes.

Spondylus.

Nombreux moules de lamellibranches.

Terebratula Moutoniana, d'Orb.
— (*Waldheimia*) cf. *hippopus*, Rœm. in d'Orb. (*Strombecki*, Schleinbach ?). La dépression de la petite valve est peu marquée, en sorte que la commissure palléale est à peine sinueuse.

Rhynchonella lata, d'Orb.?
— *irregularis*, Pict.
— *multiformis*, Rœm. (*depressa*, d'Orb.).

Terebratella, sp.

Echinospatagus Collegnii (Sism.), d'Orb. Partie supérieure de N⁴ seulement.
— cf. *Collegnii*. Ambulacres pairs dans des dépressions aussi profondes que dans le précédent, mais avec des tubercules dans les aires interambulacraires, et une forme légèrement différente.
— *Ricordeanus*, Cott.
Holectypus macropygus, Des.?
Catopygus, sp. Très voisin du *Cat. carinatus*; c'est la même espèce que celle qu'on trouve dans l'Urgonien.
Foraminifères.

D'après ce qui précède, le Néocomien du Ventoux appartient à ce qu'on a appelé le type provençal ou alpin, ou aussi le faciès vaseux pélagique de ce terrain.

Les différentes assises que j'ai décrites : calcaires de Berrias, marnes à Am. ferrugineuses, calcaires à criocères, sont trop connues pour que je m'arrête à leurs équivalences. Il en est de même de leurs rapports avec les assises du type jurassien du Néocomien, rapports que M. Lory a si bien mis en évidence par ses observations aux environs de Grenoble, où ces deux types s'entremêlent.

La zone à *Am. difficilis* peut seule donner lieu à quelques remarques. Son grand développement au Ventoux concorde avec un développement exagéré, mais tout local, du Néocomien, qui atteint ici environ 1500^m de puissance. Cet accroissement d'épaisseur se fait presque entièrement au profit de N³ et de N⁴; toutefois il est encore plus frappant pour ce dernier que pour le premier : N³ constitue en effet la partie la plus constante et la plus générale du Néocomien, tandis que N⁴ n'est le plus souvent pas très distinct de la partie supérieure de N³.

Dans le type provençal du Néocomien du Dauphiné, M. Lory n'a pas distingué cette assise, qui doit correspondre à la partie tout à fait supérieure de ses Calcaires à criocères, gisement du *Scaphites Yvanii*.

Elle paraît être un équivalent pélagique des calcaires marneux à *Echin. cordiformis*, qui représentent un faciès plus littoral et semblent occuper, soit à Grenoble, soit à la limite de la région du Ventoux (Luberon et

Orgon), la même position stratigraphique, bien qu'ailleurs ce fossile puisse descendre plus bas.

C'est la partie supérieure de cette assise que Reynès a désignée sous le nom de zone à *Am. recticostatus* au musée de Marseille.

Elle correspond enfin, au moins en partie, et d'après Coquand lui-même, au Barrêmien de cet auteur. (*Soc. d'Émul. de Provence*, I, p. 135).

J'aurais volontiers retenu, pour désigner N^4, ce terme de Barrêmien, employé encore par M. Matheron dans ses *Recherches paléontologiques*, si ce terme ne réunissait pas sous un même nom des niveaux qui, au moins au Ventoux, demandent encore à être distingués. (*Ibid.*, I, pag. 127; III, pag. 145.)

Toutefois, je dois ajouter qu'il y a peut-être une certaine part de vérité dans une réunion semblable, comprise, il est vrai, un peu autrement que ne le faisait Coquand dans son Barrêmien. Aussi n'est-ce pas sans hésitation et sans quelques réserves que je rattache au Néocomien la partie tout à fait supérieure de N^4 au Ventoux. A côté de formes qui traversent tout le Néocomien et d'autres qui sont spéciales à ce niveau, on rencontre en effet, dans la partie supérieure de N^4 au Ventoux, un certain nombre de fossiles, comme l'*Echin. Collegnii*, le *pecten* cf. *Cottaldinus*, des Am. à côtes trituberculeuses et de grands céphalopodes aux formes voisines des *Ancyl. Matheronianus* et *gigas*, qui montrent que nous sortons du régime franchement Néocomien pour nous trouver sur le seuil d'un régime nouveau qui se développera au Ventoux sous la forme urgonienne.

Cette hésitation n'est pas diminuée par les lentilles de calcaires à faciès urgonien qu'on rencontre çà et là dans la partie supérieure de N^4, au dessus du Rat, par exemple, et par la difficulté qu'on éprouve à tracer une limite entre N^4 et U^1.

La question demande de nouvelles recherches, mais ces faits mettent en évidence la liaison intime et les transitions nombreuses qui existent au Ventoux entre N^4 et les couches que je vais décrire sous le nom d'Urgonien.

Urgonien.

J'étudierai provisoirement, comme je l'ai dit, sous ce titre d'Urgonien toutes les couches comprises entre le Néocomien, tel qu'il vient d'être décrit, et les marnes dites aptiennes, me réservant de rechercher plus loin ce qu'il faut penser de ce terme d'Urgonien.

L'ensemble de couches ainsi délimité présente, dans la région du Ventoux, deux faciès bien distincts qu'il importe d'étudier séparément.

1° Faciès coralligène ou à Orbitolines. Ce faciès correspond à l'Urgonien des auteurs; il est très développé au Ventoux, d'où il se relie par les monts de Vaucluse et le Luberon à l'Urgonien d'Orgon.

2° Faciès pélagique ou à Céphalopodes. Ce faciès se développe au nord et au nord-ouest du Ventoux; il forme les belles assises calcaires exploitées à Vaison, d'où le nom de calcaire de Vaison, sous lequel je le désignerai.

1° Faciès coralligène ou a Orbitolines.

Ce faciès est représenté par un ensemble puissant de calcaires, ou compactes, ou grenus, ou lumachelliques, le plus souvent siliceux, au milieu desquels sont intercalés des calcaires ordinairement blancs, compactes ou subcrayeux à *Requienia*.

Les calcaires sont caractérisés par l'*Orbitolina lenticularis*, l'*Ostrea aquila*, l'*Echinospatagus Collegnii* et par leurs caractères coralligènes ; ceux-ci, en dehors des bancs à polypiers ou à *Requienia*, se retrouvent encore dans la présence si fréquente de calcaires à débris, grossiers ou atténués, plus ou moins oolithiques, remplis de foraminifères et stratifiés en biseau (stratification oblique).

Ce faciès acquiert son plus beau développement sur le flanc méridional du Ventoux; c'est là que je vais l'étudier d'abord, puis j'indiquerai les modifications qu'il subit ailleurs.

L'Urgonien du Ventoux est très naturellement divisé en deux parties par les calcaires à *Requienia* ; je distinguerai donc :

Les calcaires inférieurs. U^1.
Les calcaires à *Requienia*. U^2.
Les calcaires supérieurs. U^3.

Calcaires inférieurs. U^1.

Les calcaires urgoniens inférieurs forment une bande continue qui traverse en biais de l'O.-N.-O. au S.-E. le flanc méridional du Ventoux.

Leur partie inférieure est intimement liée à N^4, dont elle se distingue malaisément [1]. Cette distinction est rendue d'autant plus difficile que ces calcaires présentent des variations très considérables dans leur composi-

[1] J'ai placé la ligne de séparation au-dessus d'une couche submarneuse jaune dans laquelle j'ai trouvé, aux environs de la ferme du Péu blanc, les Céphalopodes caractéristiques de N^4, tandis que les couches qui la surmontent immédiatement renferment des Orbitolines. Cette couche, qui se laisse suivre très nettement en ce point, est très mince, peu fossilifère comme celles qui la précèdent ou la suivent, identique aux autres couches de calcaires submarneux jaunes qui se trouvent, soit dans U^1, soit dans N^4 ; elle se perd dans les combes, et sur les plateaux elle n'est le plus souvent jalonnée que par des morceaux de calcaires jaunes isolés et perdus au milieu des débris qui couvrent le sol ; enfin, en allant au N.-O., elle semble s'épaissir ou se dédoubler, tandis qu'à l'E. elle paraît se confondre avec une couche dont il va être question plus loin.

Pour relever cette limite sur les flancs du Ventoux, il a fallu la suivre pas à pas, non sans beaucoup de difficultés ; mais au dehors, là où il y avait discontinuité réelle, je ne pouvais être assuré de ne pas confondre des couches voisines, et par conséquent de tracer toujours avec certitude la même limite dans l'épaisseur des couches qui établissent la transition entre N^4 et U^1, bien caractérisés l'un et l'autre.

C'est dans cette recherche, à laquelle j'ai dû consacrer beaucoup de temps, que j'ai été amené à me demander si les calcaires à faciès urgoniens ne prenaient pas naissance dans des couches qui paraissaient être la continuation de celles de N^4 ; en sorte qu'il y aurait épaississement de U^1 aux dépens de N^4, et une sorte d'équivalence entre les parties voisines de ces deux systèmes de couches.

Je n'avance cette supposition que sous toutes réserves ; je n'ai pu, comme je l'ai dit, suivre pas à pas toutes les couches, et je sais combien les erreurs stratigraphiques sont faciles à commettre dans de grandes masses calcaires où les points de repère manquent et où les failles échappent. Toutefois, des considérations qui trouveront leur place plus loin viendront appuyer cette supposition.

tion et leur épaisseur. A l'ouest, sur une partie de l'arête du Ventoux, ce sont des calcaires compactes formant de magnifiques surfaces de rascle à grand appareil. Sur le flanc de la montagne et sur les pentes moins inclinées du plateau des Abeilles, ce sont des calcaires tantôt gris, durs avec silex ou de dureté variable, finement grenus ou suboolithiques et à débris, parfois comme subcrayeux, tantôt jaunes, couleur de son ou ocreux, sporadiquement teintés de rose comme dans N^4, durs ou submarneux, qui alternent très irrégulièrement ensemble.

Les calcaires gris passent quelquefois latéralement à des calcaires compactes avec polypiers; les calcaires jaunes, mais à la partie supérieure de U^1 seulement, à de vraies marnes jaunes (bleues dans la profondeur), avec des noyaux de calcaire blanc demi-farineux.

A l'est de Sault, enfin, ce niveau n'est plus indiqué avec certitude que par une ou plusieurs couches semi-marneuses, comprises entre des calcaires avec ou sans silex, le plus souvent d'aspect tout néocomien.

A ces différences de composition correspondent des différences non moins grandes de puissance.

De 50 à 60^m en moyenne, l'épaisseur de U^1 peut être portée à 2 et 300^m, comme dans la profonde coupure de la Nesque, par l'intercalation de bancs de polypiers et de calcaires à débris.

Ces bancs de polypiers forment un trait assez caractéristique de U^1.

Dans la partie ouest, ils ne constituent pas de bancs distincts au milieu des calcaires durs de l'Urgonien inférieur. Mais dans la Combe Canaud, par exemple, on peut suivre un vrai banc de polypiers très net et distinct au milieu de U^1; il forme un abrupt inférieur et parallèle à celui de U^2. Ce banc se retrouve dans la Combe Ripert, puis disparaît dans la Combe des Boyers, où il est remplacé par des calcaires à silex.

Au sud de la Gabelle, on en voit se développer un autre beaucoup plus considérable (c'est peut-être le même que le précédent, prolongé à l'ouest sous les parties supérieures de l'Urgonien qui recouvrent U^1). L'affleurement de ce banc dans les ravins au sud de la grande route est marqué par un abrupt d'épaisseur variable. Très épais et très nettement dessiné à l'ouest sous les points 797 et 891, on le voit s'amincir au nord et au nord-est, pour se perdre dans des calcaires à silex. On peut observer cette atténuation et ce passage sous la Gabelle (coupe *fig.* 12), et vers le coude de la grande route, au point 915.

Au sud, ce banc se continue avec toute son épaisseur et semble, dans les gorges de la Nesque, être suivi dans la profondeur par plusieurs autres bancs qui forment une série d'abrupts de 5 à 20^{m} de hauteur, entremêlés de calcaires à débris. A en juger par la partie supérieure de cette gorge, où la Nesque creuse son lit, sous les Rochers du Cire, dans des calcaires oolithiques à débris bien nettement urgoniens, U' atteindrait en ce point 250 à 300^{m} d'épaisseur.

Il est vrai que sur ces pentes à 40°, couvertes d'éboulis, interrompues par de fréquents abrupts et coupées par de nombreuses cassures, il est souvent difficile de reconnaître les niveaux auxquels on a affaire ; malgré ces difficultés, il n'en est pas moins évident que la puissance de U' s'accroît considérablement vers le sud, tout en restant encore inférieure à celle qu'il atteint à Orgon, par exemple, comme on le verra tout à l'heure.

Au milieu de toutes ces variations, la partie la plus constante et vraiment caractéristique de l'Urgonien inférieur du Ventoux est constituée par ses couches supérieures, dans lesquelles se rencontre un des rares niveaux fossilifères de ce terrain.

Vu l'importance de ce niveau, je le décrirai sous le nom de *couche C.*

La couche *C* n'est que la dernière des alternances de calcaire jaune intercalées dans les calcaires à silex de U'; elle est placée à leur partie supérieure ; elle est plus fossilifère que les autres et revêt, localement, des caractères spéciaux.

On peut la suivre surtout sur le flanc méridional du Ventoux, sur le plateau des Abeilles, et jusque sur celui de Sault; partout elle occupe la partie supérieure de U'.

Aux environs de la Gabelle, où j'ai observé cette couche pour la première fois, elle se montre formée par un ensemble de deux ou trois bancs plus ou moins distincts de calcaires jaunes qui se délitent en morceaux aplatis, à surfaces un peu contournées et d'aspect plus marneux que ne le comporte la pâte même du calcaire ; la partie médiane de cet ensemble, presque toujours moins dure et grossièrement feuilletée, se transforme localement en de vraies marnes friables, à noyaux de calcaire souvent à demi-farineux.

Cette constitution favorise, sur les pentes peu inclinées, la formation d'un léger gradin qui rend ce niveau relativement apparent, quand il n'est pas masqué par les éboulis ou, ce qui est fréquent, par l'affaissement du banc supérieur qui vient, comme l'indique la *fig.* 10, occuper la place

de la couche friable enlevée par les eaux. Quoi qu'il en soit, ce niveau se reconnaît toujours à sa roche jaune, toute pétrie de serpules et de nérinées. La surface qui forme le gradin est souvent entièrement couverte de petites nérinées très étroites et très longues.

Si, prenant la Gabelle comme point de départ, on suit la couche *C* au nord-ouest et à l'est, on la voit se modifier en deux sens opposés, correspondant du reste aux modifications que subissent aussi les couches de l'Urgonien tout entier.

Au nord-ouest, les parties friables disparaissent ; les fossiles deviennent rares et les calcaires jaunes ne se distinguent plus que difficilement des couches qui les accompagnent.

A l'est au contraire, l'élément marneux prend le dessus. On retrouve ce niveau fossilifère sur le plateau de Sault, où, grâce à l'horizontalité des couches et à l'ablation des calcaires supérieurs, il couvre le long de la Croc des surfaces assez étendues de marnes jaunes qui ont été prises pour des marnes aptiennes par Sc. Gras.

Les coupes suivantes préciseront la position de cette couche, en même temps qu'elles feront connaître la composition de U' et ses variations.

Un peu à l'ouest de la Gabelle, sur la route de Villes, on relève la coupe suivante (*fig.* 11).

Fig. 11.

1. Calcaires gris clair, avec polypiers, nérinées et quelques *Requienia*, premières couches de U².
2. Calcaire gris blond, dur, stratifié. 5-6^{m}.
3. Couche marneuse *C*.
4. Calcaire jaune, dur, pétri de nérinées.
5. Calcaire moins jaune, avec quelques silex. *O. rectangularis*, *aquila*.
6. Banc rempli d'*Ostrea*, de nérinées, de rhynchonelles.
7. Calcaire plus clair. *Trigonia rudis*, *caudata*.
8. Calcaire gris, avec silex, grande épaisseur.

A l'est de la Gabelle, au-dessus du tournant de la route, on a (*fig.* 12):

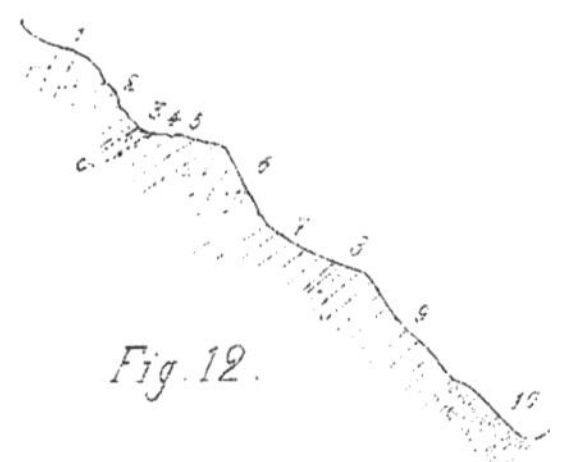

Fig. 12.

1. Calcaire formant rascle, av. polypiers, quelq. *Requienia*, premières couches de U².
2. Calcaire gris dur, se confondant avec 1 dans sa partie supérieure.
3. Couche marneuse *C*.
4. Calcaire jaune, un ou deux bancs.
5. Calcaire gris. 2^{m}.

6. Calcaire massif, avec polypiers, formant un abrupt qui s'accroît au sud et disparaît au nord dans des calcaires à silex.
7. Calcaire gris clair, avec *Trigonia caudata*.
8. Banc de calcaire jaune, submarneux.
9. Calcaires clairs, durs. *Ostrea aquila*.
10. Calcaire avec silex.

En allant vers le N.-O., on peut relever dans la Combe des Boyers, vers la Font-Breyguette, la coupe suivante (*fig.* 13).

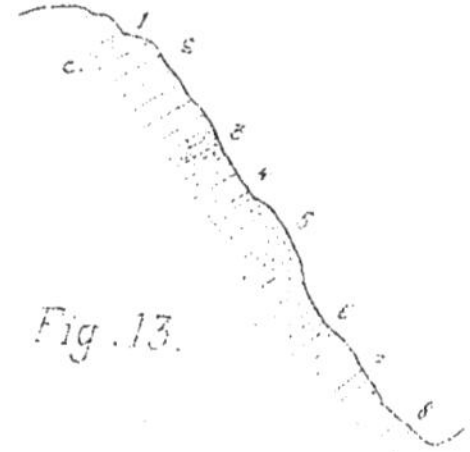

Fig. 13.

1. Couche C_1 réduite à des calcaires jaunes grossièrement feuilletés, bientôt recouverts, vers le S.-O., par des calcaires stratifiés qui supportent des couches de rascle à *Requienia*.
2. Calcaire avec *Am. recticostatus*, *Trigonia caudata*, *rudis*; nérinées.
3. Calcaire avec silex. *Ostrea aquila*.
4. Banc calcaire jaune. *Ostrea aquila*.
5. Calcaire avec petits silex arrondis. 5-6^m.
6. Banc calcaire jaune.
7. Calcaire gris clair, avec Orbitolines, et lumachelle d'oursins brisés. 4^m.
8. Calcaire gris très clair. *Serpula cincta*.
9. Calcaire dur, avec silex abondants qui ne se voient bien qu'en remontant un peu le ravin ; quelques Orbitolines.

Dans la Combe Canaud, la couche C est presque perdue dans une vingtaine de mètres de calcaire compris entre deux abrupts formés de calcaire à polypiers. En la suivant jusqu'à ce qu'elle affleure à la chapelle

Saint-Jean (pl. I, coupe 5), on voit qu'elle présente les mêmes caractères qu'à la Font-Breyguette. Mais à l'ouest, dans les autres combes qui sillonnent le Ventoux, il est difficile de la retrouver ; les parties jaunes submarneuses se développent plus bas, et dans la Combe Sourne, par exemple, on trouve une couche fossilifère analogue à *C*, mais qui occupe les parties inférieures de U', tandis que *C* se trouve confondu dans les calcaires durs, qui dominent ici dans cette assise.

Plus loin la couche *C* reparaît; elle contribue, avec les couches qui l'entourent, à la formation du ressaut qui dessine, sur la portion ouest du Ventoux, la fin des couches à *Requienia*, imbriquées comme de gigantesques écailles sur le flanc de la montagne.

Sur une des dernières, au-dessus du Jas de Mian, on peut voir la coupe suivante (*fig.* 14).

1. Rascle avec *Requienia*.
2. Banc dur, avec polypiers.
3. Calcaire grumeleux à gros débris.
4. Calcaire jaune orange grossièrement feuilleté, avec quelques fossiles. Couche *C*.
5. Banc avec polypiers.
6. Calcaires à débris qui alternent avec des bancs de calcaire dur formant des surfaces de rascle, souvent avec polypiers ; ces alternances sont locales, car ces calcaires passent des uns aux autres.

On peut avoir une idée de ces parties inférieures, déjà beaucoup moins puissantes, en allant un peu plus à l'est, vers le point 1413, où on relève au-dessous des calcaires massifs avec polypiers du voisinage de *C*, la succession suivante (*fig.* 15).

1. Calcaire grumeleux, pétri de baguettes de Cidaris.
2. Gros bancs de calcaire à débris, avec Orbitolines.
3. Banc dur.
4. Calcaire grumeleux, avec des îlots de polypiers dans un calcaire à gros débris.
5. Calcaire à débris compactes dont les bancs, très épais, forment une surface de rascle semblable à un colossal pavé dont les joints seraient dégarnis. Les fentes qui séparent les blocs en place ont plus d'un mètre de profondeur. Polypiers, Orbitolines.
6. Calcaire jaune, un peu marneux. Orbitolines.
7. Calcaire à silex roux.
8. Banc de calcaire compacte.
9. Talus d'éboulis.

Voici enfin une coupe détaillée de cette partie inférieure prise sur le promontoire qui sépare la Combe Sourne de la Combe de Grave. Les couches supérieures, d'une cinquantaine de mètres de puissance, peuvent se voir sur les côtés de la vallée, en particulier à l'est, où l'on relève une série de calcaires, tantôt plus durs, tantôt moins durs, avec Orbitolines abondantes, *Ostrea aquila*, *Corbis corrugata*, de très grandes *Janira atava*, des *Trigonia*, etc.; puis, au-dessous de ces calcaires, où le faciès coralligène domine, on a les couches suivantes, sur une épaisseur de 15 à 18m (*fig.* 16).

1. Calcaire avec *Ostrea aquila*, rascle, petits silex blancs.
2. Calcaire dur, quelques silex roux. *Pyrina pygæa*.
3. Calcaire jaune feuilleté, quelques morceaux teintés de rouge. *Pygaulus Desmoulini*. *Catopygus sp*. *Holaster*.
4. Calcaire plus dur.

5. Calcaire dur, avec quelques silex roux.
6. Calcaire moins dur. Serpules.
7. Calcaire plus dur, pâte plus tendre que les précédentes, petits silex blancs. *Corbis corrugata*, abondantes avec les deux valves.
8. Calcaire jaunâtre submarneux. *Ech. Collegnii. Enallaster Fittoni.*
9. Calcaire jaunâtre plus dur. *Nautilus neocomiensis.*
10. Calcaire gris, avec quelques silex blancs.

Les quelques mètres de calcaire encore Urgonien ? inférieurs au n° 10, n'affleurent que beaucoup plus loin et dans des conditions d'observation très défavorables; la pente relative de ces diverses couches est très faible, en sorte que leurs affleurements s'étalent sur de grandes surfaces, et quelques cassures, en les rejetant un peu chacune, exagèrent cet inconvénient, si bien que la limite de l'Urgonien, ou plutôt l'apparition de couches franchement néocomiennes, est dans la direction de la coupe reportée à 2 kilom. plus haut, pas loin de l'arête de la montagne. Sur cette surface, on trouve dans les morceaux de calcaire qui couvrent le sol, comme des nids de petits fossiles, parmi lesquels on remarque:

Echin. Collegnii; Phyllobrissus, très voisin du *Phyl. Duboisi*, Des.; *Pygurus Gillieroni*, de Lor.; *Pygaulus cylindricus*, Des.; de petits *holectypus* voisins du *macropygus*; Térébratules, Rhynchonelles, Opis, Spondyles, etc.

Ces fossiles se retrouvent pour la plupart dans la couche *C*.

Voici la liste des fossiles de U[1], dont la majeure partie provient de cette dernière couche.

Pinces de Crustacés. Fréquentes, plusieurs espèces.

Serpula cincta, Goldf.

— *antiquata*, Sow.

— *filiformis*, Sow.

Spirorbis sp. Paraît déjà dans les couches supérieures de N[4].

Belemnites minaret, Rasp. Cette Bélemnite n'est pas rare, mais elle est ordinairement mal conservée.

— *pistiliformis*, Blainv. ?

— *n. sp.* Tenant à la fois du *Bel. minaret* et du *Bel. semicanaliculatus* ; elle est plus allongée que cette dernière ; son sillon est plus long que dans ces deux espèces et ne se termine pas sur le méplat caractéristique du *Bel. minaret.*

— *Grasianus*, Duv.

Nautilus plicatus, Sow.

Ammonites recticostatus, d'Orb.

— *subfimbriatus* d'Orb. ? Le musée de Sault possède un colossal individu qui semble appartenir à cette espèce, mais dont le gisement n'est pas absolument certain; il se pourrait qu'il appartînt aux dernières couches néocomiennes.

— sp. Fragment d'une petite Ammonite dont l'enroulement rapide et le petit ombilic rappellent l'*Am. difficilis.*

Ancyloceras sp. Du groupe de l'*Ancyl. gigas*, Sow. (*Renauxianus*, d'Orb.).

— Divers fragments.

Nerinea n. sp. ? Nérinée très étroite et très longue, dont l'angle d'ouverture paraît presque nul sur les fragments excessivement nombreux qu'on rencontre ; ses lobes rappellent ceux des *Ner. lobata*, d'Orb., et *Orbensis*, Pict. et Camp., Sainte-Croix, pl. 68, *fig.* 6, 7, mais avec un troisième petit pli à la columelle. Cette espèce se retrouve dans U[3].

— sp. On rencontre encore deux ou trois autres espèces, mais plus rares.

Natica sp. Plusieurs espèces ; moules en mauvais état : la forme la plus commune est une espèce assez grosse qui rappelle la *Nat. Pellati.*, Math., Rech. Pal.

Pterocerns. Deux espèces différentes du *Pter. pelagi.*

Cardium. Moules. Une petite espèce lisse, et une plus grande du groupe des Cardium à côtes anales.

Corbis corrugata (Sow.), Forbes.

Trigonia rudis, Park. Commune; quelques individus correspondent assez bien à la *fig.* 6 de d'Orb., Ter. Crét., pl. 289; la plupart sont intermédiaires entre la *fig.* 3 et la *fig.* 5.

— *caudata*, Ag.

Arca. Une espèce assez commune, qui se rapproche de l'*Arca obesa*; elle en diffère par la position du sillon anal, qui est très extérieur, tandis qu'il est près du bord interne dans l'espèce du Grès vert.

Pinna Robinaldina, d'Orb.

— sp. Très voisine de la *P. sulcifera*, Leym., citée par d'Orb. à Sault.

Panopæa. Plusieurs espèces, dont la plus commune est voisine des *Panopæa arcuata* Ag. et *Prevosti*, d'Orb.

Anatina. Espèce à sillon à peu près droit, mais avec des dimensions proportionnelles un peu plus fortes que les *Anatina Marullensis*, d'Orb. et *Rhodani*, Pict. et R., dont elle paraît voisine.

Lima Royeriana, d'Orb. Ses côtes aiguës la rapprochent de la *Lima Cottaldina*, d'Orb., dont elle n'a pas la petite côte intermédiaire. Peut-être est-ce la variété signalée par Pictet, Sainte-Croix, III, pl. 53.

Pecten Robinaldinus, d'Orb. Bien conforme à l'espèce telle qu'elle est délimitée par Pictet, Sainte-Croix, IV, pag. 188, qui du reste la cite de Sault; très commun, mais assez variable; le type à petites côtes intercalées n'est pas rare.

— cf. *Cottaldinus*, d'Orb. Correspond bien par sa forme et ses dimensions au *Pect. Cottaldinus*, d'Orb., Ter. Crét., pl. 431, et Sainte-Croix, pl. 167, mais en diffère par les lamelles qui naissent des stries concentriques; ces lamelles se recourbent en avant en bourrelets, en sorte que la coquille, surtout près du bord palléal, paraît formée de côtes arrondies concentriques; le test est très mince. Je n'ai vu que sur quelques échantillons des vestiges de stries rayonnantes.

Hinnites de très grandes dimensions, voisin de *Hinnites Favrinus*, Pict. et R., Sainte-Croix, IV, pl. 178.

Janira atava, d'Orb. Atteignant de grandes dimensions.

— *Morisi*, Pict. et R. Très abondante, bien caractérisée par ses régions externes lisses plus que par le nombre de ses côtes intercalaires, qui varie; il est rarement de cinq dans l'intervalle médian et souvent de trois seulement.

Spondylus complanatus, d'Orb. Bien conforme à la *fig.* 7 et 8, pl. 431 des Ter. Crét.

Plicatula placunea, d'Orb. ? Quelques fragments dont l'ornementation bien conservée se rapporte à cette espèce.

Ostrea aquila, d'Orb. Aussi abondante que variable. Ces variations portent sur le rapport des deux diamètres, la carène et les plis de la valve supérieure ; elles confirment ce que dit Pictet (Perte du Rhône, pag. 138) sur les rapports de *Ostrea Couloni* et *aquila*. Les deux types sont représentés dans U¹, avec forte prédominance du second et transitions nombreuses.

— *rectangularis*, Roem. Très abondante, avec deux variétés, l'une à plis rapprochés et à section très allongée, l'autre à plis espacés et à section presque carrée.

Gros rudistes trop engagés dans une roche carriée pour être dégagés.

Terebratula acuta, Quenst.

— *Sella*, Sow. ?

— *Essertensis*, Pict. ?

— Plusieurs autres formes à deux plis et à grosse ponctuation.

— (*Waldheimia*) *tamarindus*, Sow.

Rhynchonella irregularis, Pict.

— *lata*, d'Orb. La petite variété est très abondante ; c'est probablement celle qu'indique Pictet, Mat., VI, pl. 25.

Echinospatagus Collegnii, d'Orb. Abondant.

— *cordiformis*, Breyn. Très rare.

— *Ricordeanus*, Cotteau ?

Enallaster Fittoni, Forbes. Assez commun. J'ai recueilli plusieurs individus de cette espèce à la Clape, où elle ne paraît pas avoir été encore signalée.

Holaster intermedius, Ag.

— sp. Très voisin de l'*Hol. marginalis* par sa forme.

Pygaulus Desmoulini, Ag.

— *cylindricus*, Des.

Pygurus, sp. Très-voisin du *Pyg. Gilleroni*, de Loriol, mais un peu plus épais ; peut-être une espèce nouvelle.

Phyllobrissus Duboisi, Des.

Nucleolites Roberti, A. Gras.

Catopygus, sp. Très voisin du *Cat. carinatus*.

— *switensis*, Des. ?

Pyrina pygæa (Ag.), Des.

Holectypus macropygus, Des. ? jeunes.

Peltastes Meyeri, Cotteau.

Pseudodiadema Jaccardi, Cotteau. Deux individus ; le musée de Sault possède un assez bel échantillon de cette espèce rare. Elle a déjà été signalée dans le Midi par M. Bleicher, à Clapiers, près Montpellier. *Bull. Soc. Géol.*, 1873, pag. 25.

Entedon, *sp. nov.* de Loriol.

Pentacrinus, sp.

Bryozoaires. Une espèce assez abondante semble appartenir au genre *Multicrescis*, d'Orb. Un fragment de *Melicertites*.

Polypiers abondants, mais toujours engagés dans la roche. Ils paraissent appartenir aux mêmes espèces que ceux du banc de polypiers qui fait la limite de U¹ et de U². (Voir U².)

Orbitolina lenticularis (Blum.), d'Orb. Variétés *conoidea* et *discoidea*, Gras. La première paraît plus fréquente que la seconde dans U¹.

Foraminifères. Très abondants dans certaines roches qu'ils composent presque en entier avec des fragments de polypiers, de bryozoaires, etc.

M. C. Schlumberger et M. Terquem, qui ont bien voulu examiner quelques échantillons de ces roches, ont reconnu les genres : *Quinqueloculina*, *Spiroloculina*, *Spirilina*, *Rotalina*, *Operculina*, *Nummulina*, *Miliolina*, *Textilaria*, etc.

La compacité de la roche ne permet pas de détermination spécifique.

La forme la plus fréquente et la plus apparente, en quelque sorte caractéristique de ces calcaires, appartient au genre *Miliolina*.

Calcaires à Requienia. U².

Cette division médiane de l'Urgonien du Ventoux est formée par une épaisseur moyenne de 150ᵐ de calcaires, de couleur très claire, saccharoïdes, subcrayeux, oolithiques, ou à débris plus ou moins roulés, atténués ou grossiers. On rencontre çà et là des parties siliceuses.

Ces calcaires se font remarquer par leur grande variabilité, leur stratification irrégulière et en biseau, une tendance à se confondre en masses d'apparence homogène, qui forment des abrupts remplis de *baumes*. Ces baumes sont, ou de vraies grottes, ou simplement des abris qui se suivent sur de grandes longueurs. Elles sont dues, presque toujours, à des couches calcaires qui se délitent en fragments obliques par rapport au sens de la stratification.

Ce caractère n'est du reste pas spécial à U², mais se retrouve dans tout l'Urgonien ; U¹ en présente de très beaux exemples dans la partie ouest du Ventoux.

Ce niveau se prête mal à des subdivisions. D'une manière générale, on y observe la succession suivante :

Au bas, des calcaires à polypiers, bientôt envahis par les rudistes ; ces calcaires forment un abrupt d'une vingtaine de mètres. Ils sont suivis par des calcaires à débris, souvent jaunâtres et en petits bancs, et par des calcaires à rudistes, blancs, saccharoïdes, subcrayeux ou oolithiques ; ces divers calcaires, stratifiés ou massifs, alternent irrégulièrement ensemble, ou passent des uns aux autres ; ils forment les deux tiers de l'épaisseur totale. Ils sont couronnés par une épaisseur assez grande de calcaires massifs très blancs, souvent subcrayeux, pétris de grandes *Requienia Ammonia* et *Lonsdali* : ce sont les calcaires d'Orgon ; comme ces derniers, ils se prêtent localement à des exploitations au pic, sans être cependant formés par une molasse aussi tendre que dans cette localité classique.

Je ne m'étendrai pas sur la faune de ce niveau, d'ailleurs toujours parfaitement caractérisée par les *Requienia Ammonia* et *Lonsdali*.

La nature des calcaires qui la composent rend l'extraction des fossiles déterminables très difficile.

C'est à la partie inférieure de U^2, faisant limite entre U^1 et U^2, que je place le banc de polypiers qui, à Sault et sur deux ou trois autres points, s'est trouvé dans des conditions de désagrégation telles qu'on peut y recueillir des polypiers tout dégagés. Pour la nomenclature des espèces qui y ont été recueillies, je renvoie à Sc. Gras, *Description Géol. Vaucluse*, pag. 115, 410, 429. Elles ont été déterminées par M. de Fromentel, qui décrit les espèces nouvelles dans la *Paléontologie française*.

En dehors des nombreuses espèces de Rudistes et de Polypiers, on rencontre encore des Nérinées, quelques autres Gastéropodes, des Lamellibranches, des Oursins et des Orbitolines.

Calcaires à Orbitolines supérieurs. U^3.

Bien que présentant dans l'ensemble une assez grande uniformité, les calcaires supérieurs sont, comme tous les calcaires urgoniens, assez variables d'une couche à l'autre. Ce sont des calcaires gris, couleur de son, rarement blancs, grenus, à débris très atténués, subsaccharoïdes, très durs et formant de belles surfaces de rascle, ou moins durs et se délitant en morceaux de grosseur et de formes variables.

Dans toute l'épaisseur de ces calcaires, plus abondants dans les parties inférieures et moyennes, on rencontre des silex de formes et de dimensions très diverses, ordinairement de couleur très foncée sans être noirs, tantôt durs et résistants, tantôt s'émiettant, pour ainsi dire, en petits morceaux prismatiques.

Ces calcaires sont en général assez régulièrement stratifiés en bancs d'épaisseur moyenne ; mais, comme dans U^1 et U^2, ils se perdent souvent dans des calcaires massifs formant des abrupts de quelques mètres à 30 mètres de hauteur avec des baumes ; ils présentent, surtout dans les parties supérieures, de beaux exemples de stratification oblique. La ligne de contact des bancs offre assez fréquemment des traces de discontinuité dans la sédimentation : la surface du banc inférieur est ondulée, et les dépressions qui en résultent sont remplies d'un calcaire jaune, un peu marneux, très adhérent, parfois avec fragments de fossiles empâtés.

La puissance de l'Urgonien supérieur du Ventoux est en moyenne de 100 à 130 mètres.

En le suivant le long du pied de la montagne, on le voit varier de l'est à l'ouest d'une manière assez sensible. Ces différences se laissent soupçonner au simple aspect des flancs. A l'est, les pentes sont couvertes de bois, on aperçoit même quelques terres cultivées, tandis qu'à l'ouest la végétation fait absolument défaut et la roche est à nu.

Cette différence n'est pas due uniquement à l'inclinaison beaucoup plus grande des couches à l'ouest. Si on prend comme type une coupe faite dans la Combe de Canaud, ou mieux encore dans la Combe des Boyers, on remarque qu'en allant à l'ouest les calcaires deviennent plus durs et forment des abrupts dans les combes, et des surfaces de rascle sur les pentes de la montagne ; à l'est, au contraire ou plutôt au sud, à cause de la courbure en arc de cercle du pied de la montagne, les couches supérieures se délitent en plaques et les parties moyennes deviennent parfois si tendres qu'elles fournissent des terres cultivées, au hameau de la Lauze, par exemple. On voit que ces variations correspondent à celles que j'ai signalées pour les calcaires inférieurs.

Parmi les nombreuses coupes que j'ai relevées dans presque toutes les combes qui sillonnent les flancs du Ventoux, en voici quatre qui pourront donner une idée des variations en même temps que de la succession générale de ces calcaires supérieurs.

Coupe de la Combe des Boyers (fig. 17).

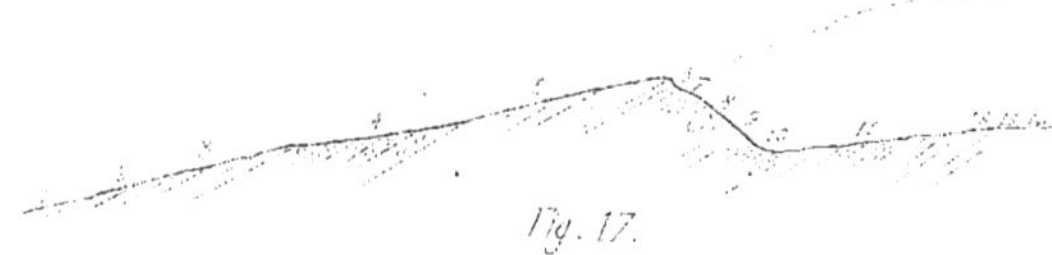

1. Marnes aptiennes dont la partie inférieure manque.
2. Calcaire grenu, gris de son, avec des points verts et rouges ; la surface en contact avec les marnes aptiennes est altérée et corrodée. *Trigonia longa*, Orbitolines.
3. Calcaire plus compacte, mal stratifié ; vers la base, couche de calcaire à débris avec *Rhynchonella lata*, *Terebratula Sella*.
4. Calcaire grenu à silex ; grandes pinnes. *Echinospatagus Collegnii.*
5. Calcaire à débris, dur.
6. Banc d'environ un mètre, couvert d'*Ostrea aquila*. Ce banc fait corniche et se montre d'une manière très constante sur toute la partie centrale du Ventoux, où il peut servir de point de repère dans les calcaires supérieurs.
7. Calcaire à débris se délitant en plaquettes tranchantes; dans le bas, il devient plus dur.
8. Calcaire grenu ou suboolithique ; énormes silex, parfois en bancs discontinus ; dans le bas, leurs dimensions diminuent et ils deviennent branchus.
9. Quatre ou cinq mètres de calcaires sans silex ; le banc supérieur est analogue à n° 6 et l'inférieur est couvert de points blancs qui correspondent à des débris altérés de fossiles.
10. Calcaires grenus, à silex aplatis et rosés dans le haut, gris foncé dans le bas.

11. Calcaire ordinairement gris, avec peu de silex ; ces calcaires sont souvent rognoneux et la surface des bancs est ondulée.
12. Calcaire jaune à débris.
13. Calcaire plus blanc, avec quelques Rudistes.
14. Calcaire subcrayeux, massif, à *Requienia*.

Coupe de la Combe Curnier (fig. 18).

1. Marnes aptiennes. Le contact avec la surface altérée du calcaire urgonien ne se voit qu'un peu plus à l'ouest.
2. Calcaire grenu avec points rouges et verts. Orbitolines.
3. Calcaire plus compacte, blond. Orbitolines très abondantes.
4. Calcaire compacte, avec gros silex aplatis.
5. Banc dur, couvert d'*Ostrea* surmontant environ un mètre de calcaire à débris grossiers roussâtres qui se confond avec lui pour former un petit abrupt ou qui se creuse en baume au-dessous du cordon saillant formé par le banc à *Ostrea*.
6. Calcaire grenu, en stratification confuse ou oblique, avec d'énormes silex irrégulièrement distribués.
7. Calcaire à débris, avec quelques silex ; deux ou trois lentilles ? avec *Ostrea*.
8. Calcaire dur, avec *Ostrea* ; quelques polypiers.
9. Calcaire rognoneux avec petits silex arrondis très nombreux.
10. Calcaire gris à grain fin, presque sans silex, séparé du n° 9 par une ligne de contact très nette.
11. Calcaire rognoneux sans silex.
12. Calcaire jaunâtre à débris.
13. Calcaire blanc à débris très grossiers, séparé du précédent par une ligne de contact très nette.
14. Calcaire blanc à *Requienia* ; Nérinées, etc.

Coupe de la combe située à l'ouest de la Grange-Neuve (*fig*. 19).

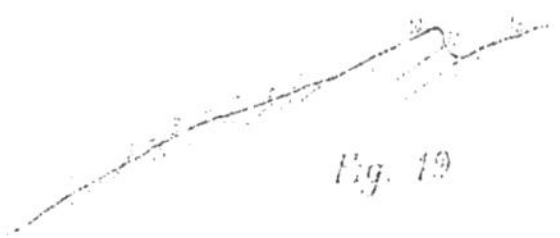

1. Marnes aptiennes, au pied de la montagne, partie moyenne ou supérieure.
2. Calcaire dur, saccharoïde, blanc. *Trigonia longa*; petites Nérinées et Serpules abondantes.
3. Calcaire à silex.
4. Banc à *Ostrea*.
5. Calcaire à silex.
6. Calcaire blanc, saccharoïde, avec Orbitolines, Serpules, Trigonies.
7. Calcaires mal stratifiés, avec gros silex.
8. Calcaires gris de son, sans silex.
9. Même calcaire, avec silex très irrégulièrement distribués.
10. Calcaire à silex dont les couches se confondent pour former un abrupt.
11. Calcaire gris de son, un peu jaunâtre ou rougeâtre, rempli de débris qui deviennent de plus en plus grossiers vers la base; à l'extérieur, il a une teinte rousse très caractéristique.
12. Calcaire blanc, saccharoïde, grossier, avec *Requienia*.

Coupe à l'est de Villes (*fig*. 20).

Fig. 20

1. Marnes ou calcaires marneux aptiens, partie inférieure.

2. Calcaires grenus, se délitant en plaques, alternant avec des calcaires plus durs et des calcaires avec silex quelquefois très gros. *Echin. Collegnii. Catopygus.*
3. Calcaire gris, dur, avec *Ostrea*, polypiers.
4. Calcaire moins dur, quelquefois un peu subcrayeux, avec très gros silex sporadiques ; Orbitolines, Nérinée de la couche *C*.
5. Calcaire blond, avec *Ostrea*, polypiers.
6. Calcaire gris, un peu jaunâtre, clair, assez bien stratifié, avec silex.
7. Calcaire se délitant en plaquettes.
8. Calcaire siliceux avec *Requienia*.

La succession générale donnée par ces coupes peut se résumer comme suit, de bas en haut :

A. Série assez puissante de calcaires avec silex, très gros à la partie supérieure, et des alternances variables de calcaires ordinairement à débris.

B. Banc de 1 à 2^m dont la surface est couverte d'*Ostrea* ; il forme un léger relief sur les *collets* et une corniche assez apparente dans les combes ; excellent point de repère dans toute la partie centrale du Ventoux.

C. Calcaires à silex.

D. Calcaires sans ou presque sans silex, à caractères pétrographiques particuliers, relativement fossilifères.

On aura remarqué que, dans les coupes précédentes, le contact de U^3 et de U^2 n'avait pas lieu au moyen des mêmes couches. Cette particularité, qui pourrait faire croire à une certaine discordance, paraît tenir simplement au caractère essentiellement irrégulier de ces dépôts, qui tous forment plus ou moins de grandes lentilles.

La faune de ces calcaires est assez pauvre; elle ne diffère pas sensiblement de la faune de U^1 et se compose des espèces suivantes :

Serpula.
Bélemnites indéterminables, fragments ; se rapportant probablement à la même espèce que *Bel. sp. n.* de U^1.
Ammonites sp. Grande Ammonite à grosses côtes passant sur un large dos arrondi; tubercules au pourtour ombilical; très voisines des Ammonites du calcaire de Vaison.
— sp. Très comprimée, côtes effacées.
Ancyloceras sp. Les *A. Matheronianus* et *gigas* recueillis sur le plateau de Sault se rapportent peut-être à U^3 plutôt qu'à U^1.

Nerinea, sp. C'est la même espèce que celle de la couche *C*; elle paraît atteindre ici des dimensions un peu plus grandes.

— plusieurs petites espèces dans les couches supérieures.

Gastéropodes.

Trigonia longa, d'Orb ?

— cf. *Coquandiana*, d'Orb. Je rapporte à cette espèce des Trigonies très voisines de la *longa*, mais qui ont une très petite côte intermédiaire; les grosses côtes ne sont pas arrondies, comme dans la *fig.* de d'Orb.; elles forment un plan incliné vers le bord palléal.

— *caudata*, d'Orb.

— *rudis*, d'Orb. Moins fréquente que dans U[1].

Cardium sp. Deux espèces du groupe des *Cardium* à côtes anales, dont une de grande dimension.

Panopæa sp. Mêmes formes que dans U[1].

Lima Royeriana, d'Orb.

Pecten Robinaldinus, d'Orb.

— cf. *Cottaldinus*, d'Orb. Identique à ceux de N[4] supérieur et de U[1].

Ostrea aquila, d'Orb. Très abondante; forme des bancs à faciès coralligène.

— *Minos*, Coq.? L'impression musculaire est plus éloignée de la charnière.

— *rectangularis*, Rœm.

Hinnites sp.

Terebratula Essertensis (de Lor.), Pict.

— *Sella*, Sow.?

— *Russillensis*, Pict.; rare.

— (*Waldheimia*) *pseudojurensis*, d'Orb.

— (*Waldheimia*) *globus*. Pict. ?

Rhynchonella lata, d'Orb. La petite variété est la plus fréquente (Math., Pal. Suisse, VI, pag. 25).

— *irregularis*, Pict.

Bryozoaires.

Echinospatagus Collegnii, d'Orb. Atteint ici sa plus grande dimension.

Holaster. Deux espèces. Une petite très voisine de l'*Holaster marginalis*.

Catopygus sp. Très voisin du *Catopygus carinatus*, Ag.; très fréquent.

Polypiers. Relativement rares.

Orbitolina lenticularis (Blum.), d'Orb. Très abondante; la variété *discoïdea* (Gras) atteint 7 à 8^{mm} de diamètre.

Foraminifères indéterminables; très abondants.

L'Urgonien, tel que je viens de le décrire, ne se développe que sur le flanc méridional du Ventoux ; partout ailleurs il se transforme ou disparaît, excepté au sud, où il augmente de puissance et se rattache à celui des monts de Vaucluse et de la Provence.

La transformation de l'Urgonien consiste tout d'abord dans la disparition des calcaires à *Requienia*.

Le plateau du Rissas offre à cet égard une coupe très significative (*fig.* 21). Sur son bord sud, aux Valettes, on voit la partie supérieure de

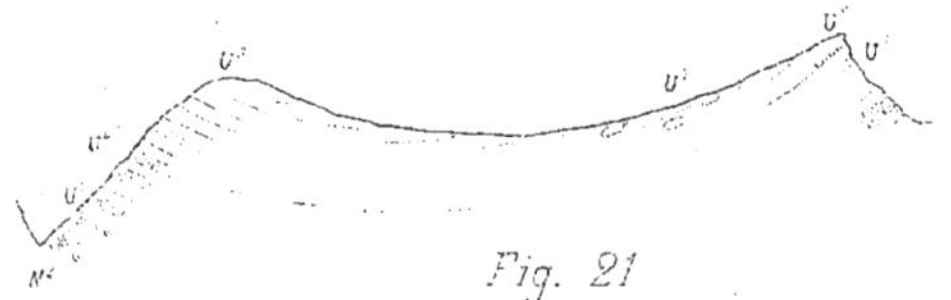

Fig. 21

U', formée de calcaires à silex suivis de calcaires à débris avec Orbitolines, surmontée par un petit abrupt de 3ᵐ avec des polypiers à la base, puis des *Requienia* en abondance. Au-dessus de ce banc, on trouve encore, en retrait, quelques couches avec *Requienia*, puis les calcaires de U^3 caractérisés par des lits d'énormes silex.

De l'autre côté du plateau, on retrouve sur la pente nord, comme dernier témoin de U^2, un banc de polypiers, puis au-dessous les calcaires à débris et les calcaires à silex de U', en alternances discontinues sur une grande épaisseur. Malgré quelques parties un peu marneuses dans le haut, les fossiles sont très rares dans ces calcaires, mais leur faciès est bien urgonien ; à la base, ils se confondent avec N^4. On assiste donc sur le plateau de Rissas à la disparition, par atténuation, des calcaires à *Requienia* du Ventoux ; il ne reste plus, pour représenter l'Urgonien, que des calcaires à silex et des calcaires à débris : les premiers dominent au N.-E., comme on peut le voir à Aurel ; les seconds se développent à l'ouest.

Au nord, d'autres calcaires se mêlent aux calcaires à silex ; ils appartiennent au calcaire de Vaison, qu'il me reste à décrire.

Au sud enfin, c'est l'inverse qui se produit. L'Urgonien du Ventoux augmente de puissance, surtout par sa partie inférieure. Cet accroissement peut déjà s'observer dans les gorges de la Nesque, où, comme je l'ai dit, il acquiert une très grande épaisseur. De là, il se prolonge par les monts de Vaucluse et l'extrémité du Luberon jusqu'à Orgon.

Peut-être ne sera-t-il pas sans intérêt de reproduire ici, comme terme de comparaison et de rapprochement, la coupe de cette localité classique, qui, je crois, n'a jamais été donnée avec quelques détails. Voici cette coupe, prise de haut en bas. (*fig.* 22).

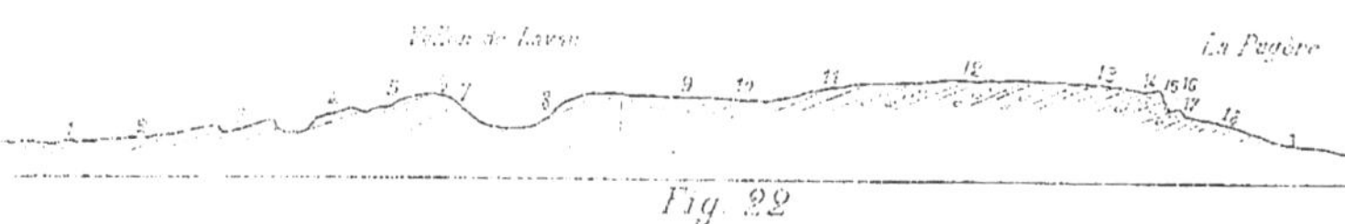

Fig. 22. Coupe prise à 7-800m S-O. d'Orgon et dirigée S. 30 à 35° E., au 1/20000. 1 = b.

1. Calcaire blond jaunâtre, dur, compacte, rempli de foraminifères. *Pygaulus*.
   Il est recouvert par les calcaires à *Lychnus*.
2. Calcaire blanc, subcrayeux, vraie molasse formant une masse dont la stratification n'est indiquée que par quelques joints et quelques lits irréguliers de plaquettes ou de fragments concassés. C'est dans ces calcaires que sont ouvertes les carrières d'où proviennent presque tous les fossiles répandus dans les collections.
3. Alternances de calcaires blancs plus durs et de calcaires pourris, à débris grossiers ; Nérinées. Ces alternances sont toutes locales ; les bancs durs qui les rendent très apparentes au point où passe la coupe, paraissent n'être que des lentilles ; cette observation doit, du reste, être généralisée pour presque toutes les couches urgoniennes.
4. Banc de calcaire blanc, brillant, dur.
5. Comme 3. Gisement principal de grosses *Requienia Lonsdali*, *Nerinea gigantea*.
6. Calcaire jaunâtre plus dur et calcaire à débris assez compactes, rempli d'Orbitolines ; il forme l'arête rocheuse qui borde au N.-O. le vallon de Lavau. *Requienia Lonsdali*, *Rhynchonella Renauxiana*.

7. Cordon de gros silex roux, espacés dans une épaisseur de calcaire d'environ 1m ; plus loin, on trouve des silex sur une hauteur de 4 à 5m.
8 Longue série de calcaires à débris, suboolithiques, blancs ou un peu jaunâtres, alternativement durs et formant des corniches, ou moins durs et formant des baumes dans les abrupts du ravin de Lavan.
9. Calcaires analogues, mais un peu plus couleur de son, plus durs, avec des coupes d'Oursins et des parties ferrugineuses.
10. Mêmes calcaires avec apparence extérieure plus foncée. *Ostrea rectangularis* ? *Rhynchonella lata* ?
11. Calcaire à débris grossiers, jaune, ou bleu assez foncé dans la profondeur, rempli d'Orbitolines, de Foraminifères, de petits Gastéropodes, etc.
12. Ensemble de calcaires assez variables, gris, blonds ou jaunes, avec ou sans silex. Si on ne craint pas le vertige, on peut relever, sur le bord de l'abrupt, la succession suivante :

    Calcaire blond, dur, avec silex se cassant mal, parties rougeâtres. Bélemnites indét.; quelques polypiers et bryozoaires.
    Calcaire moins dur. *Ostrea*, *Janira* cf. *atava*, *Rhynchonella lata;* un banc avec Oursins, parmi lesquels des *Holaster*, un *Heteraster*, etc.
    Calcaire avec silex.
    Calcaire jaune.
    Banc avec polypiers, *Ostrea aquila* ?.
    Calcaires à débris.
    Calcaires à silex.
    Banc avec quelques polypiers.
    Calcaire jaune au milieu duquel se trouve, comme intercalé entre deux couches calcaires, un lit épais de calcaire ocreux ; je n'ai pu le retrouver ailleurs; peut-être est-ce un accident local ou un placage postérieur.
    Calcaire jaune, avec silex.

13. Calcaires à débris compactes ou suboolithiques, jaunes ou bleus.
14. Calcaires gris, grenus, durs, avec silex ; parfois, on trouve au milieu de la masse des parties siliceuses qui se délitent en laissant des cavités assez considérables. Ces calcaires font un abrupt de 10 à 12m, au point où passe la coupe ; ils peuvent, latéralement, devenir moins durs et se confondre avec les calcaires entre lesquels ils sont intercalés.
15. Calcaires en bancs assez réguliers entre lesquels s'intercalent, en descendant, des lits marneux. Quelques *Echinospatagus cordiformis*, *Ostrea Couloni*.
16. Banc de calcaire marneux d'environ 1m, surmonté d'un banc de calcaire à points verts, avec pinces de Crustacés. *Echinospatagus cordiformis* abondants. —

Echinospatagus Collegnii parfaitement caractérisés. Fragments de criocères.
17. Calcaire à silex, formant un abrupt qui disparaît au sud ; à sa surface, de grosses *Ostrea*.
18. Alternances de calcaires et de calcaires marneux avec *Echinospatagus cordiformis* et *Ostrea Couloni*.

La comparaison de cette coupe avec celles de l'Urgonien du Ventoux établit les équivalences suivantes :

Le n° 1 représente tout ou partie du U^3.

Les n°s 2 à 6 sont les calcaires à *Requienia* ou U^2. Ils n'atteignent pas 100^m d'épaisseur. Comme au Ventoux, les parties blanches subcrayeuses forment la partie supérieure. On peut remarquer aussi la position inférieure des grandes *Requienia Lonsdali*.

Les n°s 7 à 13, de 3 à 400^m de puissance [1], sont l'équivalent de U^1.

La limite entre l'Urgonien et le Néocomien est incertaine : je la place provisoirement entre les n°s 13 et 14. Si c'est là sa vraie position, on remarquera que l'*Echinospatagus Collegnii* descend dans les couches du Néocomien supérieur, et que celui-ci présente des lentilles à faciès urgonien ; de telle sorte qu'à Orgon, comme au Ventoux, le Néocomien et l'Urgonien sont intimement liés, et que le faciès urgonien prend naissance dans la mer néocomienne.

Cette coupe montre encore que les seules couches dans lesquelles on pourrait chercher un équivalent du Rhodanien de M. Renevier se trouvent ici inférieures aux calcaires à *Requienia ammonia*. Du reste, les couches à Orbitolines n'occupent pas de niveau déterminé par rapport à ces calcaires, si tant est que ceux-ci puissent servir de point de repère. Ici, elles sont au-dessous ; au Ventoux, au-dessous, parfois avec, et au-dessus ; dans le Dauphiné, intercalées et au-dessus ; à la perte du Rhône, au-dessus ; etc.

[1] Renaux (*Bull. Soc. Géol.*, XIII) leur attribue une puissance de 500^m ; il ne tient évidemment pas compte, dans cette appréciation, de la direction des couches et surtout des failles, dont une au moins s'accuse nettement à l'entrée du ravin de Lavau, avec une dénivellation de 100^m en ce point.

2° Faciès pélagique ou a Céphalopodes. UV.

Le faciès à Céphalopodes de l'Urgonien ne se rencontre qu'à l'ouest, dans le petit massif montagneux qui s'étend au sud de Vaison, et au nord dans la montagne de Bluye ou sa prolongation est.

Sa composition est assez variable. Le type doit en être cherché à Vaison, où il se développe en magnifiques assises calcaires subhorizontales, d'où le nom de calcaires de Vaison sous lequel je désigne ce faciès.

Il est formé, dans cette localité, par des calcaires plus ou moins durs, quelquefois siliceux, gris cendré, jaunâtres ou bleus, un peu marneux, ou secs et sonores, ou comme veinés ou *rubanés* de parties plus foncées et plus dures, ordinairement un peu siliceuses. Ces calcaires, qui ont plus de 100^{m} d'épaisseur, sont régulièrement stratifiés, souvent en bancs très épais, parfois séparés par des feuillets d'argile jaune ou des lits minces de marnes bleues schisteuses.

La partie moyenne et la partie supérieure se montrent seules près de Vaison, où ils sont recouverts par la Molasse ou les Marnes aptiennes.

Pour voir la partie inférieure et étudier ses rapports avec le Néocomien, il faut aller à l'ouest, sur le bord du massif montagneux ; là, les calcaires de Vaison sont fortement relevés et s'appuient sur les calcaires de N^{4}, dont ils ne sont séparés que par quelques bancs de calcaire grenu, à foraminifères et à gros silex. (Voir les coupes stratigraphiques de cette région, pl. IV.) Ces bancs de calcaire grenu à silex, plus ou moins nombreux et diversement groupés, forment un niveau très constant ; ils sont en général en saillie et constituent une limite très nette entre le Néocomien et les calcaires de Vaison.

On peut, à Séguret, faire une coupe complète de ces calcaires et relever, dans le ravin qui traverse le village, la succession suivante, de bas en haut.

1. Calcaires en gros bancs, avec *Am. difficilis*.
2. Quelques gros bancs, dont un d'environ 1^{m} d'épaisseur, formés de calcaires grenus, à foraminifères, avec de gros silex foncés, et séparés en deux ou trois groupes par des calcaires gris de fer sans silex et avec lits marneux.

3. Calcaires gris, plutôt clairs, plus ou moins durs, souvent veinés ou impurs, plus marneux dans les parties inférieures.
4. Mêmes calcaires en bancs plus serrés et moins nettement séparés.
5. Calcaires assez variables, gris plus foncé ou plus clair avec des parties jaunes, en bancs d'épaisseurs diverses, quelquefois assez épais, avec des parties marneuses.
6. Calcaires assez semblables aux précédents, mais plus durs, plus veinés, avec des parties qui se délitent en morceaux secs et sonores ; bancs parfois très épais. Dyke de carbonate de chaux dont la direction, à peu près semblable à celle des couches, le fait paraître intercalé.
7. Calcaires gris en bancs d'épaisseur variable, séparés par des lits feuilletés ; très rares silex ; quelques Ammonites de la faune de Vaison.
8. Calcaires gris, grenus, très veinés ou rubanés, en bancs serrés, réguliers, de 30 à 40 cent., quelquefois séparés par des feuillets marneux ; à mesure qu'on s'élève, les taches allongées et plus foncées qui forment les veines ci-dessus deviennent des bandes ou des lentilles très allongées de calcaire siliceux, roux à la surface, qui n'excluent pas des rognons de silex, et qui donnent à ces calcaires un aspect rubané caractéristique.
9. Molasse violemment comprimée contre ces calcaires.

Dans cette coupe, les nos 3-7 représentent les calcaires de Vaison proprement dits, séparés du Néocomien par les calcaires à silex n° 2, et surmontés par d'autres calcaires à silex n° 8 qui forment la transition entre ce faciès et le faciès à Orbitolines. On peut s'assurer de ce dernier fait à 1 kilom. plus au nord, au Pic des Bessons (pl. IV, coupe 5). La pente S.-E. de ce sommet offre la coupe suivante, très significative à cet égard.

1. Calcaires de N⁴.
2. Calcaires grenus à silex et à foraminifères.
3. Calcaires de Vaison correspondant aux nos 3-7 de la coupe précédente.
4. Calcaires grenus, tout ou partie du n° 8 de la coupe précédente.
5. Calcaires grenus, avec gros silex, et débris divers atténués et comme étirés; foraminifères et quelques Orbitolines.
6. Calcaires à débris, parfois un peu oolithiques, lits de silex ; foraminifères, Orbitolines.

Sur le revers ouest, quelques bancs peu accessibles présentent le faciès urgonien du Ventoux le mieux caractérisé.

Les calcaires de Vaison sont donc ici surmontés par des couches urgoniennes, ou plutôt ils passent aux calcaires à Orbitolines à leur partie supérieure.

Toutefois, en l'absence de faune — les fossiles sont très rares — et en attachant peu d'importance au faciès un peu urgonien que présentent les bancs inférieurs à silex, on pourrait considérer les calcaires de Vaison comme la partie supérieure de N^4, surmontée aux Bessons par de l'Urgonien, tandis qu'à Vaison elle l'était par les Marnes aptiennes.

Il n'en est plus de même lorsqu'on étudie les calcaires de Vaison dans la montagne de Bluye. Là, nous les trouvons avec un faciès, il est vrai, un peu différent et moins typique, mais compris entre des calcaires à silex en continuité évidente avec l'Urgonien du Rissas.

La coupe suivante, relevée à Brantes, montrera à la fois la composition et les relations de ces calcaires dans cette région.

1. Calcaires de N^4.
2. Calcaires durs à débris, avec silex et foraminifères très abondants, formant dyke.
3. Calcaires gris ou bicolores en gros bancs avec minces lits marneux. On voit bien ces bancs en montant dans le village.
4. Calcaires marneux foncés. *Bel. n. sp.*
5. Calcaires comme 3.
6. Calcaires gris grenus.
7. Calcaires à apparence extérieure rubanée.
8. Calcaires grenus, avec lits de silex ; petits bancs.
9. Calcaires gris verdâtres sans silex.
10. Calcaires comme 8.
11. Calcaires avec lits de marne.
12. Calcaires rubanés avec silex.
13. Calcaires gris, quelquefois bicolores ; dans le ravin suivant, ces calcaires se présentent en belles assises qui rappellent celles de Vaison.
14. Mêmes calcaires avec quelques silex.
15. Calcaires avec silex blancs, noirs ailleurs.
16. Calcaires en couches rognoneuses, à gros silex foncés ou noirs, qui s'émiettent en morceaux prismatiques.
17. Ces calcaires disparaissent dans la vallée ; de l'autre côté, on trouve des calcaires grenus en bancs peu épais, avec des silex ordinairement plats, qui supportent en stratification discordante des marnes gréseuses remplies de petites Bélemnites.

Ces marnes représentent, ou la partie tout à fait supérieure de l'Aptien, ou plutôt les couches à *Am. Mayorianus*.

En comparant cette coupe avec celles que j'ai pu faire dans les divers ravins qui traversent l'arête de Brantes, on peut ramener à trois groupes les couches de 3 à 14, que je considère comme représentant, au nord du Ventoux, les calcaires de Vaison proprement dits. Ce sont, de bas en haut :

A. Calcaires bicolores et calcaires marneux d'aspect tout Néocomien.

B. Calcaires volontiers rubanés, avec quelques parties marneuses ; silex.

C. Calcaires gris, rarement bicolores, en bancs épais, peu distincts les uns des autres. Ce dernier groupe est celui qui rappelle le plus, par son aspect, les calcaires de Vaison.

Les groupes *A* et *C* m'ont fourni quelque rares Céphalopodes de la faune de Vaison.

Comme on vient de le voir par la coupe de Brantes, les calcaires de Vaison sont compris entre deux niveaux de calcaires à silex. Le niveau inférieur les sépare de N^4 ; les calcaires qui le constituent sont, avec un faciès urgonien beaucoup plus développé, l'équivalent exact des calcaires n° 2 de la coupe de Séguret. Mais, tandis que dans cette localité leur équivalence était impossible à établir[1], ici elle est évidente. A l'ouest, on voit leur épaisseur augmenter rapidement, leur faciès urgonien s'accentuer, et ils vont se confondre avec les calcaires à silex qui au Rissas constituent U^1.

Quant aux calcaires à silex du niveau supérieur, leur continuité avec l'Urgonien à Orbitolines des Veaux et du Rissas est encore plus évidente.

Les calcaires de Vaison de l'arête de Brantes semblent donc former un coin dans les calcaires urgoniens de l'extrémité ouest de la montagne de Bluye et du Rissas (Voir schéma, *fig*. 27).

Il résulte de ces coupes que les calcaires de Vaison, par leur position entre le N^4 et les Marnes aptiennes d'un côté, par leurs rapports de con-

[1] Le Musée Requien possède une grande Ammonite, forme caractéristique de la faune de Vaison, provenant de Séguret, et qui, d'après sa gangue, appartient très probablement à ces calcaires.

tinuité et d'intercalation avec les couches urgoniennes de l'autre, doivent être considérés comme un équivalent de l'Urgonien des auteurs.

La faune du calcaire de Vaison est jusqu'ici exclusivement composée de Céphalopodes, en nombre encore très restreint. Les fossiles sont, pour ainsi dire, introuvables ; ce n'est qu'après de persévérantes recherches et après avoir mis à contribution les ouvriers de deux fours à chaux, que je suis parvenu, au bout de plusieurs années, à recueillir les quelques fossiles, pour la plupart mal conservés ou fragmentaires, dont je vais donner l'énumération.

Rhynchotheutis ?

Belemnites Grasianus, Duv. ? Dans les calcaires à silex de la base.

— sp. Petite Bél. plate, dont les sillons latéraux se perdent vers la pointe dans une dépression, sommet du cône alvéolaire excentrique.

— *sp. n.* Bél. cylindrique ; peut-être la même que l'espèce indéterminée de U[1]. Il existe au Musée de Marseille une Bélemnite qui paraît se rapporter à celle-ci; elle est sans nom et donnée comme de la zone à *Am. recticostatus* de Barrême.

Nautilus plicatus, Sow.

— sp. Un petit individu incomplet se rapporte assez bien à la figure du *N. varrusensis*, d'Orb, donnée par Pict., Sainte-Croix, I, pl. 16, *fig.* 1.

Les autres fragments appartiennent à de plus grands individus du même groupe, mais sont trop incomplets pour être déterminés.

Ammonites consobrinus, d'Orb. — Je rapporte aussi à cette espèce de petites Am. qui ont les plus grands rapports avec l'*Am. Deshayesi*, Leym. in d'Orb., dont elles diffèrent un peu par leurs lobes et par leurs flancs plus plats.

Ces petites Ammonites sont identiques à celles que j'ai recueillies à Apt dans la partie inférieure des Marnes aptiennes, à la Bedoule, à Serviers et à la Clape, et qui me paraissent être les jeunes de l'*Am. consobrinus*.

Peut-être y aura-t-il lieu de distinguer plusieurs formes, les unes à côtes rapprochées, quelquefois avec côtes intermédiaires, les autres à côtes espacées alternant régulièrement.

— sp. Assez voisine des formes précédentes.

— *Cornuelianus*, d'Orb.

— *Stobieckii*, d'Orb. Bien conforme à un individu de la collection Requien. (Ne faudrait-il pas écrire *Stobieskii* ?)

Ammonites (*Acanthoceras*) sp. Formes voisines des deux précédentes, dont elles ne sont peut-être que des variétés, principalement de la seconde. Il semble qu'il y ait là, comme du reste dans l'Aptien inférieur des auteurs, tout un groupe de formes qui ont pour caractère commun des alternances irrégulières de côtes à deux tubercules, plus ou moins nettement bifurquées ou non, et de une ou deux côtes intermédiaires, passant les unes et les autres sur un dos largement arrondi.

— cf. *Martini*, d'Orb. Petits individus semblables à certains individus de la Clape et d'Apt.

— *recticostatus*, d'Orb. Présente quelques variantes, mais qui se retrouvent dans les *Am. recticostatus* de N[1] et de U[1].

— *Phestus*, Matheron, in Recherches paléont., pl. C. 20, *fig.* 5. Cette Ammonite est assez commune; elle ne diffère de la figure de M. Matheron que par des côtes un peu plus sinueuses à l'ombilic et un peu plus accentuées[1].

— (*Lytoceras*) *sp. nov.* Peut-être est-ce l'*Am. intemperans*, Matheron, Rech. pal., pl. C. 20, *fig.* 4, dont elle diffère par la disposition des côtes et une coupe plus large. La différence des deux figures de la pl. C. 20 semble indiquer que le nombre et l'écartement des côtes est un caractère variable.

— *Matheroni*, d'Orb. ? Deux empreintes.

— *semistriatus*, d'Orb. Un seul individu suffisamment conservé.

— sp. Assez voisine de l'Am. *Pictici*, Math., Rech. pal., C. 21, *fig.* 4.

Ancyloceras (ou *Hamulina*) *sp. nov.*

— Fragment de trois autres espèces. L'une paraît bien voisine de l'*Ancyl. Matheronianus* ; une autre du même groupe rappelle beaucoup un échantillon du Musée Requien, dont l'étiquette porte : La Bedoule, juin 1836.

— sp. Voisin de l'*Ancyl. dilatatus*, d'Orb. in d'Orb.

Petit fucoïde qui, par ses ramifications vermiculaires, caractérise assez bien les calcaires de Vaison, bien qu'on le retrouve aussi dans N[4].

J'aurai à revenir sur cette faune ; je ferai seulement observer que, dans la mesure où elle permet des conclusions, elle ne s'oppose pas à

[1] M. Matheron a bien voulu depuis me communiquer un de ses échantillons : il est identique à l'espèce de Vaison.

celles de la stratigraphie, puisqu'elle se montre composée de quelques espèces dites néocomiennes, d'un plus grand nombre d'espèces dites aptiennes, et enfin d'espèces qui paraissent lui être propres. Cette composition est aussi celle de la faune du faciès à Orbitolines de l'Urgonien au Ventoux.

Marnes aptiennes.

Quelles que soient les conclusions auxquelles pourront conduire les faits que je viens d'exposer, je dois décrire les Marnes aptiennes ainsi qu'elles se présentent dans la région du Ventoux, c'est-à-dire comme un horizon marneux nettement caractérisé qui recouvre l'Urgonien du Ventoux, aussi bien que le calcaire de Vaison, et qui au premier aspect même paraît plus indépendant de ceux-ci que des terrains qui le recouvrent.

Il est constitué par des marnes argileuses, ou calcaires, ou gréseuses, qui peuvent, les premières et les dernières surtout, acquérir une très-grande puissance. Elles ont leur plus complet développement au pied méridional du Ventoux, où elles apparaissent comme la continuation, par-dessus les monts de Vaucluse, de l'Aptien d'Apt, tout comme l'Urgonien l'était de celui d'Orgon. On les retrouve incomplètes et en lambeaux tout autour du Ventoux, et à l'ouest dans le massif de Vaison.

Elles se divisent très naturellement en trois assises de puissance inégale, mais qui restent bien indépendantes les unes des autres dans la région. Ce sont, de bas en haut :

Des calcaires marneux à *Am. consobrinus*. A^1.
Des marnes argileuses à *Am. Dufrenoyi*. A^2.
Des marnes gréseuses à *Bel. semicanaliculatus*. A^3.

Calcaires marneux à Am. consobrinus. A^1.

Cette division inférieure est représentée par une épaisseur de quelques mètres de marnes et de calcaires marneux jaunes qui ne paraissent s'être déposés que dans une région très circonscrite au sud du Ventoux.

Entre Villes et Méthamis, se trouve un affleurement bien normal de ce niveau, qui offre la succession de couches suivantes :

— Couches supérieures de U³.

— Calcaire jaune de son avec points verts, un peu marneux, dur à sa partie inférieure, qui est si intimement unie au calcaire urgonien que le marteau détache des morceaux formés des deux roches qui se pénètrent l'une l'autre et ne sont pas toujours faciles à distinguer. Deux à trois couches faisant ensemble environ 30 cent.

— Marne calcaire gréseuse, gris jaune ou roux, feuilletée dans le haut, se délitant dans le bas en fragments polyédriques ; grosses *Ostrea aquila* à patine rousse. 1ᵐ environ.

— Calcaire marneux jaune avec quelques parties bleues. *Am. consobrinus* de grande taille.

— Marnes jaunes.

— Calcaire marneux.

— Marnes jaunes qui peu à peu deviennent bleues et jaunes, et passent à A².

Cette assise est caractérisée par les espèces suivantes :

Belemnites semicanaliculatus, Blainv.
— *Grasianus*, Duv.
Ammonites consobrinus, d'Orb.
— *Cornuelianus*, d'Orb.
Lamellibranches indét.
Janira, sp.
Plicatula placunea, d'Orb.
Ostrea aquila, d'Orb. Cette huître ne se trouve adulte et avec quelque abondance que dans cette assise.
Terebratula. Rares, du groupe des térébratules à deux plis, identiques à certains individus de la Clape.
Rhynchonella lata, d'Orb.
Echinospatagus Collegnii, d'Orb. C'est le niveau le plus élevé de ce fossile dans la région. Il est de dimension moyenne dans les couches inférieures et de très petite dans les premières couches marneuses, après lesquelles il disparaît.
Tiges de végétaux qui ont laissé leur moule vide dans le calcaire marneux avec l'empreinte de leur surface rugueuse.

Marnes argileuses à Am. Dufrenoyi. A².

Cette assise est constituée par des marnes argileuses bleues ou jaunes, dont l'épaisseur n'est jamais très considérable [1]; à leur partie inférieure surtout, ces marnes sont remplies de petits fossiles ferrugineux avec des fragments pyriteux et quelquefois gypseux. Ce niveau ferrugineux se retrouve presque partout à la base des Marnes aptiennes avec une faune plus ou moins riche et abondante, mais assez variable dans sa composition suivant les localités. Cette variabilité avait déjà frappé Reynès. (*Synch.*, pag. 104).

Voici la liste des principales espèces que j'y ai recueillies.

Belemnites semicanaliculatus, Blainv. Grande variété de forme dans ces Bélemnites, la plupart de taille moyenne. La forme actinocamax est très fréquente. On en trouve de très fusiformes, même claviformes, et quelques-unes dont la pointe a pris la forme du *Bel. minimus* in d'Orb., Ter. Crét. La longueur du sillon est très variable. On ne rencontre presque jamais d'individus conformes à la figure de d'Orb., ils ne se trouvent que dans une assise supérieure.
— *Grasianus*, Duv. Rares, dans la partie inférieure seulement.
— sp. Petite Bél. plate à deux sillons latéraux rappelant le *Bel. binervius*.
Ammonites Dufrenoyi, d'Orb. (*furcatus*, Fitt.). Très abondant.
— *Nisus*, d'Orb.
— *Moreliamus*, d'Orb.
— *Martini*, d'Orb.
— *Martini*. Var. avec tendance vers l'*Am. nodosocostatus*.
— *crassicostatus*, d'Orb.
— *Cornuelianus*, d'Orb.
— *Guettardi*, Rasp.
— *Belus*, d'Orb.
— *Emerici*, Rasp.
— cf. *striatisulcatus*, d'Orb.
— cf. *recticostatus*, d'Orb.

[1] La distribution de ces deux teintes est très irrégulière ; dans l'ensemble, le bleu domine, surtout à la partie supérieure ; mais dans le détail on voit des masses jaunes et des masses bleues juxtaposées, sans que cette distribution de teintes ait rien à faire avec la stratification.

Ammonites sp. Plusieurs espèces indéterminées, presque toutes de l'Aptien de Lincieu.
Ancyloceras.
Toxoceras Royerianus, d'Orb.
Ptychoceras lævis, Math.
Turrilites sp.
Petits gastéropodes.
Ostrea aquila, d'Orb. Très rares fragments.
Plicatula placunea, d'Orb. Rare.
— *radiola*, d'Orb. Commune.

Marnes gréseuses à Bel. semicanaliculatus. A³.

Cette division supérieure constitue la partie la plus puissante des Marnes aptiennes, celle qui a l'extension la plus considérable et se retrouve dans la plupart des gisements de ce terrain qui entourent le Ventoux.

Elle est formée de marnes foncées, grises ou noires, rarement jaunes, argileuses ou gréseuses ; dans ce dernier cas, elles deviennent quelquefois grumeleuses, ou passent à des bancs de grès plus ou moins glauconieux, isolés ou réunis au milieu des marnes. Ces grès sont difficiles à distinguer de ceux du Crétacé moyen.

Cette assise supérieure de A, qui peut atteindre une puissance de plusieurs centaines de mètres, est très pauvre en fossiles. Les marnes ne renferment que des Bélemnites ; dans les bancs de grès, surtout dans ceux de la partie supérieure de cette assise, on trouve quelques Ammonites et autres fossiles en assez mauvais état.

Les Bélemnites se rapportent aux *Bel. semicanaliculatus*, Blainv. A côté de la forme commune, un peu fusiforme et allongée, on rencontre une seconde forme spéciale à ce niveau et remarquable par son rostre très ramassé. Je la regarde provisoirement comme une forme extrême du *Bel. semicanaliculatus*, à cause des transitions nombreuses que j'ai observées, et parce que certains de ses caractères la rapprochent — plus que la forme commune — de Bélemnites recueillies à Clansayes, d'où, si je ne me trompe, provient le type. Elle laisse voir en outre, dans l'alvéole, une ligne saillante correspondant au sillon, et la manière dont les sillons des divers âges sont emboîtés, facilite la formation d'une fente qui peut avoir été prise pour la fissure attribuée autrefois à cette Bélemnite.

Il ne m'a pas été possible de déterminer les Ammonites; des deux formes principales que j'ai recueillies, l'une rappelle un peu l'*Am. mamillatus*, (*Ivernoisi*. Coq.??), l'autre est un type spécial à côtes nombreuses et bifurquées. On rencontre encore un Nautile, un Ancyloceras, des Plicatules, tous indéterminables.

Au sud-ouest de Villes, près de Saint-Estève, on a la coupe suivante de l'Aptien, qui montre la composition de A³ (*fig.* 23).

Fig 23

1 Calcaire à Orbitolines supérieur.
2. Faible épaisseur de calcaire marneux et de marnes feuilletées jaunes, avec *O. aquila*, représentant A¹, développé un peu plus au sud.
3. Marnes jaunes, puis bleues. Am. ferrugineuses.
4. Marnes grises. *Bel. semicanaliculatus*.
5. Mêmes marnes un peu gréseuses.
6. Grès sableux ou durs, souvent noduleux, jaunes ou verts et glauconieux ; petites Bélemnites, Ammonites, Ancyloceras. A peu de distance du point où passe la coupe, ces grès ont 15 à 20ᵐ.
7. Marnes sableuses jaunes.
8. Un banc de grès jaune et vert.
9. Argiles jaunes ; gisement des grosses Bélemnites à rostre ramassé. 5 à 6ᵐ.
10. Marnes glauconieuses, qui se mêlent quelquefois aux argiles jaunes.
11. Grès ferrugineux, dernier vestige en ce point du Crétacé moyen.

Les nᵒˢ 5 à 10 représentent A³.

Au nord du Ventoux, derrière le village d'Eygaliers, on relève la coupe suivante de l'Aptien supérieur (*fig.* 24).

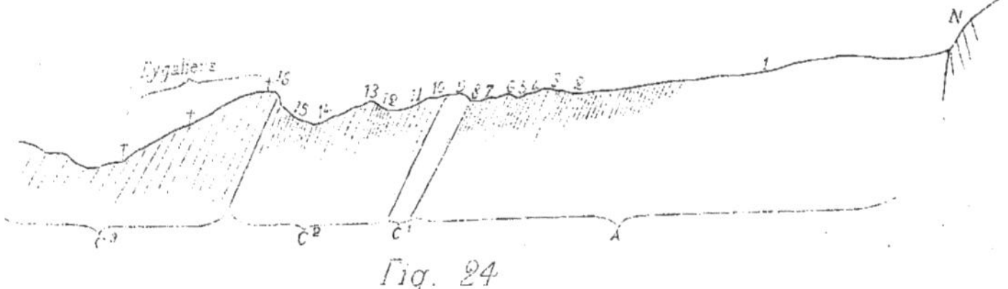

Fig. 24

1. Marnes noires, schisteuses, très épaisses, butant contre le Néocomien. *Bel. semicanaliculatus* assez rare.
2. Marnes foncées, grises, avec quelques petits bancs de marne plus gréseuse. *Bel. semicanaliculatus*, var. de Saint-Estève.
3. Bancs de calcaire marneux gréseux, gris foncé, jaune cendré extérieurement ; ces bancs, d'épaisseur irrégulière, sont, ou rapprochés, ou séparés par des lits de marnes. *Am. Yvernoisi*, Coq. ?? *Am.* sp. Ancyloceras. Nautile.
4. Marnes gréseuses, schisteuses, gris foncé. Plicatules?. Bél.
5. Marnes gréseuses.
6. Bancs peu épais de grès sableux et marneux, identiques à ceux qu'on trouve un peu plus haut dans les couches à *Am. Mayorianus*. Empreintes des mêmes Am. que précédemment. 8-9m.
7. Marnes noires un peu sableuses, quelquefois grises vers la partie supérieure, d'autres fois au contraire plus argileuses et d'un noir violacé dans les dernières couches.
8. Lit de grès ferrugineux de quelques centimètres, suivi des sables du Crét. moyen (9).

La disposition des bancs de calcaire gréseux que révèle cette coupe est très variable; elle varie d'un des côtés à l'autre du promontoire d'Eygaliers. Ici, comme à Villes, ces bancs appartiennent à de grandes lentilles gréseuses, très déprimées, qui se développent et disparaissent au milieu de la masse sans que la continuité des couches soit modifiée.

A l'ouest d'Eygaliers, par exemple, on observe trois ou quatre bancs isolés les uns des autres vers le milieu du grand développement des marnes inférieures, tandis qu'à la partie supérieure il n'y a, pour remplacer ceux de la coupe précédente, qu'une dizaine de petits bancs surmontés par deux bancs plus gros.

Ces couches de marnes et de calcaires marneux gréseux ont, dans cette région, une telle analogie avec celles du Crétacé moyen qui les surmontent et dont elles suivent d'ailleurs toutes les allures, que, sans le secours des fossiles et la présence d'un banc de sable qui s'intercale fréquemment entre les deux étages, on confondrait certainement la partie supérieure de A^3 avec le Crétacé moyen.

Les trois subdivisions que je viens de décrire se retrouvent dans l'Aptien de Gargas, dont il ne sera peut-être pas inutile de donner une coupe un peu détaillée, prise vers les gisements classiques de fossiles (*fig.* 25).

Coupe de l'Aptien de Gargas prise un peu à l'ouest de l'Église et dirigée vers le sud quelques degrés ouest.

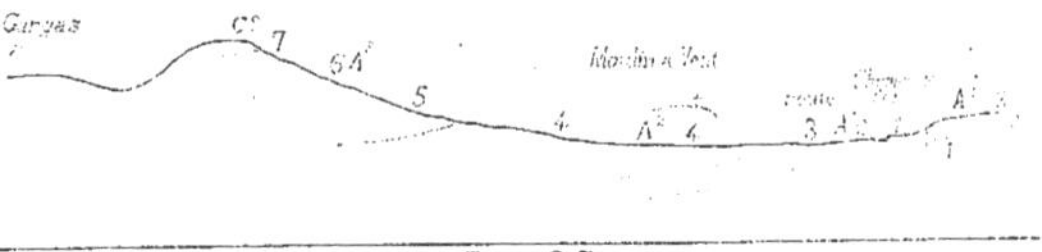

Fig. 25

1. Calcaire Urgonien avec polypiers et *Requienia*; il ne semble pas représenter la partie supérieure de l'Urgonien ; sa surface, fraîchement mise à nu, est colorée, altérée et très rugueuse ; tout y indique un temps d'arrêt dans la sédimentation.
2. Marnes argileuses jaunes, gris cendré ou bleues, avec parties violacées et lits de marne plus dure feuilletée. Fossiles ferrugineux ; *Plicatula placunea* abondante.
3. Marnes semblables, mais avec des bancs plus ou moins continus de marne calcaire, jaune terreux ou bleue, et des lits de marne feuilletée ocreuse ; parties violacées dans les marnes et dans les calcaires marneux. Fossiles ferrugineux dans les marnes. *Am. consobrinus*, d'Orb. (jeunes cf. *Deshayesi*). Grosses Ammonites calcaires dans les bancs.
4. Marnes argileuses gris cendré, plus rarement jaunes, parfois encore quelques teintes violacées. Fossiles ferrugineux abondants dans la partie inférieure. *Am. Dufrenoyi*, d'Orb., *Plicatula radiola*, d'Orb. Ce niveau est épais, mais il ne se montre pas entièrement à découvert.

5. Marnes foncées, gréseuses. *Bel. semicanaliculatus* ; quelques Plicatules.
6. Marnes gréseuses, foncées ou jaunes, et lits de grès marneux jaune avec point vert. *Bel. semicanaliculatus*.
7. Marnes sableuses avec bancs de grès sableux qui deviennent par place ferrugineux. Au-dessus, marnes sableuses, jaunes verdâtres très claires, avec des fossiles noyés dans des morceaux ferrugineux roulés ? Ce niveau appartient très probablement au Gault ou peut-être à la base du Cénomanien.

La concordance de l'Aptien du Ventoux et de celui de Gargas ressort avec évidence de cette coupe.

Les nos 2 et 3, environ 10 à 15m, représentent A^1, ou Aptien inférieur des auteurs; ici plus marneux et beaucoup moins développé qu'à la Bédoule, à Serviers ou ailleurs ; mais caractérisé, comme dans ces localités, par de grandes Ammonites calcaires voisines des *Am. Cornuelianus* et *consobrinus*, par de grandes *Ostrea aquila* à patine rousse, par des *Echinospatagus Collegnii*, etc. Il paraît manquer de sa partie inférieure comme l'Urgonien, sur lequel il repose en discordance, de sa partie supérieure.

Le n° 4, 40 à 50m d'épaisseur, représente A^2; ce sont les Marnes aptiennes types, dont la faune est la plus connue.

Les nos 5 et 6, 60 à 80m d'épaisseur, représentent A^3; comme lui, ils sont caractérisés par l'élément gréseux, qui leur donne une telle analogie avec les couches plus récentes qu'il est facile de méconnaître la limite.

L'épaisseur de ces dépôts est très variable dans le bassin d'Apt. On peut l'estimer approximativement de 100 à 150m à Gargas.

Le rapprochement entre l'Aptien d'Apt et celui du Ventoux ne s'arrête pas à ces équivalences ; il se poursuit dans les relations apparentes de ce terrain avec ceux entre lesquels il est compris. A Apt, discordance dans le bas, analogie pétrographique très grande dans le haut ; au Ventoux, mêmes relations à première vue ; si bien que Sc. Gras, dans sa *Description* de Vaucluse, a placé l'Aptien dans le Grès vert, comme Ém. Dumas inclinait aussi à le faire dans le Gard. Toutefois, si on examine de près l'ensemble des rapports stratigraphiques de l'Aptien et de l'Urgonien du Ventoux, on s'aperçoit bientôt que les apparences sont trompeuses et que ces deux terrains ne peuvent être séparés.

Rapports de l'Aptien avec les deux faciès de l'Urgonien.

1° *Rapports de l'Aptien avec le faciès à Orbitolines de l'Urgonien.* — La discordance qui a été signalée presque partout entre les Marnes aptiennes et l'Urgonien classique peut être constatée d'une façon très nette autour du Ventoux. Lorsque la surface de la dernière couche urgonienne est fraîchement mise à découvert, elle est corrodée, altérée même jusqu'à une certaine profondeur, et couverte de parties ferrugineuses très caractéristiques.

Cette discordance d'érosion correspond à une discordance par transgressivité [1], dont on peut constater les progrès en suivant du S. au N. le pied méridional du Ventoux.

Au sud de Villes, les couches de A^1 paraissent, comme je l'ai dit, à peu près concordantes avec les dernières couches urgoniennes ; je n'oserais affirmer que la continuité soit parfaite, malgré la ressemblance et la liaison intime des deux calcaires et l'absence d'altération au contact, si apparente à quelques kilomètres plus loin, là où A^2 repose sur U^3. Dans tous les cas, la discordance est ici réduite à un minimum, d'où elle va s'accentuant au N. A la hauteur de Villes, on voit A^1 disparaître, et A^2, d'abord très complet, aller en se réduisant de plus en plus (Voir coupes, *fig.* 20, 17, 19). Au nord du Ventoux, la discordance est encore plus complète : A^2 semble avoir tout à fait disparu ? et A^3 représenter seul l'Aptien avec un développement très considérable.

C'est en vertu d'observations analogues qu'on a été porté à considérer les Marnes aptiennes, non seulement comme un étage indépendant, mais, avec É. Dumas et d'autres, comme un étage plus lié avec le Grès vert qu'avec l'Urgonien.

[1] J'emploie, à défaut d'autre, le mot de transgressivité dans un sens un peu spécial. Ce n'est pas le terrain plus récent qui recouvre transgressivement différents terrains sous-jacents, mais le terrain plus ancien qui s'étend transgressivement sous les différentes assises du terrain supérieur.

Si une discordance ne doit jamais être employée à établir un étage — les mouvements du sol étant toujours plus ou moins localisés et tout à fait indépendants des couches qui se déposent au moment où ils se produisent — à plus forte raison ne le peut-elle pas lorsqu'elle se présente dans les conditions de celle-ci. En effet, au nord comme au sud du Ventoux, il existe entre la discordance signalée et les modifications de l'Urgonien un rapport si intime que la discordance semble porter, dans une certaine mesure, aussi bien sur l'Urgonien que sur l'Aptien. Au N., où elle est à son maximum, l'Urgonien n'est que très imparfaitement représenté ou même manque tout à fait; au S., où elle est à son minimum, U^3 est plus développé et mieux caractérisé que partout ailleurs.

Enfin et surtout, il ne faut pas perdre de vue qu'il ne s'agit ici que d'un des faciès de l'Urgonien, faciès qui, par son mode de dépôt même, facilite certaines discordances. Avant de se prononcer, il importe d'avoir examiné les rapports de l'Aptien avec le second faciès de l'Urgonien.

2° *Rapports de l'Aptien avec le faciès à Céphalopodes de l'Urgonien.* — Le calcaire de Vaison peut être recouvert par des couches à Orbitolines ou à faciès coralligène, mais il peut aussi, comme c'est le cas à Vaison même et ailleurs, être directement recouvert par les Marnes aptiennes. Au sud de Vaison, près de Romane, il est facile d'étudier, à la surface de couches peu inclinées et dans des conditions très favorables à l'observation, le contact des Marnes aptiennes et du calcaire de Vaison, et de constater, non seulement la concordance, mais la continuité des couches. Le contact a lieu par l'intermédiaire de quelques décimètres de marnes calcaires feuilletées qui établissent une parfaite continuité entre les deux

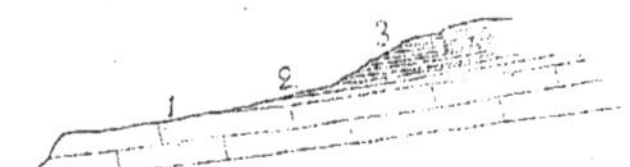

Fig. 26

Coupe à 250m à l'ouest de Romane.

formations ; on voit (*fig.* 26) la couche supérieure des calcaires (1) devenir un peu marneuse à la surface et se continuer en feuillets de marnes (2) qui deviennent bientôt des marnes à Ammonites ferrugineuses (3), servant de base à un assez grand développement de marnes qui pourraient être regardées comme représentant A^3.

En présence de cette continuité, qui rend difficile l'admission d'une lacune, on est porté à considérer les calcaires immédiatement inférieurs aux marnes à Ammonites ferrugineuses comme les représentants de l'Aptien inférieur A^1, et on cherche plus bas une limite entre l'Aptien et le calcaire de Vaison considéré comme équivalent de l'Urgonien. Mais les 40 ou 50^m de calcaires visibles en ce point n'admettent pas de division et appartiennent au calcaire de Vaison le plus incontestable. Faudrait-il alors regarder le calcaire de Vaison tout entier comme l'équivalent de A^1? En faisant intervenir ici la considération de sa faune, il est difficile de se soustraire à cette conclusion et de ne pas rapprocher le calcaire de Vaison des calcaires marneux de la Bedoule, de Serviers, etc. Ce n'est pas que sa faune soit absolument identique à celle de ces gisements classiques. On trouve à Vaison des espèces qui n'ont pas été signalées dans l'Aptien inférieur ; les unes sont nouvelles et les autres rapprochent cet horizon du Néocomien ; il y manque aussi des espèces caractéristiques de l'Aptien inférieur, comme l'*Ostrea aquila* et l'*Echinospatagus Collegnii*[1]. Mais les Céphalopodes les plus abondants et les plus caractéristiques des calcaires de Vaison sont les *Ammonites consobrinus, Stobieckii, Cornuelianus* et des formes voisines, espèces très abondantes dans la plupart des gisements d'Aptien inférieur.

Ce rapprochement entre le calcaire de Vaison et les calcaires marneux considérés comme Aptien inférieur, est confirmé, dans une certaine mesure, par la transformation que subit ce calcaire dans les régions où l'Urgonien est censé manquer, et qui se rapprochent par là du régime des Basses-Alpes. Vers le nord, on voit en effet les calcaires à silex, qui séparaient nettement le calcaire de Vaison du Néocomien, perdre leurs carac-

[1] L'absence de deux fossiles aussi caractéristiques peut s'expliquer par la nature du calcaire de Vaison, qui n'est ni marneux ni coralligène, mais correspond à un faciès pélagique.

tères et disparaître, et le calcaire de Vaison diminuer lui-même d'importance au point de ne se distinguer que par ses fossiles du Néocomien, dont il paraît être la partie supérieure. A Pierrelongue, par exemple, il n'a plus que 30 ou 40^{m} d'épaisseur et la séparation d'avec le Néocomien est peu nette ; à l'O. du village, on observe la coupe suivante (*fig*. 8, pag. 54) :

4. Calcaires à *Am. difficilis*.
5. Calcaires gris plus durs, se délitant en graviers, mêlés de calcaires grenus avec foraminifères et silex, ceux-ci formant quelquefois des lits. 7-8^{m}.
6. Calcaires assez compactes, tachetés, rappelant souvent les calcaires néocomiens, bien stratifiés. *Am. Cornuelianus*. 20-25^{m}.
7. Marnes aptiennes.

Plus loin, et en dehors de ma région, le calcaire de Vaison semble diminuer encore et se réduire à quelques bancs qui passent ordinairement inaperçus entre le Néocomien et les Marnes aptiennes. Ces quelques bancs ne constitueraient-ils pas le gisement des fossiles qu'on est surpris de rencontrer dans des listes néocomiennes, par exemple l'*Ammonites Gentoni*, citée par d'Archiac à Barrême (*Hist. des Prog.*, tom. IV, pag. 503) ? Reynès signale dans la même localité l'*Ancyl. Matheronianus*, et M. Hébert (*Bull. Soc. Géol.*, 1871, pag. 153), en rappelant ce fait, ajoute qu'on lui a remis aussi une *Am. Matheroni*, Ammonite que du reste il a retrouvée à la Charce dans des conditions un peu différentes, mais dans la même position. M. Hébert en conclut à la présence, dans ces deux localités, de l'assise inférieure de son sous-étage aptien. D'après ce qui précède, ne pourrait-on pas y voir aussi bien celle du calcaire de Vaison, surtout si on tient compte des observations de M. Lory sur cette dernière localité (*Dauph.*, II, pag. 391) ? Je pourrais ajouter encore, sans y attacher une importance exagérée, qu'il existe une analogie d'aspect frappante entre la partie inférieure des calcaires de la Bedoule et les calcaires de Vaison. Dans le fond du ravin qui descend de la Bedoule à Cassis, on croirait par place suivre certains ravins des montagnes de Vaison.

Il y aurait donc, entre le calcaire de Vaison et les calcaires marneux de l'Aptien inférieur, qui à la Bedoule et ailleurs prennent un grand développement, des rapports tels qu'il faudrait les regarder comme équivalents, ou tout au moins comme formant un même système. Mais le calcaire de Vaison n'en reste pas moins, par ses rapports stratigraphiques avec l'Urgonien à Orbitolines, un faciès de l'Urgonien ; il doit donc être à la fois considéré comme Aptien inférieur et comme Urgonien, ce qui revient à dire que l'Aptien inférieur et l'Urgonien ne sont que deux faciès d'un même terrain.

S'il en est ainsi, la faune de ce terrain, qui représente toutes les couches comprises entre N^4 et A^2, sera formée par la combinaison des faunes de U, de UV et de A^1, où des différents faciès qui le composent[1]. Or, considération qui a bien sa valeur dans la question qui nous occupe, cette faune a les plus grands rapports avec celle de la Clape.

On aura déjà remarqué que la faune de U^1 avait un grand nombre d'espèces communes avec celles de ce gisement ; si à cette faune, stratigraphiquement urgonienne puisqu'elle est inférieure aux calcaires à *Req. ammonia*, on ajoute les Céphalopodes de UV et de U^3, la similitude est encore plus frappante, et le gisement mixte de la Clape devient, entre l'Urgonien, le calcaire de Vaison et l'Aptien inférieur, un trait d'union qui confirme leur équivalence comme simple faciès d'un même terrain. Ces faciès peuvent être mêlés, comme à la Clape, ou superposés de différentes manières, comme au Ventoux et ailleurs.

Il semble donc établi, d'après ce qui précède, que l'Aptien inférieur est le faciès vaseux, et le calcaire de Vaison le faciès pélagique du terrain dont l'Urgonien classique est le faciès coralligène. Ceci explique très naturellement pourquoi, dès que des couches marneuses s'intercalent dans les calcaires à *Requienia*, elles renferment des espèces dites Aptiennes. Ainsi que je l'ai remarqué pour la couche *C* de U^1, et autant que j'ai pu en juger pour d'autres gisements, ces espèces, dites Aptiennes, en rapport avec des calcaires à *Requienia*, appartiennent presque exclusivement à l'Aptien inférieur.

Cette dernière observation est importante à faire.

[1] Ainsi que je l'ai fait remarquer à propos du Jurassique, il ne faut pas, dans ces comparaisons de faciès, perdre de vue les différences que doit présenter la faune d'un même ensemble, selon le niveau stratigraphique des couches dans lesquelles elle a été recueillie.

On aura remarqué que, dans ce qui précède, j'ai toujours distingué les calcaires marneux à *Am. consobrinus* (A[1] Aptien inférieur), qui seuls peuvent être considérés comme entrant en équivalence avec l'Urgonien (*sensu lato*), des marnes à *Am. Dufrenoyi* et *Bel. semicanaliculatus var.*, que, dans la région, leur faune et leurs relations stratigraphiques séparent toujours de l'Urgonien.

Le schéma (*fig.* 27) peut donner un résumé des relations de ces différents termes, telles qu'elles se présentent au Ventoux.

On serait donc amené à maintenir, au-dessus d'un Urgonien à faciès multiples, un Aptien proprement dit, constitué par A^2 et A^3, et qui formerait la transition entre le type calcaire (Néocomien, Urgonien) et le type glauconieux (Grès verts), A^2 appartenant encore au premier, et A^3 se rattachant au second. Mais, dans ce cas, pourrait-on parler encore d'un véritable étage aptien ? A^2 est un simple niveau à petites Am. ferrugineuses dont les caractères manquent de constance et dont l'existence même semble toute régionale. Quant à A^3, il constitue bien presque à lui seul la partie la plus fréquente et la plus considérable des Marnes aptiennes, mais à peu près sans faune et avec des allures stratigraphiques et pétrographiques qui le rapprochent plus du Grès vert que du Crétacé inférieur.

Dans ces conditions, ces marnes ne semblent pas pouvoir constituer une division de même ordre que le Néocomien ou l'Urgonien (*sensu lato*). Elles sont d'ailleurs rattachées à ce dernier par A^1, qui à Villes, à Apt, à la Bedoule et ailleurs, forme un seul et même ensemble avec A^2, tandis qu'au Ventoux il ne peut être entièrement séparé de l'Urgonien. Il paraît dès lors naturel de ne voir dans ces marnes que la division supérieure d'un étage réunissant à la fois l'Urgonien et l'Aptien de d'Orbigny.

On a donné à cet étage le nom d'Urgo-Aptien ou Urg-Aptien, avec la contraction adoptée par M. Renevier ; M. Landerer l'a appelé Tenencien, nom qui laisserait supposer que le type de ce terrain doit se trouver dans la province de Castellon (Espagne), tandis que les deux termes du problème : les calcaires à *Requienia ammonia* et les Marnes aptiennes proprement dites, semblent y manquer également. — Je reviendrai tout à l'heure sur l'Aptien d'Espagne.

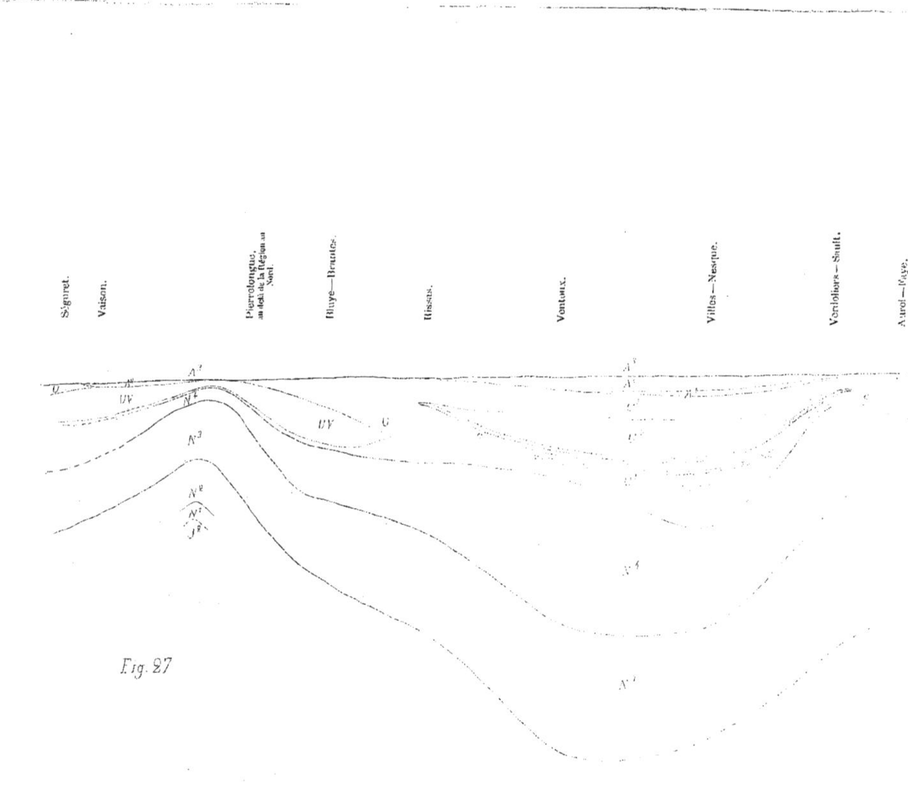

Schéma montrant les rapports des couches comprises entre N^2 et A^3, ce dernier étant pris comme niveau moyen.

On pourrait peut-être, et en restant dans la vérité des choses, conserver simplement pour cet ensemble le nom d'Aptien[1]; l'Aptien supérieur resterait ce qu'il est, et l'Aptien inférieur comprendrait: l'Aptien inférieur des auteurs, couche de la Bédoule, Serviers, etc.; et l'Urgonien, couches à *Ostrea aquila*, *Echinospatagus Collegnii*, *Am. consobrinus* et calcaires à *Requienia*, ceux-ci, avec les calcaires à silex qui les accompagnent, étant considérés comme un *accident coralligène*, ainsi qu'ils le sont réellement.

Quel que soit le nom qui s'imposera un jour aux géologues, il m'a semblé préférable, dans un travail comme celui-ci, de conserver les anciens noms, qui, ainsi qu'on a pu le voir, correspondent à des masses stratigraphiques bien définies dans la région qui m'occupe. Je pouvais d'autant mieux employer le terme d'Urgonien, que M. Lory dans le Dauphiné et surtout les géologues suisses dans le Jura et dans les Alpes, avaient déjà attribué à ce terrain une extension et une faune très analogues à celles qu'il présente au Ventoux. Le nom d'Aptien inférieur, au contraire, aurait amené des confusions entre cet Urgonien et l'Aptien inférieur des auteurs, confusions qui peuvent exister dans le fond des choses, mais qu'il était bon d'éviter dans les mots pour arriver à mettre, si possible, chaque terme stratigraphique à sa place dans la région étudiée.

Les relations régionales de l'Urgonien et de l'Aptien, telles que je viens de les exposer, et d'après lesquelles il existerait des couches aptiennes toujours supérieures aux couches urgo-aptiennes, au sens propre du mot, semblent avoir été interprétées d'une façon différente par plusieurs des géologues promoteurs d'un étage urgo-aptien. D'après MM. Coquand, Landerer et autres, l'Aptien supérieur lui-même disparaîtrait à son tour comme tel dans un grand ensemble urgo-aptien, où les calcaires à *Requienia* pourraient se trouver indifféremment à tous les niveaux, voire même au-dessus de tout le système.

A cette manière de concevoir les rapports de l'Urgonien et de l'Aptien, M. Hébert oppose qu'il a toujours rencontré, au-dessus de l'Urgonien, des couches à *Ostrea aquila*, c'est-à-dire un Aptien distinct et indépen-

[1] Comme Ch. Mayer dans sa coupe de l'Axen. (*Soc. helv. des Sc. Nat.* Saint-Gall).

dant. Tout récemment encore, dans la seconde partie de son travail sur le terrain crétacé des Pyrénées (*Bull. Soc. Géol.*, 1881, pag. 63), et à propos de l'étude de M. Carez sur le Crétacé du nord de l'Espagne, le savant Professeur de la Sorbonne proteste contre l'Urgo-Aptien, en s'appuyant toujours sur la présence des marnes à *Ostrea aquila* au-dessus des couches dites urgoniennes. Si l'*Ostrea aquila* est, dans le Nord, un des fossiles caractéristiques des marnes à plicatules, considérées elles-mêmes comme vrai Aptien, ailleurs, où l'Urgonien et l'Aptien de d'Orbigny sont mieux développés, l'*Ostrea aquila* est le fossile caractéristique de A' et de U, c'est-à-dire d'un ensemble déjà à demi urgo-aptien, tandis qu'il ne se trouve que rarement dans A^2, même à Apt. Cette observation avait déjà été faite par É. Dumas pour le Gard (*Stat.*, II, pag. 405).

J'ajouterai que l'Urgonien, dont ces marnes à *Ostrea aquila* devraient toujours demeurer distinctes dans les Pyrénées et en Espagne, est lui-même entaché de teinte urgo-aptienne. La *Requienia Lonsdali*, qui le caractérise, est en effet, comme l'*Ostrea aquila*, un fossile aussi Aptien qu'Urgonien; il en est de même de la plupart des fossiles cités par MM. Carez (*Ter. Crét. et Tert. du nord de l'Espagne*), et Barrois (*Ter. Crét. du bassin d'Oviédo*).

C'est la faune supérieure d'Apt qu'il faudrait montrer partout au-desssus de l'Urgonien ; mais inversement, et dans le sens de M. Hébert, c'est aussi cette même faune qu'il faudrait retrouver quelque part au-dessous des calcaires à *Requienia* dans les gisements donnés comme types de l'Urgo-Aptien.

Or, sont-ce bien là les relations qu'établissent en Espagne les travaux de MM. Coquand et Landerer? Il est permis d'en douter en voyant l'absence presque totale d'espèces appartenant à l'Aptien supérieur sur leurs listes de fossiles, où figurent en grande abondance les espèces les plus caractéristiques de A', U, et UV.

Les coupes données par ces savants ne modifient pas cette impression. La coupe de l'Aptien de la Sainte-Baume, par laquelle M. Coquand démontrait l'existence de l'Urgo-Aptien même en Provence, ne montre que les rapports de l'Aptien inférieur avec l'Urgonien ; il faudrait que les marnes qui séparent son « nerf calcaire » à faune urgonienne recouvrissent des marnes à *Am. Dufrenoyi*, ce qui ne paraît pas avoir lieu. Les coupes que M. Landerer a données dans son *Ensayo de una descripcion del piso tenencico*, ne sont pas plus probantes ; il me semble y retrouver des coupes de U' — beaucoup plus développé, il est vrai, qu'au Ventoux —, mais sans rien encore qui nous fasse sortir des rapports de l'Urgonien et de l'Aptien inférieur. M. Landerer confirme lui-même cette conclusion par les rapprochements qu'il établit entre son Tenencien et certains gisements étrangers[1]. Il retrouve par exemple à Serviers, qu'il a visité, la quatrième assise, c'est-à-dire l'assise la plus élevée de son étage tenencien. Or, Serviers est un beau gisement d'Aptien inférieur.

C'est peut-être encore dans le gisement si connu de la Clape que l'Urgo-Aptien trouverait son meilleur type ; là, au milieu d'un très-forte prédominance d'espèces de l'Urgonien (*sensu lato*), on a signalé quelques espèces, comme l'*Am. Dufrenoyi*, la *Plicatula radiola*, qui sont parmi les plus caractéristiques de l'Aptien supérieur. Mais elles n'y paraissent pas très abondantes.

Faut-il dès-lors, négligeant les quelques rares espèces de l'Aptien supérieur que renferment les gisements invoqués à l'appui d'un Urgo-Aptien, conclure que l'Aptien supérieur manque dans les localités considérées, et que l'Aptien inférieur seul y est représenté, mais dans le plein épanouissement de ses rapports avec les calcaires à *Requienia*, rapports déjà indiqués au Ventoux dans l'Urgonien à *Requienia ammonia*? Ou bien, de la présence de ces quelques espèces de l'Aptien supérieur, faut-il conclure, ainsi que la liaison intime de A^1 et de A^2 pouvait le faire supposer, que A^2 n'est à Apt et dans la région qu'un faciès tout local, qui ailleurs se confond avec A^1 et n'est plus représenté que par quelques espèces isolées dans un grand ensemble urgo-aptien ?

A en juger par la revue des gisements aptiens que j'ai pu faire, la dernière alternative devrait être acceptée. Il ne semble pas en effet qu'on puisse maintenir d'une manière générale la division en Aptien inférieur et

[1] *Loc. cit.*, pag. 6, et *El piso tenencico o Urgo-Aptico y su fauna*, pag. 5, 24, 28.

Aptien supérieur, telle qu'elle se présente dans la région ; presque partout les fossiles donnés comme caractéristiques appartiennent à A^1, U, et UV, sans que rien laisse supposer un Aptien supérieur correspondant à A^2 et A^3. — S'il en est réellement ainsi, l'Urgo-Aptien, tel que l'entendait Coquand, serait l'expression très probable des rapports de l'Urgonien et de l'Aptien de d'Orbigny.

Mais cette question demanderait de nouvelles et sérieuses recherches, et une discussion trop étendue pour que je puisse m'y livrer ici[1]. J'ajouterai seulement que si A^2 vient à disparaître dans l'Urgo-Aptien, on sera peut-être amené à réunir A^3 au Gault, en donnant ainsi une satisfaction partielle aux géologues qui ont tenté, comme l'a fait tout dernièrement encore M. Barrois, de réunir au Gault tout l'Aptien de d'Orbigny.

En résumé, l'étude du Crétacé inférieur de la région du Ventoux conduit aux conclusions suivantes :

1° Le Crétacé inférieur forme un ensemble qu'il faut distinguer du reste du Crétacé.

A cet égard, le point de vue de M. Hébert me semble parfaitement justifié.

Les rapports intimes qui existent entre le Néocomien et l'Urgonien de d'Orb. sont très apparents. Ils avaient été relevés par tous les géologues qui se sont occupés du Crétacé inférieur, et la plupart n'ont vu dans ces deux divisions que les subdivisions d'un même groupe Néocomien. Cette impression se traduit, dans le Prodrome de d'Orb., par la désignation Néocomien B. ou Urgonien.

Les apparences sont très-différentes en ce qui concerne les rapports de l'Urgonien et de l'Aptien de d'Orb., et peu favorables, de prime-abord, à un rapprochement intime. Aussi bien n'est-ce que peu à peu et non sans résistances que l'intimité de leurs rapports a été établie et que l'idée d'un étage urgo-aptien a pu prendre place dans la science.

Je n'ai pas besoin d'insister de nouveau sur les relations qui existent

[1] Voir Vaceck ; *Ueber Voralberger Kreide* et *Neocomstudie.*

entre ces différents termes dans la région du Ventoux, d'Orgon et d'Apt.

J'ai montré que l'intimité des rapports du Néocomien et de l'Urgonien des auteurs n'y est pas moindre qu'ailleurs, et que la partie supérieure de N^4 est liée à U^1 par la paléontologie comme par la stratigraphie, si bien que ces deux niveaux semblent même présenter une sorte d'enchevêtrement qui rend, sur un grand nombre de points, leurs limites insaisissables.

Pour ce qui est des relations étroites des deux faciès de l'Urgonien tel que je l'ai défini, et de l'Aptien des auteurs, il me suffit de rappeler la faune qu'on rencontre dans le faciès coralligène dès qu'il présente des couches marneuses même inférieures aux calcaires à *Requienia ammonia* (couche *C*) et l'équivalence que le calcaire de Vaison établit entre l'Urgonien des auteurs et l'Aptien inférieur des auteurs. L'existence, dans ma région, de ce faciès à Céphalopodes me paraît décisive dans cette question, car ce faciès établit la continuité la plus remarquable entre le Néocomien, l'Urgonien et l'Aptien, tout en rapprochant l'Urgonien de l'Aptien plus que du Néocomien.

2° Le Crétacé inférieur ne comporte que deux divisions principales, au lieu de trois qu'on lui accorde ordinairement.

M. Hébert, tout en réunissant le Néocomien, l'Urgonien et l'Aptien de d'Orbigny dans un seul étage, a maintenu ces trois divisions comme sous-étages. Les faits que j'ai relevés dans ma région, et que je viens de rappeler, sont peu favorables à cette manière de voir, et la division du Crétacé inférieur en deux grands groupes, Néocomien et Urgo-Aptien, telle que M. Renevier l'adopte dans ses tableaux, répond mieux aux relations qu'on observe au Ventoux entre ces trois termes régionaux.

Mais, dans ce cas, l'Urgo-Aptien ne serait subdivisé qu'en deux, le Rhodanien ne pouvant, pas plus à Orgon qu'au Ventoux, être distingué de l'Urgonien et encore moins placé au-dessus. De plus, ces subdivisions seraient comprises un peu autrement, puisque l'Aptien devrait être réduit à l'Aptien supérieur (*Am. Dufrenoyi*) [1], et l'Urgonien comprendre l'Aptien inférieur (*Am. consobrinus*), dont il ne peut être séparé.

[1] Je ne considère pas cette division comme définitive; elle ne saurait l'être tant qu'il restera quelques incertitudes sur la constance de l'Aptien supérieur et sur ses relations avec le Gault.

Toutefois, en rapprochant ces résultats, dont la valeur n'est encore que régionale, des observations faites dans d'autres contrées, on se demande si le terme Urgo-Aptien est bien nécessaire et s'il ne laisse pas encore trop d'importance ou de réalité à l'étage urgonien classique. Le type de cet étage ou calcaire à Requienia, que ce nom composé d'Urgo-Aptien est destiné à rappeler, semble en effet devoir être de plus en plus considéré comme une simple station coralligène dont le niveau stratigraphique n'a rien de nécessairement constant.

Déjà le faciès urgonien fait comme une première apparition en plein Néocomien (calcaire du Fontanil) ; puis se montre de nouveau (Ventoux, Orgon, Aubagne, etc.) à la partie supérieure de ce terrain, pour ne se développer qu'au-dessus de lui avec ses caractères classiques, tantôt plus haut (Orgon), tantôt plus bas (Dauphiné), le plus souvent (Ventoux, Provence, Suisse) dans une masse de calcaires appartenant par leur partie inférieure au Néocomien, et par la plus grande partie de leur épaisseur à l'Aptien inférieur (Orbitolines, couche *C*). Ailleurs (Sainte-Baume, la Clape, Espagne), il se développe à différents niveaux dans un ensemble nettement caractérisé par une faune aptienne ; enfin il peut manquer entièrement sans qu'il y ait lacune [1]; dans ce cas, la transition se fait du Néocomien aux Marnes aptiennes par une épaisseur très variable de couches que je rapporte au calcaire de Vaison, ou, pour laisser de côté toute désignation locale, à l'Aptien inférieur.

L'étude de l'Urgonien des auteurs faite au Ventoux, c'est-à-dire dans une région dépendante d'Orgon, où d'Orbigny a cru devoir prendre le type de cet étage, confirme cette impression, en montrant que l'Urgonien ne peut être maintenu qu'en le transformant. Cette étude apporte ainsi une nouvelle force aux conclusions qui ont été déjà indiquées à propos du Jurassique supérieur de la région, et qui tendent à entrer de plus en plus généralement dans les classifications : les couches coralligènes, qu'elles soient dues à des polypiers ou à des rudistes, ou même simplement *aux dépôts qui accompagnent latéralement les amas coralliens proprement dits*,

[1] Ce qui n'exclut pas la possibilité de rivages ou de discordances analogues à celles qu'on rencontre entre les calcaires à Orbitolines ou à Requienia et les Marnes aptiennes.

sont de mauvais niveaux stratigraphiques qui, loin de pouvoir être employés comme points de repère, ont au contraire toujours besoin d'être repérés et classés par des recherches de stratigraphie comparée [1].

Il est donc préférable de ne pas faire passer dans les classifications générales des divisions régionales établies sur des dépôts de cette nature [2]. A ce titre, l'Urgonien de d'Orbigny ne devrait plus y figurer [3]. Le Néocomien et l'Aptien (*sensu lato*) représenteraient seuls les deux divisions principales d'un grand étage qui occupe à la base du Crétacé une place analogue à celle qu'occupe le Lias à la base du Jurassique [4].

Crétacé moyen.

J'étudierai sous ce nom, ou d'une manière plus courante sous celui de *Grès verts*, les dépôts crétacés supérieurs aux Marnes aptiennes et qui autour du Ventoux ne dépassent pas le Cénomanien. Les grès divers qui les constituent semblent, d'après leurs allures pétrographiques, s'être déposés dans des bassins plus ou moins séparés les uns des autres.

Là où ils sont bien développés, comme dans les deux bassins principaux de Bédoin et d'Eygaliers, on y reconnaît trois assises, qui sont de bas en haut :

Sables marins. C^1.

[1] Les récentes observations de MM. Péron et Toucas sur les niveaux à Hippurites des Corbières en sont une nouvelle démonstration pour le Crétacé.

[2] Peut-être sera-t-on amené à généraliser cette observation et à l'étendre à d'autres étages non coralligènes qui semblent pouvoir manquer sans qu'il y ait solution de continuité stratigraphique, c'est-à-dire sans lacune, et qui par conséquent devront être considérés comme un faciès d'un étage plus compréhensif?

[3] J'ai déjà dit pourquoi j'avais conservé ce terme dans ce travail; il en est de même pour la carte : elle devait rester une représentation aussi fidèle que possible des groupes régionaux, qui ici avaient une étiquette classique dont j'ai essayé de déterminer la valeur.

[4] Judd, *Speeton-clay*, va encore plus loin et pense qu'on arrivera à faire des couches comprises entre le Portlandien et le Gault une nouvelle division du Secondaire, intermédiaire entre le Jurassique et le Crétacé. (*Proc. of the Geol. Soc.*, 1868. p. 228.)

Grès à *Am. Mayorianus*. C^2.

Grès à faune cénomanienne proprement dite. C^3.

SABLES MARINS. C^1.

Cette assise consiste en sables fins, micacés, plus ou moins cohérents, rouges, jaunes ou verts. Au pied méridional du Ventoux, c'est la couleur rouge qui domine ; elle peut aller du rouge le plus vif au rose le plus tendre. Au N., c'est le vert. Ces sables se présentent en masses qui paraissent homogènes à première vue, mais qui, à Bédoin surtout, peuvent être stratifiées, comme l'indique la *fig*. 28, prise d'après nature entre mille.

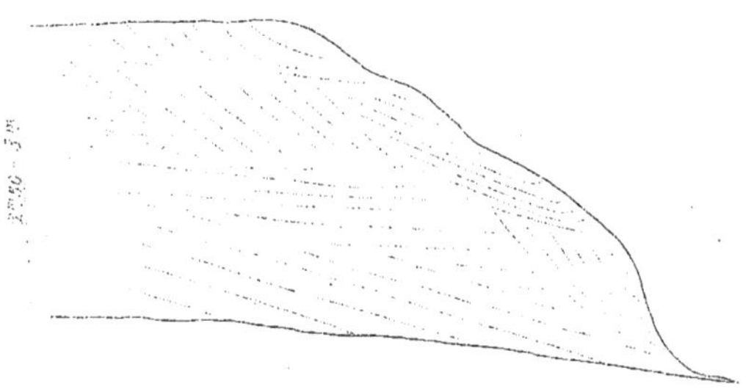

Fig. 28.— Coupe des sables C^1 prise entre Bédoin et Grange-Neuve dans un ravinement.

A Eygaliers, cette stratification[1] ne se reconnaît plus : le sable se concrétionne en sphères de sable dur et même de grès qui peuvent atteindre un assez grand diamètre. Il est vrai que ces sables ne se trouvent plus ici que sous forme de lentilles dont la plus grande épaisseur ne dépasse pas 20^m, tandis qu'au pied méridional du Ventoux ils forment une bande continue et atteignent 50 à 60^m de puissance.

[1] Stratification fréquente dans les dunes. Elle a été appelée, par M. Briart, stratification entrecroisée (*Réun. Soc. Géol. Boulogne*, 1880). C'est une variété extrême et minuscule de la stratification oblique.

Ces sables reposent partout en concordance générale sur l'Aptien supérieur A^3 ; au contact, on rencontre cependant quelques indications qui témoignent d'une certaine irrégularité dans la succession des dépôts.

Au sud des Beaux, par exemple, la partie inférieure des sables donne la coupe suivante :

Sables rouges normaux.
Sables avec parties rouges ferrugineuses, lit de 10 cent. de sable jaune.
Grès rouge très foncé. 2^m.
Grès grumeleux vert et rouge ; une Ammonite, un Oursin (Discoïda ?) indéterminable. 1^m.
Sables verts avec quelques nodules. 2^m,50.
Grès ou sables gréseux rouges. 1^m.
Sables verts en partie masqués ; le contact ne se voit pas très nettement.
Marnes gréseuses aptiennes.

Un peu plus à l'ouest, aux Cougnious, le banc de sables verts inférieur paraît plus lié avec les marnes gréseuses et très grumeleuses de l'Aptien qu'avec les sables rouges.

Ailleurs, ces parties gréseuses manquent aussi bien à la partie supérieure de l'Aptien qu'à la base des sables. A la Madeleine, on trouve entre les sables réduits à 20 ou 25^m et les Marnes aptiennes, des marnes argileuses jaunes, probablement encore aptiennes, et un lit très mince de sable grossier ou de petits graviers jaune roux. A Eygaliers, les sables commencent par un lit souvent noduleux de grès ferrugineux qui repose sur les marnes noires de l'Aptien (n° 8 de la coupe, *fig.* 24). Je n'ai pu découvrir de fossiles dans ces grès, mais il est difficile de ne pas les rapprocher provisoirement de ceux qui, à Apt, se trouvent à la partie supérieure de l'Aptien de Gargas, et dans lesquels je serais porté à voir le niveau de l'*Am. Milletianus* (Voir plus loin, pag. 125).

On ne rencontre dans ces sables marins que de rares dents de Squalidés (*Sphenodus?*) et une assez grande quantité de morceaux de bois flottés silicifiés, parfois perforés par des tarets.

GRÈS A AM. MAYORIANUS. C^2.

Au-dessus des sables précédents, se trouve une assise intéressante par sa constance et par les quelques fossiles qu'elle renferme. Sa composition est assez variable. A Eygaliers, où elle est bien développée et facile à étudier, elle est formée de marnes et de grès sableux, très glauconieux. Derrière le village, on relève la coupe suivante, de bas en haut (*fig.* 24, pag. 97).

8.-9. Sables verts C^1.
10. Grès grumeleux en bancs assez nets, avec grosses *Am. Mayorianus*.
11. Marnes sableuses avec quelques bancs peu durs et espacés ; nodules pyriteux.
12. Marnes sableuses foncées, plus claires à la partie inférieure.
13. Grès plus durs, en bancs plus rapprochés, formant relief ; la surface des bancs présente l'apparence d'un grand pavé. A la partie supérieure, ces grès deviennent grumeleux et passent à 14. *Am. Mayorianus*, *Am.* cf. *inflatus*, gros Holaster, etc.
14. Marnes sableuses tout à fait noires.
15. Alternance de bancs peu épais de grès calcaire et de grès marneux.
16. Grès calcaires à Inocérames C^3, supportant le château d'Eygaliers.

Près de Savoillans, un lambeau de Grès vert montre la partie inférieure de C^2 composée un peu différemment :

Sables verts avec nodules de grès et lamelles ferrugineuses C^1.
Grès ferrugineux.
Grès sableux.
Grès glauconieux, peu dur, avec *Am. Mayorianus*, dont quelques-unes atteignent 40 et 50 cent. *Am. varicosus*, Térébratules, petites Bélemnites.
Grès marneux feuilletés, avec bancs durs dans le haut.
Grès calcaire fragmenté ; débris d'*Ostrea*, Bélemnites.
Couche bréchiforme, fragments de grès ou fossiles entourés d'un grès vert très glauconieux; grès grumeleux, avec de petites Ostrea, Térébratules, Bélemnites, devenant une vraie lumachelle par places.
Au-dessus, les relations stratigraphiques deviennent confuses et le Grès vert disparaît dans la vallée.

Dans la partie moyenne du bassin de Bédoin, au nord-est de cette ville, cette assise offre la coupe suivante :

Sables C¹.
Grès souvent grossiers, en lits irréguliers.
Lit de quelques décimètres d'argile jaune, glauconieuse ou violacée.
Grès rouges ou verts, avec petits cailloux de quartz ; petites Bélemnites, dents de Squalidés et quelques fragments de bois ferrugineux.
Grès siliceux avec calcaires et sables marneux en bancs d'abord rapprochés, puis s'espaçant peu à peu. *Am. Mayorianus* à la partie supérieure.

En dehors de cette partie moyenne du bassin, cette assise est mal caractérisée. A l'ouest, elle se perd dans des grès rouges assez bien stratifiés, correspondant en partie au n° 7 de la coupe de M. Hébert (*Bassin d'Uchaux*). Au sud, l'élément arénacé devient au contraire prépondérant, et entre Flassan et Villes on ne rencontre plus que des sables verdâtres avec grès grossiers peu consistants et irrégulièrement distribués, parfois des lentilles de quartzites ; ces sables se confondent à leur partie inférieure avec les sables de C¹.

Près de Villes, on a la coupe suivante :

Sables rouge intense, passant insensiblement à des
Sables verts divisés en tous sens par des lamelles ferrugineuses.
Grès verts arénacés avec des parties rougeâtres et des lentilles de quartzites.
Sables verts et grès grossiers irrégulièrement distribués. *Am. dispar*.
Sables et grès de C³.

La faune de ce niveau est assez pauvre, et les fossiles sont presque toujours mal conservés dans ces roches arénacées. On peut cependant reconnaître les espèces suivantes :

Dents de Squales.
Serpula sp.
Rhynchotheutis sp.
Belemnites minimus, List. ?
— sp. Marquée de deux méplats légèrement concaves, répondant aux sillons latéraux et donnant à la coupe faite au sommet de l'alvéole une section quadrangulaire.

Ammonites Mayorianus, d'Orb. Commun. Un individu assez complet se rapporte à l'*Am. planulatus*, Sow. in Ren., Céph. Cheville, pl. IV. Je rapporte à cette espèce les grosses Ammonites qu'on trouve près de Savoillans à ce niveau.

— *dispar*, d'Orb. in Sainte-Croix, I, pl. 38.

— *latidorsatus*, Mich.? Variété à ombilic ouvert, comme dans Grès verts, pl. III, *fig.* 5, avec coupe moins semi-lunaire et plus conforme à celle de d'Orb., Crét., pl. LXXX.

— cf. *inflatus*, Sow. Se rapproche de la variété signalée dans Sainte-Croix, I, pag. 180, dans laquelle les côtes ridées sont remplacées par deux tubercules, mais en diffère par l'enroulement très rapide des premiers tours et par l'ornementation simplifiée du dernier tour, qui se rapproche de Grès verts, pl. X, *fig.* 2.

— *varicosus*, Sow. Variété à grand ombilic. Grès verts, pl. IX, *fig.* 3 à 5.

— *sp. nov.*

Anisoceras armatus (Sow.), Pict., Sainte-Croix, II, pag. 62. Les tubercules des flancs sont un peu plus bas ; un fragment.

— *perarmatus*, Pict. et Camp.?, Sainte-Croix, II, pag. 65; un fragment.

— *alternatus*, Mant.? in Sainte-Croix, II, pag. 51, non *alternatus*, Phil. in d'Orb.

Hamites virgulatus, d'Orb.? Grès verts, pl. XIV, *fig.* 10.

— *elegans*, d'Orb.?

Gastéropodes indéterminés.

Janira sp. Grande espèce identique aux figures de la *J. Faucignyana*, Pict. et Roux, Grès verts, pl. XL, *fig.* 2, et de M. Péron, *Bull. Soc. Géol.*, 1877, pag. 503. Elle paraît différer de cette espèce, que Pictet (Sainte-Croix, IV, pag. 259) réunit à la *J. quadricostata*, Sow. (non d'Orb.) par ses régions externes. Celles-ci ne sont pas lisses, comme dans l'espèce de Pictet, mais — au moins chez les jeunes — ornées d'un côté de trois, quelquefois quatre fines côtes qui peuvent facilement passer inaperçues, et de l'autre de deux plus fortes suivies de plusieurs plus ténues. Ce caractère rapprocherait l'espèce du Ventoux de la *J. Faujasi*, Pict. et Camp. (*quadricostata*, d'Orb. non Sow.).

Ostrea conica, d'Orb., Crét., pl. 478, *fig.* 5-7.

— sp.

Terebratula sp. Plusieurs espèces, dont une paraît être la *Tereb. Dutempleana.*

Holaster sp. nov. De très grande taille.

— sp.?

Micraster?
Hemiaster minimus, Des.?
Bois silicifiés ou charbonneux.

GRÈS A FAUNE CÉNOMANIENNE PROPREMENT DITE. C^3.

La différence des deux principaux bassins de Grès verts s'accuse davantage encore pour cette assise. Elle est formée de grès sableux ou calcaires et de sables marneux. A Bédoin, l'élément arénacé domine, peu glauconieux, plutôt ferrugineux, souvent de couleur jaune. A Eygaliers, c'est l'élément calcaire ou marneux, glauconieux et de couleur foncée. Ces différences correspondent à des faunes assez distinctes.

Dans le bassin de Bédoin, on retrouve d'une manière assez constante les quatre horizons suivants, de bas en haut :

a.) Sables blancs, jaunes, rouges ou verts; grès le plus souvent blanchâtres, avec points verts passant parfois à de vraies quartzites. Nodules ferrugineux pourris. Trigonies. 7 à 10 ^{m}.

b.) Marnes arénacées avec bancs de grès calcaires peu épais, espacés et irrégulièrement distribués. *Bel. ultimus?* 15 à 20^m ; se confondent à leur partie supérieure avec

c.) Grès sableux avec bancs noduleux, bleus et plus marneux dans le bas ; jaunes et souvent ferrugineux dans le haut. *Holaster marginalis*. *Turrilites Bergeri*. Faune dite de Bédoin. 30^m.

d.) Sables jaunes purs ou avec mouches d'argile ; grès caverneux, grès jaune-orange très durs, avec *Orbitolina concava*. 10^m.

Sc. Gras et M. Hébert (*loc. cit.*) ont donné chacun une coupe du Grès vert à Bédoin. Le n° 4 de la coupe de Sc. Gras correspond à la partie supérieure de C^2, à *a* et à *b*. Dans son n° 6, M. Hébert paraît avoir réuni *a* à la partie inférieure de *b* ou peut-être à la partie supérieure de C^2.

Dans la partie inférieure de la vallée d'Eygaliers, on peut relever la coupe suivante, qui montre, de bas en haut, la composition de C^3 au nord du Ventoux.

1. Calcaires et marnes un peu gréseuses, gris bleu foncé, en masses rubanées par des alternances de bancs durs, volontiers ocreux à la surface, et de bancs délités d'épaisseur égale ou inférieure aux premiers. Inocérames. 30^m.

Ces couches (nº 16 de la coupe *fig.* 24) sont la continuation des grès marneux noirs à petits bancs de la partie supérieure de C² (nº 15 de la même coupe).

2. Comme 1, mais en bancs ordinairement plus épais et plus réguliers. *Am. varians* très abondant. *Am. falcatus*, *Am. Mantelli.* Inocérames, Holaster indéterminé. 60 à 70ᵐ.
3. Marnes presque noires avec bancs plus durs, très subordonnés et irrégulièrement distribués. 30ᵐ.
4. Grès calcarifères, glauconieux, plus clairs, avec quelques bancs de calcaires gréseux plus épais et irréguliers. *Hol. subglobosus* abondants, Térébratules, fragments de Bélemnites, *Echinoconus* rares. 20ᵐ.
5. Comme 4. Avec des bancs un peu noduleux. *Am. cenomanensis.* 15ᵐ.
6. Grès glauconieux noduleux. 25-30ᵐ.
7. Grès glauconieux, peu consistant, avec spongiaires. 15 à 20ᵐ.
8. Grès durs, avec un ou deux bancs faisant arête. 10ᵐ.
9. Grès grossiers glauconieux, peu consistants, avec quelques bancs de grès plus durs à la partie supérieure. 8 à 10ᵐ.
10. Calcaires un peu gréseux, avec silex, pyrites décomposées. Inocérames. 50 à 60ᵐ.
11. Grès peu consistants, avec *Echinoconus*, *Hol. suborbicularis*, *Micraster*?. 4 à 5ᵐ. C'est dans ces grès que se trouve le gisement de *Galerites* (*Echinoconus*) signalé par M. Lory sur la rive droite de l'Ouvèze à la ferme des Pères.

On pourrait diviser ces couches en deux groupes :

1-3 représenterait la partie inférieure ou zone *Am. varians ;*

4-11 la partie supérieure ou zone à *Hol. subglobosus*, dans laquelle, à Péguière et à Fontaube, on trouve l'*Ostrea columba* au-dessous des couches équivalant à 10.

En dehors des deux bassins de Bédoin et d'Eygaliers, on retrouve le Grès vert sur un grand nombre d'autres points. Il y est presque toujours incomplet et représenté par des grès calcaires rubanés à Inocérames assez semblables à ceux d'Eygaliers.

A l'est du Ventoux, à Aurel, une longue série d'alternances de calcaires et de marnes gréseuses mêlées de parties sableuses paraît représenter toutes les couches comprises entre l'Aptien supérieur et les grès à *Am. Mantelli.* Des blocs isolés de grès rouges restent comme témoins du niveau supérieur démantelé. Ces grès rouges se retrouvent, plus au sud, à Verdoliers, et renferment le *Turrilites costatus* et le *Scaphites æqualis*.

A l'ouest, dans le massif de Vaison, se trouve une série puissante de grès calcaires à Inocérames, avec *Am. falcatus* et *varians*. On y distingue deux horizons :

Un horizon supérieur de calcaires gréseux gris bleu, avec les Ammonites précitées ;

Un horizon inférieur rougeâtre, formé de grès calcaires plus durs, au milieu desquels des grès très siliceux avec lits ou rognons de silex dessinent parfois un relief très caractéristique. Ces grès durs sont très peu fossilifères ; on trouve cependant à leur partie supérieure quelques Inocérames et des Oursins indéterminables.

A l'exception d'une seule localité, cet horizon rouge butte par faille contre des terrains inférieurs ; mais, près des ruines de l'abbaye de Prébayon, il repose sur une quinzaine de mètres de sables avec des marnes et des bancs de grès noduleux. Ces grès sont souvent durs et grossiers, et renferment des Bélemnites, des dents et de petits quartz blancs roulés. La base de ces sables, dans lesquels je n'ai pu trouver aucun fossile déterminable, n'est pas visible dans la gorge sauvage de Prébayon ; mais au sud, de l'autre côté de la colline, sur un talus couvert de végétation, ils m'ont paru reposer directement sur les Marnes aptiennes. C'est dans ces sables et à la partie inférieure de l'horizon rougeâtre que doivent être cherchés les équivalents de C^1 et de C^2.

On rencontre dans C^3 les espèces suivantes :

Belemnites ultimus, d'Orb.?
— *mimimus*, List. ?

Ammonites Mantelli, Sow. in d'Orb., Crét., pl. CIV (*Couloni*, d'Orb., Prod.). —Variété à quatre rangs de tubercules.
— *Cenomanensis*, d'Arch. in Pict., Mél. pal., pag. 30; diffère par des côtes plus inégales sur les flancs et plus effacées sur le pourtour externe.
— *varians*, Sow. in d'Orb., Crét., pl. XCII, *fig.* 3-5. Une variété à côtes plus fines et une autre à enroulement plus lent, dont les tours intérieurs seuls portent l'ornementation de la *fig.* 1 (*Coupei*, Brong.).
— *falcatus*, Mant. Rare.

Scaphites sp. Différent du *Scaphites æqualis* qu'on trouve à Verdoliers à ce niveau, mais que je n'ai pas recueilli en place.

Turrilites Bergeri, Brong.

— *Puzosianus*, d'Orb. Correspond mieux à la figure des Matériaux, Sainte-Croix, II, pl. LIX, *fig*. 3-6, qu'à celle de d'Orb., Crét., pl. CXLIII, *fig*. 1-2.

— *costatus*, Lam. Au Musée de Sault, des couches de Verdoliers.

Gastéropodes.

Cardium hillanum, Sow.

Trigonia sulcataria, Lam.

— sp. Peut-être *Trig. dædalea*, Park. in d'Orb.

Pinna Renauxiana, d'Orb.

— *Reynesi*, H. et M. Ch., Bassin d'Uchaux.

— sp. Voisine de *P. Robinaldina*. Sainte-Croix, III, pl. CIXL, *fig*. 3a, pag. 532.

Inoceramus cuneiformis, d'Orb.

— sp.

Hinnites sp.

Ostrea columba, Desh. Variété petite et moyenne.

— *conica*, d'Orb., comme dans C^2.

— *canaliculata*, Defr. in Sainte-Croix, IV, pl. CXCIII, *fig*. 7.

— Plusieurs autres espèces.

Terebratula sp. Peut-être *Ter. phascolina*, in Sainte-Croix, VI, pag. 84.

Holectypus Cenomanensis, Gueranger?

Discoidea cylindrica, Ag.

Holaster marginalis, Ag.

— *subglobosus*, Ag.

— *suborbicularis*, Ag.

— *sp. nov.*

Micraster sp.?

Echinoconus sp. Ce fossile, que je n'ai pas recueilli en dehors du gisement — ou sa continuation, — où M. Lory l'avait signalé au pont de Cost, a été d'abord désigné comme *Galerites vulgaris*. M. Hébert le rapproche de l'*Echinoconus rotomagensis*, d'Orb. Bassin d'Uchaux, pag. 15. Parmi les individus que je possède, quelques-uns peuvent, par leur dessous creusé, appartenir à cette espèce; mais la plupart, par leur dessous plat et leur profil élevé, doivent être rapportés à une autre espèce. Le rapport de la hauteur à la longueur est 0,81, moyenne de neuf individus en bon état.

Orbitolina concava, Lam.

Corps ronds de 10 à 20^{mm} de diamètre, formés de couches concentriques et couverts de petites inégalités. Dans la coupe, on remarque des lignes concentriques et des lignes rayonnantes. A rapprocher des corps ronds signalés, Bassin d'Uchaux, pag. 33 et 34.

D'après les listes de fossiles précédentes, le Cénomanien bien caractérisé n'est représenté que par C^3. J'ai montré qu'au nord du Ventoux, où cet étage est le plus complet, on pouvait y distinguer deux groupes que j'ai appelés Grès à *Am. varians* et Grès à *Hol. subglobosus*, le premier correspondant au grès de Bédoin. Je ne crois pas qu'on puisse aller plus loin et chercher dans le Grès vert de cette région les zones que les géologues du Nord y ont distinguées. La distribution des fossiles n'est plus la même. C'est du reste l'opinion qu'exprime M. Hébert après ses recherches dans le bassin d'Uchaux (*loc. cit.*, pag. 82).

La partie inférieure de C^3, soit avec *Tur. Bergeri* au sud, soit avec *Am. varians* au nord, repose toujours sur la zone à *Am. Mayorianus*.

Que représente cette zone ?

L'*Am. Mayorianus* ne peut être un fossile caractéristique, puisqu'il a été cité dans le Cénomanien inférieur de plusieurs localités. La faune qui l'accompagne ici a des analogies assez grandes avec celle que M. Renevier attribue dans ses tableaux à son étage Vraconien. Les matériaux que m'a livrés jusqu'ici cette zone sont trop incomplets pour que je puisse aborder la discussion de l'existence ou de la non-existence d'une faune de passage entre le Gault et le Cénomanien. M. Hébert, qui repousse tout mélange de faune entre ces deux terrains (*Ibid.*, pag. 73), fait de l'*Am. inflatus* — un des fossiles caractéristiques du Vraconien — un des fossiles qui avec le *Tur. Bergeri* caractérise le Cénomanien inférieur. M. Barrois (*Gault du Bassin de Paris*) établit aussi à la base du Cénomanien une zone à *Am. inflatus* distincte du Gault, qu'il réunit à l'Aptien.

Mais si on fait de C^3 la partie inférieure du Cénomanien, ce que la présence de plusieurs fossiles communs et la liaison stratigraphique me portent à admettre pour le Grès vert du Ventoux, il faut expliquer la présence de fossiles comme l'*Am. varicosus* et autres dans cette zone.

M. Hébert recourt à des remaniements. Je ne puis accepter cette explication pour la zone C[3]. Sur un seul point, on trouve une couche qui pourrait avoir été remaniée, c'est la couche à Térébratules et à Ostrea de Savoillans; mais l'*Am. varicosus*, qui provient de ce même gisement, se trouve précisément, comme on peut le voir par la coupe (pag. 116) avec les grosses *Am. Mayorianus* dans les couches qui sont au-dessus. En outre, l'état de ces fossiles, formés de grès trop friable même pour leur bonne conservation, exclut toute possibilité de remaniement, d'autant plus que tout porte à croire que les couches à fossiles du Gault, absentes tout autour du Ventoux, ne s'y sont en effet jamais déposées. Il faudrait donc faire appel, non seulement à des remaniements, mais à un transport lointain.

Il me paraît plus conforme aux observations d'admettre, avec M. Barrois (*Gault du Bassin de Paris*, pag. 53; *Bassin d'Oviédo*, pag. 39), que quelques espèces du Gault ne se sont éteintes que peu à peu, après l'arrivée de la faune cénomanienne. Là où il y a continuité dans la sédimentation, on ne comprend pas pourquoi il y aurait toujours discontinuité absolue dans la faune.

Les couches à *Am. Mayorianus* seraient le témoin de cette période transitoire qui aurait ici correspondu au retour de la mer immédiatement après, ou peut être-même à la fin de la période du Gault.

Enfin, faut-il chercher dans les sables C[4] le représentant des couches fossilifères du Gault qui font défaut autour de Ventoux?

M. Hébert (*Ibid.*, pag. 28) a émis cette opinion pour la région de Bédoin, mais sans s'y arrêter, car on lit (pag. 73) : « Masse puissante de sables qui paraît dépendre du même étage » (craie glauconieuse). Cette liaison est réelle ; seulement la présence des Grès à *Am. Mayorianus*, qui n'étaient pas connus du savant Professeur de la Sorbonne, reporte ces sables à un niveau inférieur encore plus voisin du Gault.

Or, à Bédoin, ces sables montrent nettement une double oscillation de la mer. Aux Crottes, près de Beaux, les sables gréseux de leur base, par les fossiles qu'ils renferment, témoignent de la présence de la mer. Celle-ci se retire, laissant derrière elle ses dunes, qu'elle viendra plus tard recouvrir en ramenant la faune cénomanienne inférieure mêlée de quelques espèces, derniers survivants de la faune du Gault (Vraconien).

Ici, deux suppositions sont possibles : Ou bien le changement de faune s'est produit pendant ce retrait de la mer, et les sables correspondent à la période du Gault ; ou ce retrait de la mer n'a été qu'un mouvement local au commencement de la période cénomanienne, et les sables, séparés dès-lors de l'Aptien par une lacune, font partie des Grès à *Am. Mayorianus*. L'absence de fossiles et l'impossibilité de suivre ces sables jusqu'à des couches appartenant bien au Gault, rendent toute affirmation hasardée.

Si l'on peut faire remarquer, en faveur de la seconde supposition, la puissance très inégale de ces sables, qui peuvent être réduits à rien sans que la concordance apparente des couches soit modifiée, et la présence de morceaux de bois flottés et de dents de Squales qui indiquent un rivage peu éloigné, on peut aussi appuyer la première par une observation plus générale qui n'est pas sans valeur. Partout, en effet, entre les couches les plus élevées de l'Aptien et les couches les plus inférieures du Cénomanien, on trouve les traces d'un phénomène qui paraît, avec des variations locales, avoir été général dans la région, et qui s'accuse par des dépôts de sables, de graviers, de grès, de nodules avec détails pétrographiques particuliers, dépôts qui renferment dans quelques localités privilégiées des fossiles du Gault (Clansayes, environs d'Apt) [1]. Il est vrai que ces fossiles portent toujours des traces de remaniements ; ils sont usés, roulés ou empâtés dans des nodules phosphatés ou ferrugineux. Ces phénomènes se sont-ils produits sur place, pendant la période du Gault, comme le pensent quelques géologues, ou sont-ils le résultat d'actions postérieures ? Je n'ai point à le discuter ici. Il suffit que les sables C' puissent être considérés comme l'équivalent des couches de Clansayes.

[1] Le rapprochement de Clansayes et d'Apt n'est pas nouveau. (Voir *Bull. Soc. Géol.*, 1, XIII, 501 ; d'Archiac, *Hist. des Prog.*, IV, 511 ; et la coupe que j'ai donnée d'Apt).

CHAPITRE III.

Terrains supérieurs au Cénomanien.

Je réunis dans un même chapitre les terrains supérieurs au Cénomanien qu'on rencontre encore dans la région du Ventoux. Ces terrains n'y jouent, pour la plupart, qu'un rôle subordonné, ou ne se développent entièrement qu'en dehors de ses limites. Ils peuvent se grouper en trois sections d'importance très inégale, que je vais successivement étudier.

PREMIÈRE SECTION.

La première section est formée par les sables et argiles plastiques, dont l'âge n'est pas encore déterminé d'une manière précise.

Sables et Argiles plastiques.

Je décris sous ce nom les dépôts très caractéristiques qui affleurent sur une bande étroite, au pied méridional du Ventoux, entre le Cénomanien et le Sextien. Dans le reste de la région, on en retrouve quelques lambeaux très réduits qui remplissent ordinairement les cavités ou les failles de l'Urgonien, et témoignent d'une extension beaucoup plus considérable.

Ces dépôts consistent en sables uniquement siliceux [1], blancs, rouges, jaunes, plus rarement verts, ordinairement assez fins, quelquefois plus grossiers, formés par des grains de quartz blanc ou légèrement coloré ; en grès plus ou moins durs avec des lentilles de grès lustrés, des quartzites et des blocs de silex caverneux ; des bancs interrompus de grès ferrugineux fournissent sporadiquement un minerai de fer assez riche, mais peu abondant. Au milieu de ces sables, et plus fréquemment à leur partie supé-

[1] Ces sables sont exploités pour les verreries.

rieure, on rencontre des amas plus ou moins étendus d'argiles plastiques très pures, bariolées, blanches, rouges, violettes, jaunes, parfois noires, bitumineuses et pyriteuses, avec des veines de mauvais lignite [1].

La coupe suivante, prise vers le milieu du bassin, près de la ferme des Terrailliers, le long de la berge du ruisseau, donnera une idée, non de la succession partout différente que présentent ces dépôts, mais de leur extrême variabilité sur un même point.

Grès Cénomaniens.
Sables jaunes cénomaniens faisant effervescence.
Sables jaunes un peu micacés, ne faisant plus effervescence; mélange probable des sables précédents et des suivants, qu'il est difficile de distinguer.
Sables jaunes avec grains noirs et bandes de nodules ferrugineux.
Sables jaunâtres un peu grossiers.
Sables blancs plus fins.
Grès sableux, avec lits de grès lustrés sans orientation déterminée.
Grès sableux rouges et blancs.
Sables bariolés, rouges, blancs, jaunes.
Sables violacés, mouchetés de brun.
Sables jaunes, gréseux, d'apparence stratifiée.
Sables blancs, verdâtres, avec filet jaune rouille.
Sables blancs, jaunes.
Sables blancs à grains irréguliers, veinés plutôt que stratifiés.
Sables rouges.
Argiles rouges sableuses, avec bancs de grès rouges.
Sables très purs, avec stratification oblique.
Gros bancs de grès gris.
Sables.
Sables et lentilles de grès violacés.
Argiles bariolées.
Sables blancs et jaunes.
Argiles violacées mêlées de sables.
Sables blancs violacés.
Sables rouges.
Sables jaunes.
Grès et argiles rouges tertiaires.

[1] L'exploitation de ces lignites, entreprise sur plusieurs points, a été partout abandonnée.

A peu de distance de cette coupe, se trouvent des argiles noires avec une exploitation abandonnée de lignite.

D'une manière générale, ces dépôts ne sont pas stratifiés ; cependant ils présentent, outre une stratification oblique qui n'est pas rare dans les sables, des indices de stratification, par exemple des lits de nodules ferrugineux ou des lits simplement gréseux, et, dans la partie sud du bassin, des lits de cailloux et de silex roulés ou brisés. Ces derniers sont peut-être le témoin de quelque remaniement.

Au pied du Ventoux, ces sables reposent sur le Cénomanien sableux ; il en résulte une certaine confusion entre ces deux terrains, et leurs limites restent çà et là indécises. Il en est quelquefois de même à la partie supérieure : entre les sables et le Sextien, on rencontre, surtout vers la partie méridionale du bassin, des dépôts qu'il n'est pas toujours aisé de rattacher à l'une ou à l'autre de ces formations. Provisoirement, je les ai rattachés à la partie inférieure du Sextien, mais avec la réserve expresse qu'ils pourraient ne pas appartenir à ce terrain et représenter les restes de quelque formation intermédiaire.

Il existe du reste, entre ces deux derniers terrains, les traces d'une discordance que la nature des dépôts rend difficile à préciser, mais qui n'en dénotent pas moins un certain intervalle de temps écoulé entre les deux.

La formation des sables et argiles plastiques représente évidemment, dans la région, un des termes de la série fluvio-lacustre de Provence ; mais les gisements du Ventoux, par l'absence des couches fossilifères [1] et par leur intercalation entre deux terrains aussi distants que le Cénomanien inférieur et le Sextien, n'apportent aucun élément pour la détermination de leur synchronisme.

Ils paraissent se rattacher aux dépôts analogues du Dauphiné, que

[1] A Dieulefit, on trouve, à la partie supérieure de ces dépôts, des marnes et des calcaires fossilifères. Les fossiles de ces calcaires se rapporteraient, dit-on, aux espèces du calcaire de Provins. Le parallélisme des sables S. et du calcaire de Provins me paraît avoir encore besoin de confirmation, car, si je ne me trompe, à Apt, les sables sont inférieurs aux calcaires avec *Lymnæa Michelini*, équivalent des calcaires de Provins, d'après M. Matheron.

Sc. Gras et M. Lory ont étudiés et placés à la base du Tertiaire, ainsi qu'à ceux qu'on trouve dans le bassin d'Apt, où M. Matheron les considère aussi comme tertiaires.

On a rapproché ces divers dépôts du sidérolithique du Jura; mais l'origine geysérienne qu'on leur attribue ordinairement ne suffit pas, en l'absence de données paléontologiques, pour établir ce rapprochement.

Les phénomènes geysériens ont pu se produire à plusieurs époques ou pendant de longues durées, amenant au jour des argiles, des bauxites, des phosphates, de la silice sous différentes formes, du fer, du manganèse, etc.

Il doit en avoir été ainsi dans nos régions, où, depuis le milieu du Crétacé, on peut suivre une série de dépôts isolés auxquels cette origine est partiellement imputable [1].

Une telle origine n'implique pas que ces dépôts soient, en quelque sorte, éruptifs, là où on les rencontre aujourd'hui; les eaux qui ont amené au jour les sables les ont aussi déposés dans les dépressions préexistantes qu'elles remplissaient, et divers phénomènes purement sédimentaires (lignites précités, par exemple), concomitants et postérieurs aux phénomènes geysériens, ont pu se produire dans les lacs ainsi formés.

[1] Émilien Dumas a signalé en particulier deux niveaux caractérisés par des sables, des argiles et des grès siliceux, dont la description offre de grandes analogies avec celles des sables S. En visitant ces terrains aux environs d'Uzès, où ils sont bien développés et dans des conditions stratigraphiques favorables, le rapprochement ne m'a pas paru possible; mais j'ai été amené à en faire un autre qu'il n'est peut-être pas inutile d'indiquer, sans y attacher plus d'importance que ne le comporte une observation de ce genre.

Aux environs de Baron, à la base (ou au-dessous?) de son tertiaire lacustre Uzégien, Ém. Dumas avait signalé un calcaire à pisolithes, très localisé, qu'il avait rapproché du calcaire à *Lychnus* des Baux. Près du village de Marignac, ce « calcaire ancien » était séparé des calcaires à Hippurites par des grès calcaires à pisolithes alternant avec des marnes rouges (*Stat. géol.*, II, 502). En refaisant la coupe d'Ém. Dumas j'ai trouvé, entre les marnes rouges et les grès calcaires et les calcaires à Hippurites, des sables bariolés et des grès siliceux qui m'ont frappé par leur identité pétrographique avec ceux du Ventoux. Or ces sables, qui un peu plus loin paraissent renfermer des lignites, ne peuvent être postérieurs au « calcaire ancien »; mais sont-ce bien les mêmes que ceux du Ventoux ?

DEUXIÈME SECTION.

La deuxième section comprend les deux représentants authentiques du Tertiaire dans la région : le Terrain lacustre à gypse et la Molasse.

Terrain lacustre à gypse ou Sextien.

Avant d'étudier le Lacustre à gypse proprement dit, je décrirai sous le nom d'Horizon de Suzette une formation très spéciale qui se rattache à la partie inférieure de ce terrain.

Horizon de Suzette. — Il existe, dans la partie sud des montagnes de Gigondas, un bassin lacustre dont la partie inférieure présente des caractères si singuliers que je crois devoir la décrire à part sous le nom d'Horizon de Suzette, du nom du village qui domine ce bassin.

Cet horizon jaune ocreux et rouge, vivement coloré, compris de toutes parts entre le Jurassique et le Lacustre à gypse, et qui semble à première vue former un ensemble bien déterminé, est constitué par les roches les plus hétérogènes et si mal définies qu'il est difficile d'en donner une description exacte.

Ces roches, mêlées sans ordre et sans stratification, sont : ou dures, ou tufacées et terreuses.

Les roches dures se présentent sous deux formes :

a.) Les unes ne constituent que des lambeaux isolés et peu nombreux de calcaires clairs ou foncés, en plaquettes ou en bancs plus épais, plus ou moins fortement ou profondément dolomitisés, montrant fréquemment de petits vides anguleux laissés par des cristaux ? ou des surfaces un peu corrodées, couvertes de dépôts cristallins ou de vrais cristaux (silice, dolomie, feldspath ??, etc.). Il semble souvent que ces roches, surtout celles qui sont gris cendré, se perdent dans la masse du terrain par une fragmentation sur place très-curieuse, et qui paraît s'être opérée moins par voie mécanique que par l'élargissement par corrosion des fissures préexistantes (fissures très-multipliées dans les roches disloquées de cette région).

b.) Les autres sont constituées par des roches mal définies, jaunes, rouges, gris foncé, siliceuses ou dolomitiques, sans stratification, compactes ou plus souvent sous forme de cargneules à base de grès, de calcaires, de marnolithes[1] ou même de conglomérats, quelquefois très caverneuses, avec des inclusions de marne jaune.

Ces cargneules, qui forment les parties solides de l'Horizon de Suzette, semblent dériver tantôt des roches précédentes et tantôt des couches lacustres. Elles forment de simples blocs, des îlots rocheux ou des reliefs plus ou moins étendus, disséminés sans ordre dans la masse moins consistante de ce terrain.

Ce qui domine en effet dans cet horizon, ce sont des marnes tufacées jaunes ou rouges, dures ou terreuses, sans stratification, le plus souvent confusément mêlées de fragments de roches diverses : roches tufacées plus dures, marnolithes, cargneules, blocs de calcaires jurassiques plus ou moins dolomitisés et de grès divers[2]. On croirait parfois avoir affaire à un gigantesque remplissage de faille. Le tout est traversé par des bandes gypseuses irrégulières, et présente des accidents minéralogiques divers, parmi lesquels des efflorescences magnésiennes très remarquables (source verte de Montmirail, de la Salette, etc.).

Quelque opinion qu'on se fasse sur son âge et sur ses relations, il est impossible de ne pas voir dans l'ensemble précédent le témoignage d'actions chimiques et mécaniques très intenses. Provisoirement, je me suis arrêté à la conclusion qu'il ne représente pas un terrain normal, mais qu'il est dû à des confusions et à des altérations de terrains causées à la fois par les dislocations violentes qui ont bouleversé cette région, et sur lesquelles je reviendrai plus loin, et par les actions hydrothermales concomitantes ou consécutives.

Et d'abord, parmi les lambeaux stratifiés[3] que j'ai signalés plus haut

[1] Je signalerai plus loin des marnolithes qui ont de grands rapports avec celles-ci.
[2] M. Raspail m'a dit avoir trouvé des fossiles d'Uchaux dans les fragments de grès?
[3] Les principaux sont indiqués sur la carte par un X rouge.

et qui se rencontrent surtout dans la partie est du bassin, il s'en trouve quelques-uns qui ne sont certainement ni lacustres ni tertiaires, comme en témoignent des articles d'encrines que j'ai découverts sur l'un des mieux stratifiés, à la surface d'une couche de calcaire gris dolomitisé. Dans un bloc anguleux, très-volumineux, de calcaire jaune très dur, un peu scintillant, isolé au milieu des parties tufacées, j'ai retrouvé encore de gros articles d'encrines noirs et un fragment d'Ammonite. Ailleurs, j'ai recueilli un fragment d'Aptychus à faciès néocomien. Je ne saurais à quelles couches rapporter avec certitude ces calcaires à encrines dans les montagnes de Gigondas. Faudrait-il alors admettre que les lambeaux stratifiés auxquels ils appartiennent sont les pointements des terrains inférieurs au Callovien qui affleuraient autrefois dans le bassin de Suzette, et qui ont été entourés, empâtés et même modifiés par les dépôts tufacés ?

M. de Rouville, qui a pris un grand intérêt à la question de l'Horizon de Suzette, serait porté à voir même de l'Infralias dans certains de ses lambeaux, à cause de leur analogie avec les calcaires à plaquettes de l'Infralias de l'Hérault[1]. Admissible pour quelques-uns d'entre eux, cette supposition l'est moins pour d'autres, vu les difficultés de se représenter leurs relations avec le corps même du terrain auquel ils appartiennent, et surtout avec les marnes oxfordiennes ou calloviennes qu'on retrouve partout au-dessous des cargneules tufacées. (Voir plus loin l'étude stratigraphique de cette région.)

Si le niveau des calcaires stratifiés ne peut être déterminé avec certitude, il n'en reste pas moins évident que certains ne se rapportent pas au Lacustre et ne font qu'accidentellement partie de cet horizon.

Pour ce qui est des cargneules proprement dites, leur origine, encore obscure, paraît complexe. Les unes semblent résulter de modifications plus ou moins profondes des couches précédentes, les autres de modifications des couches lacustres qui bordent aujourd'hui et recouvraient autrefois le bassin de Suzette. Sur un ou deux points, on constate un

[1] Ces lignes étaient écrites lorsque M. Choffat a fait paraître sa Note sur les vallées typhoniques du Portugal (*Bull. Soc. Géol.*, 1882, pag. 267). Faudrait-il voir à Suzette quelque phénomène du même ordre ?

rapport assez net entre les couches stratifiées et les cargneules dures. L'un d'eux, situé sur la route du Barroux à Suzette, à mi-chemin, au coude du ravin que suit la route, donne la coupe suivante, de bas en haut si les couches sont dans leur position normale (*fig.* 29).

1. Cargneules dures, paraissant stratifiées dans le ravin.
2. Parties tufacées jaunes, blanches ; semblent passer sous les couches suivantes, mais pourraient aussi bien être un placage.
3. Calcaires stratifiés avec taches ou bandes rousses.
4. Calcaire qui paraît confusément stratifié en plaquettes.
5. Calcaires plus durs.
6. Comme 4.
7. Calcaires ou grès ? en bancs confus.
8. Cargneules avec bandes rousses comme 3, indiquant le même plongement que les couches précédentes.

Le tout a 25 ou 30^{m} et constitue la moitié d'une butte sur laquelle les couches dures font saillie.

Sur un plus grand nombre de points et surtout vers les bords du bassin, on trouve des marnolithes, des grès plus ou moins altérés, des cargneules tufacées et des gypses qui établissent des relations intimes, pour ne pas dire le passage, entre l'Horizon de Suzette et le Lacustre bien caractérisé.

Voici quelques coupes qui établiront ces rapports.

Sur les bords est du bassin de Suzette, de Cleyrier à Bonfils, des bancs discontinus de cargneules tufacées jaunes s'intercalent à différents niveaux dans des couches lacustres bien caractérisées, à environ 35 à 40^{m} au-dessus des couches de l'Horizon de Suzette. On relève à Bonfils la coupe suivante, prise de bas en haut, et qui montre une de ces intercalations les plus élevées (*fig.* 30).

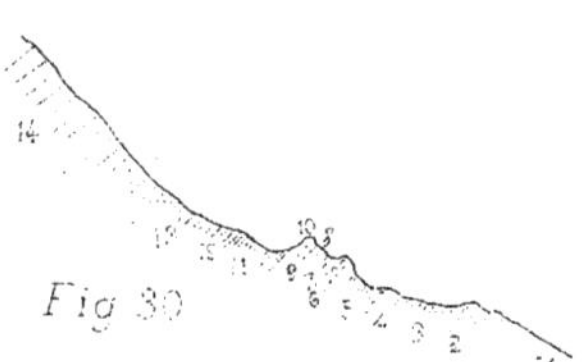
Fig 30

1. Marnes, grès, sables. 30^{m}.
2. Grès avec conglomérats.
3. Marnes bariolées un peu gréseuses. 3^{m}.
4. Grès avec quelques graviers dans le haut.
5. Marnes.
6. Conglomérat.
7. Marnes.
8. Cargneules tufacées, d'un jaune très vif, avec inclusions cristallines. 30^{c}.
9. Lit de marne. 10^{c}.
10. Banc de cargneules comme 8, mais en plaques. 10^{c}.
11. Marnes. 1^{m}.
12. Lit comme 8. 10^{c}.
13. Marnes. 3 à 4^{m}.
14. Grès en bancs. 8.

Dans la branche est du ruisseau de la Combe, au nord-est de Gardon, on a, de haut en bas :

Calcaires en plaquettes avec silex noirs.
Marnes gréseuses verdâtres, avec marnolithes et marnes jaunes.
Calcaires en plaquettes, très-cassés, avec parties caverneuses, et d'autres qui se délitent en poussière blanche magnésienne ; ils passent au gypse.
Marnes et calcaires caverneux, gypseux, et bancs de gypse bien développés sur la hauteur, au nord de Gardon.
Grès jaunes passant au rouge, avec cailloux plus ou moins roulés.
Alternances de marnes gréseuses et de conglomérat, au milieu desquels on peut suivre un ou deux bancs de cargneules jaunes tufacées ou marnolithiques.

Quelques bancs de grès rouges, avec des parties vivement colorées comme les cargneules de Suzette.

Gros bancs durs de conglomérat.

Masse confuse dans laquelle on reconnaît de moins en moins nettement des grès, des conglomérats, des marnolithes rouges, des traces de stratification, et qui vous amène, sans qu'il soit possible d'établir une ligne de séparation, à l'horizon de Suzette le plus typique.

Il est facile de contrôler cette coupe par celle qu'on peut faire au nord de Gardon.

Dans les grès qu'on rencontre au S.-E. de la Font-du-Buis, en particulier au nord d'un piton situé sur la rive gauche du ruisseau, on peut observer le passage des grès aux cargneules presque dans le même bloc.

J'ai retrouvé ce passage de Lacustre *normal*, si je puis ainsi parler, aux roches de Suzette, à l'ouest de Lafare, dans un lambeau de Lacustre qui se trouve pris au milieu des cargneules (coupe 5, pl. III). On peut en particulier voir là un calcaire marneux, blanchâtre, dont une partie est normale, une partie cloisonnée, et une autre transformée en roche magnésienne jaune de Suzette.

Dans la partie ouest du bassin, on observe ce passage sous une autre forme et à plus grands traits, en voyant, à mesure qu'on avance vers le N.-O., les parties inférieures du Lacustre apparaître en quelque sorte successivement le long de l'Horizon de Suzette, tandis que celui-ci, au contraire, s'atténue. Il s'établit là une sorte d'équivalence qui, jointe à la pénétration des deux formations par les mêmes bandes de gypse qui passent obliquement de l'un à l'autre, rendent leur séparation bien difficile.

Aux deux extrémités de cette partie du bassin, on peut relever encore deux coupes qui, en confirmant les précédentes, montrent la différence des couches lacustres qui arrivent au contact des cargneules.

A Grangier, on trouve au contact, de haut en bas :

Grès et marnes de la partie moyenne du Lacustre de Vacqueyras.

Cargneules dures et gypses.

Bancs calcaires.

Marnolithe et calcaire.

Cargneules dures et tufacées.

Enfin, au nord des bains de Montmirail, près de la ferme marquée Métairie sur l'État-Major, on a de bas en haut (*fig.* 31) :

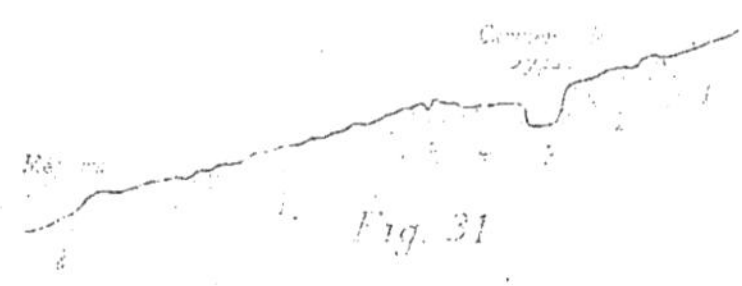

Fig. 31

1. Marnes oxfordiennes très disloquées.
2. Cargneules tufacées jaunes terreuses.
3. Gypse exploité; stratification confuse, mais concordante avec l'ensemble, qui est vertical.
4. Parties tufacées terreuses, pénétrées de gypse.
5. Cargneules brunes, dures, empâtant des morceaux peu roulés de calcaire. Ces cargneules, très-typiques, ne forment pas une bande continue, mais paraissent un accident dans les couches suivantes.
6. Marnolithe grumeleuse, caverneuse, empâtant de petits fragments de roches anguleux, d'un rouge foncé très accentué, plus ou moins stratifiée. Elle passe localement aux cargneules et se relie aux couches lacustres suivantes par l'augmentation des parties clastiques qui la transforment en conglomérat ou brèche.
7. Longue série de bancs de grès grossiers, rouges, passant à un conglomérat à éléments très-divers, roulés ou anguleux ; les bancs sont séparés par des grès sableux ou des sables marneux. Vers la partie inférieure, sur une épaisseur de 5 à 6^{m}, ils sont formés de grès, de conglomérats, de marnolithes passant aux cargneules, de manière à établir une continuité parfaite entre les grès et les cargneules.
8. Marnes et grès continuant la série lacustre.

De ce qui précède, je conclus : que l'Horizon de Suzette est un accident ; qu'il se rattache au Lacustre qui le recouvre et dont il représente la partie inférieure. En général, il repose sur les Marnes jurassiques, mais, dans le centre du bassin, peut-être aussi sur des couches marines probablement secondaires, et dont les rapports avec ces marnes restent très obscurs, ces couches paraissent avoir subi l'action des eaux qui ont déposé ou plutôt modifié après coup les sédiments lacustres ; parmi ces derniers, il pourrait se trouver peut-être quelque reste de formation lacustre plus ancienne que le Sextien. Enfin des bouleversements profonds ont détruit les rapports stratigraphiques et formé ce complexe singulier que j'ai décrit sous le nom d'Horizon de Suzette. Nous verrons plus loin, s'il est possible, de fixer la succession de ces derniers phénomènes par l'étude stratigraphique de la région.

Pour confirmer cette conclusion, j'ajouterai qu'en dehors du bassin de Suzette on trouve, en plein Lacustre moyen, quelques traces de phénomènes métamorphiques hydrothermaux analogues à ceux que je suppose avoir été en grande partie la cause de cette singulière formation.

A Crillon, par exemple, on peut établir de l'est à l'ouest, à travers le promontoire sur lequel est bâti le village, la coupe très significative qui suit (*fig.* 32) :

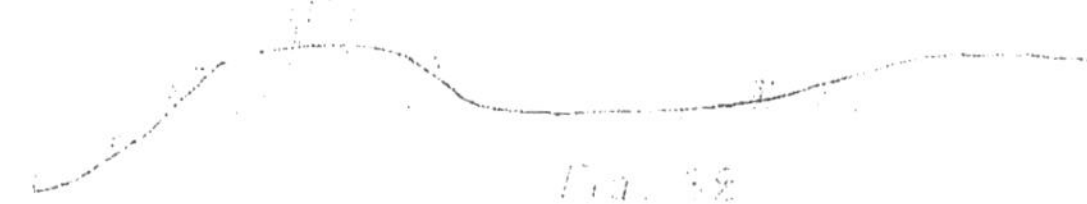

1. Marnes lacustres reposant au nord, — comme le montre la coupe 2, pl. I, à peu près perpendiculaire à celle-ci, — sur les dépôts détritiques d'un grand cône de déjection dont il sera question plus loin. Au N.-O., elles passent à ces mêmes dépôts.
2. Marnes vertes avec gypses et quelques bancs calcaires ; Lacustre moyen bien caractérisé.
3. Marnes dures, jaunes, un peu orange, stratifiées en bancs plus ou moins saillants ; quelques lits de graviers ; leur faciès les rapproche moins des précédentes que des marnes du cône torrentiel.
4. Roches tufacées ou cargneuliques, avec des parties solides très-analogues à celles de Suzette, et qui sont certainement une modification latérale des précédentes.

   Plus à l'ouest, on retrouve intercalées et se perdant dans les dépôts torrentiels, des couches 3', dans lesquelles il est difficile de ne pas voir le prolongement atténué de 3 avec quelques caractères de 4.
5. Molasse avec cailloux verts à la base.

Enfin je ferai remarquer qu'il existe, entre les caractères pétrographiques de l'Horizon de Suzette et ceux que présentent certains gisements de gypses marneux ou calcaires, des analogies singulières. Sur plusieurs points, entre autres près du moulin à vent de Montmirail, on peut voir des calcaires, cependant durs et bien stratifiés, devenir, au voisinage des gypses, de vraies roches cargneuliques jaune orange, sans stratification, et qu'on ne saurait distinguer de celles de Suzette. Ce phénomène se produit là dans des proportions, il est vrai, très réduites, mais non moins frappantes. Ailleurs, on le retrouve dans des calcaires gris cendrés.

En présence de ces faits, on se demande s'il n'y a pas, entre l'apparition des gypses et les altérations de roches secondaires et surtout tertiaires, qui semblent être l'origine de l'Horizon de Suzette, une relation intime, et si la région disloquée des montagnes de Gigondas, ou d'une manière plus précise le bassin de Suzette, n'a pas été un des points d'émission des gypses qui, mêlés plus loin aux eaux et aux sédiments ordinaires, se sont déposés dans le lac Sextien?

Quant à l'altération de roches secondaires ou tertiaires au contact d'émissions hydrothermales, je rappellerai les phénomènes très analogues que j'ai été heureux de voir décrire par M. de Grossouvre pour le Jurassique, au voisinage des dépôts sidérolithiques (*Bull. Soc. Géol.*, 1881, pag. 277), et par M. Dollfus pour le Tertiaire (*Bull. Soc. Géol.*, 1878, pag. 279). Il y a dans ces descriptions, surtout dans celles de M. de Grossouvre, des détails qui paraissent pris sur le vif à Suzette.

Sc. Gras, dans sa *Description* de Vaucluse (pag. 69), rattache une partie de l'Horizon de Suzette au Lacustre et l'autre aux Marnes oxfordiennes modifiées par des actions internes.

M. Raspail, dans ses *Notes géologiques sur les montagnes de Gigondas*, voit dans ces cargneules (pag. 32) une roche épigénique qui aurait contribué aux dislocations de ces montagnes.

M. Lory (*Bull. Soc. Géol.*, 1875, pag. 21) rapporte au Tertiaire les gypses de Gigondas qui appartiennent à l'Horizon de Suzette, et que Sc. Gras avait signalés comme Jurassiques.

Enfin M. de Rouville, frappé de la couleur quelquefois intense et de la place stratigraphique de l'Horizon de Suzette, ne serait pas éloigné d'en faire du Garumnien, ou tout au moins de le rapporter à l'étage uzégien d'Ém. Dumas.

Cette dernière opinion était celle du savant géologue du Gard, qui avait visité les environs de Gigondas (*Stat.*, II, pag. 504, 527). Au fond, elle ne diffère pas de celle à laquelle je me suis arrêté dans ce travail, en tant du moins que l'Uzégien représente seulement la partie inférieure de la série lacustre paléothérienne, c'est-à-dire qu'on en distrait le calcaire à Lychnus de Baron. Du reste, ce n'est pas avec ce dernier qu'Ém. Dumas comparait la partie inférieure du Lacustre de Gigondas (Suzette), mais bien avec les marnes rouges et les grès à gypse qu'il place au-dessus de ces calcaires (*Stat.*, II, pag. 504).

Lacustre à gypse proprement dit.—Je comprends sous ce nom un ensemble de dépôts d'eau douce inférieurs à la Molasse marine, caractérisé par des Gypses et des ossements de *Palæotherium* et d'*Anoplotherium commune*. L'étage que ces dépôts constituent est l'équivalent du terrain à Gypse d'Aix, pour lequel M. de Rouville a proposé le nom de Sextien.

Les affleurements qu'il présente tout autour du Ventoux sont formés par des marnes argileuses ou calcaires, blanchâtres et ternes, ou diversement colorées, vertes, rouges, brunes, parfois noires avec des lignites ; par des calcaires compactes ou grumeleux, fréquemment siliceux (silex noir), blanchâtres ou blonds, ou foncés et fétides ; par des sables, des grès et des conglomérats de consistance variable, mais rarement très grande.

Ces éléments sont très diversement combinés, et, dans le détail, leur succession varie d'une coupe à l'autre ; les calcaires les mieux stratifiés peuvent passer à des conglomérats et ceux-ci s'éteindre dans des marnes. Les couches clysmiennes se retrouvent à tous les niveaux ; elles peuvent même envahir la plus grande partie de la formation et la représenter presqu'à elles seules, comme c'est le cas à Crillon. D'une manière générale, elles sont cependant plus abondantes et surtout plus constantes dans la partie inférieure, qu'elles servent, jusqu'à un certain point, à caractériser.

L'affleurement le plus important et le mieux caractérisé comme Sextien du terrain lacustre que je décris, s'étend au pied méridional du Ventoux ; on y constate, de haut en bas, la succession générale suivante :

Marnes et calcaires à Potamides, lignites.
Calcaires et marnes souvent verdâtres, gypses.
Marnes jaunes ou rouges avec grès grossiers, conglomérats et quelques calcaires.

Ces trois assises ne sont pas également développées.

La partie moyenne l'emporte de beaucoup et forme dans cette région une bande dont la teinte blanchâtre et l'aspect terne contrastent singulièrement avec les couleurs accentuées des sables sous-jacents. Les Gypses en forment le trait dominant; ils se rencontrent surtout dans les calcaires caverneux ou régulièrement stratifiés qui occupent la partie supérieure de cette assise et qui peuvent atteindre une grande épaisseur ; ils sont exploités sur plusieurs points ; la carrière principale est à Mormoiron, où les calcaires stratifiés paraissent atteindre leur plus grande puissance ; cette carrière a fourni des restes assez nombreux de Mammifères qui ont été dispersés de divers côtés sans profit apparent pour la science. L'*Anoplotherium commune* paraît être l'espèce la plus abondante. Le reste de cette assise moyenne est formé par une longue série de marnes blanchâtres ou verdâtres, argileuses ou calcaires.

L'assise supérieure ne se montre que vers les deux extrémités de cette bande lacustre, surtout à l'extrémité méridionale, où elle prend vers le sud, à partir de Blauvac, un très grand développement (Vénasque, Vaucluse). Le gisement de lignite exploité à Méthamis, qui est en dehors de mon cadre, appartient à cette assise, bien que Sc. Gras le considère comme formant la partie inférieure du Sextien.

L'assise inférieure n'est détritique que dans la partie nord du bassin. Le long du ruisseau des Terraillers on peut relever la coupe suivante, de haut en bas :

Argiles gris verdâtres de l'assise moyenne.
Argiles rouges.
Grès et conglomérats.

Argiles rougeâtres.
Grès sableux.
Argiles gréseuses.
Calcaires gréseux et grès calcarifères.
Argiles.
Sables. S.

Vers Notre-Dame des Vents, on retrouve le même système avec des calcaires gréseux un peu siliceux ; l'élément détritique se développe de plus en plus à l'ouest et envahit jusqu'aux marnes de l'assise moyenne elle-même. Au nord-est de Crillon, ce n'est plus qu'une puissante masse de conglomérats et d'argiles jaune orange, surmontée par des calcaires à Potamides, qui représente tout le Lacustre. Il y a là un immense cône de déjection dont le torrent a apporté ses alluvions dans le lac tertiaire pendant presque toute la durée de la période des Gypses à *Palæotherium*.

Vers le sud, on rencontre plus de difficultés pour préciser cette assise inférieure. L'élément détritique a disparu ; c'est l'élément calcaire, qui se trouvait mêlé aux grès, qui semble se développer exclusivement et former les calcaires qu'on suit de Vacquières à Jocas. Ces calcaires blancs, grumeleux, avec des centres de formation de silex jaunes translucides, ont un aspect plus ancien que les calcaires sextiens en général ; de plus, ils sont accompagnés de marnolithes jaunes et rouges, ferrugineuses et siliceuses, qui accroissent encore les doutes. Cependant, comme je n'ai pu découvrir de fossile qui permît de les dater et qu'à la base des calcaires se trouvent des gypses, j'ai dû provisoirement, et avec les réserves précédentes, les laisser dans la partie inférieure du Lacustre à gypse. Au delà de Mormoiron, ces calcaires disparaissent, et il ne reste plus, entre les sables et les marnes grises du Lacustre bien net, que quelques mètres d'argilolithes gréseuses fortement colorées.

La coupe suivante montre, de haut en bas, la composition de ce niveau à Jocas.

Marnes rouge brique.
Calcaire lacustre ci-dessus.

Calcaire avec gypse qui passe latéralement à des marnes calcaires verdâtres et grumeleuses.

Argiles violacées près des gypses, passant aussi latéralement à des marnes qui deviennent plus loin des marnolithes gréseuses jaunes dans lesquelles se développent des parties très dures silico-ferrugineuses, très singulières, non sans analogie avec certaines roches de Suzette.

Argile rouge et bariolée.

Lit irrégulier ou lentilles de morceaux de silex laiteux revêtus d'une patine ferrugineuse violacée.

Argile violacée un peu sableuse.

Sables siliceux. S.

Au sud-est des montagnes de Gigondas, on trouve un autre affleurement important de Lacustre ; il diffère assez du précédent pour qu'on pût hésiter à les réunir si la continuité n'était pas évidente, malgré l'interruption apportée par le soulèvement du Petit-Ventoux. Au nord de cette montagne, se trouve une bande étroite de Lacustre qui, par sa position comme par sa pétrographie, relie l'un à l'autre ces deux bassins. Elle se développe à l'ouest, et forme les couches lacustres qui entourent et recouvrent l'Horizon de Suzette.

La succession générale que l'on observe de haut en bas, dans la partie E. de ce bassin, est la suivante :

Calcaires durs, blonds, d'aspect presque secondaire, avec ou sans silex ; dans la partie nord du bassin, ils passent à des conglomérats qui représentent ici la partie la plus élevée du Lacustre.

Marnes grises, rouges ou foncées, avec bancs de grès et de calcaire, veines de lignites, et un ou deux bancs de calcaire noir fétide.

Marnes ternes et calcaires grumeleux ou en plaquettes; gypse.

Au nord du Barroux, la partie supérieure de ces calcaires passe à un conglomérat de 10^{m} d'épaisseur qui repose sur les Marnes oxfordiennes.

Sables et grès volontiers un peu rouges, plus développés au nord qu'au sud.

Marnes avec de nombreux lits de grès grossiers, de sables graveleux et de conglomérats, qui peuvent devenir des couches puissantes et solides.

C'est le niveau de Bonfils avec ses deux lits de cargneules tufacées jaunes.

Marnes ordinairement très colorées, jaunes, rouges ; gypses, marnolithes. Horizon de Suzette formé, comme j'ai essayé de le montrer plus haut, aux dépens de ce dernier niveau et même de celui qui le précède.

Plus à l'ouest, la différence s'accentue encore davantage, et les caractères pétrographiques deviennent tels qu'on peut se demander si on n'a pas affaire à un horizon lacustre très inférieur au Sextien; c'est l'impression de M. Matheron, qui indique ce gisement comme appartenant à son étage de Rognac (*Bull. Soc. Géol.*, 1876, pag. 418). Je n'ai pu trouver de fossile qui me permît de le détacher des gisements précédents, gisements par lesquels ce Lacustre, à caractères si exceptionnels, de Vacqueyras est relié de proche en proche au Lacustre bien Sextien de Mormoiron.

Aux environs des bains de Montmirail, on relève la coupe suivante, que je donne en détail pour montrer le caractère de la sédimentation dans cette partie du lac tertiaire.

Poudingue de la Molasse.
Sables gréseux verdâtres avec lits d'argile bariolée.
Argiles bariolées ou bleuâtres avec lits sableux.
Sables grossiers avec lits irréguliers de cailloux, argiles souvent brunes, un ou deux lits de nodules devenant plus loin des bancs calcaires.
Argile rouge brun avec lits gréseux et lits irréguliers de cailloux.
Marnes et lits de calcaires feuilletés ; ces marnes, comme les argiles qui précèdent, sont traversées dans tous les sens par des lamelles de gypse quelquefois très épaisses.
Calcaires plus durs, blonds, avec silex à la partie inférieure, formant un relief accentué d'environ 1 kilom. de longueur : c'est une grande lentille très allongée ; à l'est, elle se continue par quelques bancs calcaires, pour reprendre une certaine épaisseur vers Urban et disparaître de nouveau. C'est au milieu de ces calcaires que sourdent les eaux sulfureuses de Montmirail. Ils renferment quelquefois des bancs de grès et, à la partie supérieure, des gypses.
Argiles jaunes, verdâtres, rouges, avec cailloux de calcaires secondaires à peine roulés.
Argiles bariolées avec bancs de calcaires marneux à Helix, lamelles de gypse.
Sables gréseux souvent nettement stratifiés et argiles.
Conglomérats, grès, argiles, lits de calcaire.
Grès durs et sables rougeâtres formant un petit relief plus ou moins continu.
Alternances de grès, de conglomérats et d'argiles, où ces dernières dominent.
Grès durs et poudingue.
Calcaire gris, se délitant en morceaux cubiques. 3m.
Grès et argiles.
Calcaires caverneux.
Argiles et grès.

Banc de calcaire dur, grenu, sans continuité.
Grès durs et poudingues bréchiformes, bien stratifiés (voir coupe *fig*. 31).
Cargneules et gypse.

La succession générale donnée par cette coupe, dont les détails varieraient tous les cent mètres, est la suivante, de haut en bas :

Sables gréseux et argiles souvent brunes. 200ᵐ.
Calcaire dur avec silex et gypse sporadique. 5 à 50ᵐ.
Longue série d'alternances très irrégulières d'argiles grises, jaunes, rouges, de bancs de grès sableux durs, de conglomérats ou plutôt d'amas de cailloux plus ou moins roulés qui forment des lentilles dans les argiles ou dans les grès, et de rares bancs calcaires. 250 à 300ᵐ.
Grès durs et poudingues passant aux Cargneules. 50 à 100ᵐ.
Ces dépôts indiquent la grande proximité d'un rivage élevé.

Pour établir une équivalence un peu précise entre les couches des différents dépôts lacustres dont il vient d'être question, il faudrait pouvoir s'assurer que le relief calcaire de Montmirail, le calcaire à gypse de la partie est de ce même bassin et celui de Mormoiron sont équivalents, de même que les grès et argiles de Vacqueyras, les calcaires du Barroux et les calcaires à Potamides. On pourrait alors distinguer dans ce Lacustre les trois assises suivantes, qui semblent correspondre à L M N et O P Q du tableau[1] de M. Matheron :

Une assise inférieure (l.b.), où l'élément clysmien domine et dont une partie variable est absorbée par l'Horizon de Suzette (l.a.).
Une assise moyenne (l.c.), gypses à *Palæotherium*.
Une assise supérieure (l.d.), calcaires à Potamides, marnes gréseuses, lignites.

Dans le bassin des montagnes de Gigondas comparé à celui du Ventoux, l'assise inférieure serait très développée aux dépens de l'assise moyenne.

[1] *Recherches comp. sur les dépôts fluvio-lacustres.*

Ces équivalences me paraissent très probables. Entre Bonfils et Cleyrier, par exemple, au sud-ouest de Malaucène, il semble qu'on saisisse le passage du faciès marneux blanc et terne au faciès détritique et coloré. L'Horizon de Suzette lui-même, qui modifie si profondément les couches et interrompt leur continuité, vient aussi, de son côté et dans une certaine mesure, confirmer cette équivalence par son indifférente dépendance de la partie inférieure des deux systèmes. Quoi qu'il en soit de ces indices et de plusieurs autres, ces équivalences ne seront définitivement établies que si la paléontologie vient les confirmer.

Au nord du Ventoux, on trouve encore une suite de lambeaux disloqués de Lacustre qui se terminent à l'est par le petit bassin lacustre de Montbrun, connu par ses sources minérales.

Enfin, sur le plateau de Sault, la dépression de la Nesque est remplie par des couches lacustres portées à 650 et 800^{m} d'altitude ; elles appartiennent, comme du reste la plupart des précédentes, aux couches moyennes et surtout aux couches supérieures de ce terrain. On y rencontre des calcaires fossilifères avec des Poissons, des empreintes végétales, des Cyclas, Cyrènes, Potamides, etc. Sc. Gras cite le *Cerithium Lauræ*.

Tous ces dépôts lacustres ne m'ont livré que des fossiles trop rares ou trop mal conservés pour être ici l'objet d'une étude spéciale. Ce sont des Lymnées, des Bythinies, des Planorbes, des Helix et des ossements de Mammifères, dans les couches inférieures et moyennes ; des Cyclas, Cyrènes, Potamides, Cypris, empreintes de Poissons, débris de Mammifères, empreintes végétales, grains de Chara, bois silicifiés, dans les couches supérieures.

Les Gypses à *Palæotherium* et *Anoplotherium* pour la partie moyenne, le *Cerithium Lauræ* pour la partie supérieure, suffisent à dater ces dépôts[1], dont la continuité avec la Molasse d'eau douce de M. Lory dans le Dauphiné et le Sextien d'Apt et de Provence est évidente.

[1] Avec les réserves précédemment indiquées au sujet de l'âge des calcaires inférieurs de Jocas et de quelques parties de l'horizon de Suzette qui pourraient leur correspondre.

Molasse.

Ce terrain, qui représente dans toute la vallée du Rhône, du Plateau suisse à la mer, le Miocène moyen (Helvétien) et le Miocène supérieur (*pars*) (Tortonien), consiste essentiellement en conglomérats, en calcaires coquilliers, en grès calcaires fins ou grossiers, en sables et en marnes, combinés de toutes les manières possibles.

Il forme la limite de toute la partie ouest de mon champ d'exploration, et n'y pénètre, à part quelques lambeaux isolés, que dans le bassin de Malaucène.

Il me suffira de donner une idée de la composition et des allures des dépôts molassiques autour du Ventoux. Je ne puis que renvoyer ensuite aux travaux que M. Fontannes poursuit avec tant de persévérance dans la vallée du Rhône, particulièrement dans le Comtat, où il vient de visiter la région molassique dont le massif du Ventoux forme un des bords.

Au S. et à l'O. de Malaucène et au S. du Crestet, la Molasse, fortement relevée, présente une série d'arêtes très caractéristiques qui permettent d'établir facilement la succession suivante des couches, de bas en haut :

1. Conglomérat très caractérisé par les silex noirs à patine vert foncé qu'il renferme, réduit souvent à quelques cailloux à la base de la couche suivante.
2. Calcaires ou grès calcaires, plus ou moins coquilliers, durs, formant une première arête dont l'épaisseur varie de 10^m à 40^m.
3. Marnes et grès sableux, avec des couches analogues à 2, mais sans consistance, de 20 à 60^m d'épaisseur.

   Les variations d'épaisseur de 2 et de 3 proviennent de ce que leurs couches se substituent les unes aux autres. Là où 2 est très épais, 3 l'est moins, et *vice versâ*.
4. Calcaire dur assez semblable à 2, mais à grain ordinairement plus fin, formant une deuxième arête. 30^m d'épaisseur environ. *Echinolampas*, *Scutella*.
5. Sables marneux gris, ou marnes calcaires arénacées, grises ou bleues, de consistance variable. A l'ouest de Malaucène, elles présentent cette particularité de se déliter souvent en boules d'un assez gros volume. $60\text{-}100^m$. Moules de bivalves.
6. Grès sableux consistants, et calcaires, formant une troisième arête. $10\text{-}20^m$.

7. Marnes bleues, marnes arénacées, sables plus ou moins durs (safre). 20-60^{m}.
8. Grès et grès calcaires à texture souvent grossière. On rencontre à ce niveau des lits de conglomérat à petits éléments, qui renferment quelquefois des silex verts, dents de squale abondantes, débris roulés d'Ostrea, *Ostrea crassissima* ?, formant ordinairement une quatrième arête; mais toujours dans la plaine et le plus souvent couronnant un talus formé par les marnes et les sables précédents.
9. Sables plus ou moins cohérents (safre) et marnes jaunes ou bleues, avec noyaux de craie farineuse ; n'est que très localement et partiellement représenté dans l'intérieur de la région.

Les numéros 1 à 6, réunis par leurs allures stratigraphiques, forment un ensemble M[1] qui se divise assez naturellement en deux parties : l'une M[1] a, de 1 à 4, correspond à la Molasse à *Pecten præscabriusculus* ; l'autre, M[1] b, de 5 à 6, reste mal caractérisée par ses rares fossiles, ordinairement à l'état de moules peu déterminables.

Je désignerai par M[2] indistinctement toutes les couches supérieures aux précédentes, 7 et au-dessus, et dont l'étude détaillée doit être faite ailleurs que dans une région accidentée, où elles ne sont du reste représentées qu'en partie.

Les couches de la Molasse qui constituent les deux groupes précédents sont ordinairement en parfaite continuité de stratification ; toutefois elles peuvent présenter localement des discordances non moins évidentes, qui, sans établir une ligne de démarcation précise entre ces deux groupes, les distinguent cependant comme ensembles stratigraphiques. Ainsi que l'ont fait remarquer Sc. Gras, M. Lory, et d'autres géologues, M[1] seul, fortement relevé, joue un certain rôle orographique, à l'exclusion presque complète de M[2], qui reste volontiers dans les plaines et ne s'élève jamais à une grande hauteur. Dans la seconde partie de ce travail, je reviendrai sur ces discordances, que je me contente d'indiquer ici.

Les arêtes successives qui donnent à la Molasse de Malaucène son aspect caractéristique ne se retrouvent pas partout.

Déjà, vers le Crestet, on peut observer la disparition des deux et peut-être des trois arêtes inférieures ; elles vont se confondre en une seule masse calcaire qui forme la Molasse de Vaison.

A Beaumes, M[1] donne la coupe suivante :

1. Conglomérat. 20m.
2. Marne sableuse. 10m.
3. Calcaire coquillier dur. 15m. La surface du banc supérieur est couverte de *Pecten* et d'*Echinolampas*.
4. Calcaire coquillier en couches épaisses, dont la partie inférieure est moins dure. 15 à 20m.
5. Sables gréseux plus ou moins durs, marnes calcaires, couches très broyées, grande épaisseur, supportant au pied de la montagne le calcaire coquillier de la quatrième arête M^2.

A Vacqueyras, et en général quand on s'éloigne des massifs montagneux, les différences pétrographiques tendent à s'atténuer au-dessus des conglomérat de la base et à se confondre dans une série de marnes arénacées, plus ou moins calcaires et coquillières, dont les parties plus dures ne dessinent plus que des reliefs insignifiants.

On peut voir la transition au défilé des Crottes, dont M. E. Raspail, et Sc. Gras après lui, ont donné la coupe [1].

Le phénomène de discontinuité relative que présentent les bancs de calcaires coquilliers n'a rien d'anormal si on tient compte de leur mode de formation probable. Nonobstant une texture plus grossière, ils ont une grande analogie avec les calcaires à débris de l'Urgonien, et, comme eux, ils sont stratifiés obliquement dans le détail, tandis que l'ensemble forme comme de grandes lentilles plus ou moins juxtaposées au milieu de dépôts marneux, sableux ou calcaires. Ces allures, qui, pour l'Urgonien, dépendent de hauts fonds coralligènes, sont, pour la Molasse, sous la dépendance de la proximité des rivages. Les arêtes caractéristiques de la Molasse inférieure ne se rencontrent, en effet, que dans le voisinage des massifs montagneux secondaires ; dès qu'on s'en éloigne, ils s'atténuent et disparaissent dans l'égalisation pétrographique que j'ai signalée à Vacqueyras.

[1] Cette coupe, bonne pour la partie inférieure, à la réserve de faire commencer la Molasse au conglomérat et non aux sables et aux argiles encore lacustres, ne l'est peut-être plus autant pour la partie moyenne. Il y a dans les marnes bleues, qui en ce point représentent toutes les couches comprises entre la deuxième et la quatrième arête de Malaucène, une surface de marne ondulée, durcie, à patine verte et jaune, avec balanes et bryozoaires adhérents, qui semble indiquer des conditions de dépôt anormales.

Ce phénomène s'observe partout où la Molasse inférieure affleure à une distance suffisante de ces massifs, par exemple à Saint-Pierre de Vassols et au-delà vers le sud, ou même, quoiqu'à un moindre degré, vers Vaison au nord.

La Molasse repose transgressivement sur tous les terrains précédents. Sa discordance avec le Sextien n'est pas toujours très frappante, étant souvent masquée par une certaine concordance générale d'allures et de bassins. J'ai déjà fait remarquer cependant qu'au pied du Ventoux l'assise supérieure du Sextien ne se retrouve qu'aux deux extrémités de l'affleurement recouvert d'un bout à l'autre par la Molasse. A l'ouest de Malaucène, cette discordance est encore plus accentuée, car la Molasse relevée en fond de bateau recouvre une voûte sextienne très surbaissée et arasée.

On rencontre dans la Molasse marine des intercalations de couches lacustres M^1.

Il en existe un lambeau à l'est de Sablet ; à la ferme Guillot, on suit le long du chemin des couches très redressées, formées d'argiles grises, rouges, vertes, de bancs de conglomérats, de grès et de calcaires avec petits Gastéropodes et Lamellibranches à test blanchâtre ; les conglomérats sont par place composés de cailloux perforés renfermant encore les coquilles perforantes (saxicaves) et des débris d'Ostrea ? Au-dessus du chemin, dans une carrière de gravier, on trouve des valves d'Ostrea et des blocs perforés avec coquilles, qui semblent à première vue représenter le rivage des sables de M^2 dont les couches subhorizontales viennent s'appuyer sur la colline. Stratigraphiquement, ce dépôt lacustre semble donc appartenir à M^1, avec les couches verticales duquel il paraît à peu près en concordance ; mais je n'avance le fait que sous toutes réserves : les relations sont obscures, comme du reste toute la stratigraphie de cette butte, dont le noyau est un pointement de calcaires de Vaison et de Grès verts.

La réserve est encore plus nécessaire pour ce qui concerne un autre lambeau de couches lacustres perdues au milieu de l'Horizon de Suzette. Il consiste en conglomérats avec morceaux de cargneules roulés, grès graveleux, argiles rouges, calcaires tufacés avec petits Gastéropodes.

M. Fontannes, qui a bien voulu examiner ces petits fossiles, a cru y reconnaître le *Planorbis submarginatus*, Crist. et Jau. et la *Bythinia tentaculata*, Mont., qui se retrouvent l'un et l'autre dans les marnes d'Hauterive, mais se continuent jusqu'à l'époque actuelle.

A défaut de relations stratigraphiques et de données paléontologiques plus précises, l'aspect de ce dépôt et la forte inclinaison de ses couches m'engagent à le rapporter provisoirement aux couches de Guillot.

Je n'ai recueilli que peu de fossiles dans la Molasse ; ils sont abondants dans certaines couches de calcaire coquillier, mais en général difficiles à extraire en bon état ; dans les sables et les marnes, on en rencontre rarement et ils sont presque toujours à l'état de moules.

TROISIÈME SECTION.

La troisième section comprend les alluvions de diverses époques qu'on rencontre dans la région. Ces alluvions ne jouent pas un rôle bien considérable dans la contrée montagneuse, le plus souvent ravinée et dénudée, que je décris ; ce serait plutôt, d'une manière générale, à sa limite ou au dehors qu'il faudrait aller chercher les grandes alluvions. Il existe cependant, çà et là, quelques dépôts que je ne puis passer sous silence. Je les diviserai en alluvions anciennes et en alluvions récentes.

ALLUVIONS ANCIENNES.

Je désigne par alluvions anciennes tous les dépôts non compris dans les terrains précédents et qui ne sont plus en rapports directs avec les cours d'eaux actuels. Évidemment, la plupart appartiennent à la période dite quaternaire ; mais comme il se pourrait que quelques-uns fussent antérieurs à cette période, je préfère le terme plus compréhensif d'alluvions anciennes à celui d'alluvions quaternaires.

Les plus importants de ces dépôts sont ceux qu'on rencontre sur la rive gauche de l'Ouvèze. Au sud de Vaison, par exemple, entre 100 et 150^{m}

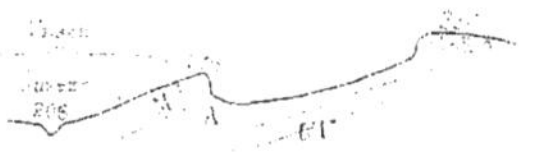

Fig. 33.— Coupe de Vaison à l'ouest de Chante-Duc.

au-dessus du niveau de l'Ouvèze (*fig.* 33 et coupe 7, pl. IV), se trouve une grande épaisseur de gros cailloux roulés, quelquefois très volumineux, souvent cimentés en un conglomérat résistant, et composés de toutes les roches de la région. Ils sont mêlés de blocs de Molasse et de silex Crétacés qui paraissent avoir été arrachés presque sur place aux couches que les courants ont détruites. A l'issue de la large cluse de l'Ouvèze, à l'ouest de Vaison, on retrouve des dépôts analogues sur les deux rives, mais dans des conditions stratigraphiques moins nettes.

A l'est, au contraire, entre Vaison et Entrechaux, ces conglomérats recouvrent, sur une épaisseur de 20 à 40^{m}, deux collines molassiques (*fig.* 34 et coupe 6, pl. IV) dont les couches plongent l'une vers

Fig. 34.— Coupe de la colline située entre le Crestet et Entrechaux.

l'autre. Cette disposition synclinale, bien qu'avec une inclinaison moindre, se retrouve dans les conglomérats ; il est difficile de dire si elle est due simplement au mode de dépôt ou si elle révèle quelque mouvement subi après coup par ces conglomérats.

Au nord et surtout à l'est d'Entrechaux, on rencontre des dépôts analogues aux précédents, mais qui paraissent dépendre plus directement du Ventoux par leur disposition et leur composition. Aux Maillets, ils dépassent l'altitude de 500^m, alors que l'Ouvèze coule à 240^m environ (coupe 3, pl. II).

Au N.-N.-O. de Bédoin, à Grange-Neuve, se trouve deux lambeaux très intéressants d'alluvions anciennes, constituées par des dépôts irréguliers de cailloux et de graviers formés uniquement des roches du Ventoux et mêlés à de la terre rouge analogue à celle qui recouvre ordinairement les plateaux calcaires. A la partie supérieure seulement, ces dépôts sont cimentés et forment des couches solides très faiblement inclinées. Ils sont antérieurs au creusement des combes qui sillonnent le Ventoux et à la formation du relief actuel des environs de Bédoin (coupe 3, pl. I), et semblent être les témoins des dépôts que les eaux pluviales ou torrentielles formaient au pied de la montagne, alors comme aujourd'hui. Cette continuité de phénomènes peut s'observer au nord de Sainte-Colombe, sur un cône de déjection qui est encore en voie de formation, bien que son origine soit certainement quaternaire.

La plupart des autres dépôts torrentiels anciens qu'on trouve au pied du Ventoux paraissent quelque peu postérieurs à ceux de Grange-Neuve. Le plus considérable est celui qui s'étend sur une très grande surface à l'ouest de Flassan. Il est antérieur à la vallée de Flassan, qui le recoupe (coupe 5, pl. I), et paraît être le cône de déjection du torrent qui a commencé le creusement de la combe de Canaud, la plus importante du Ventoux, et dont la vallée de Flassan n'est que la continuation actuelle après un changement probable de direction.

Les dépôts de pente proprement dits sont difficiles à dater ; on en trouve cependant quelques-uns sur le Ventoux qui sont antérieurs aux combes ou aux torrents actuels. Le plus important est celui qu'on observe sur le revers nord en face de Brantes ; il consiste en un dépôt épais de débris calcaires peu ou point roulés, formant à la partie supérieure un conglomérat solide d'une vingtaine de mètres d'épaisseur. Ce dépôt recouvre une sorte d'éperon ou de contrefort formé par les couches néocomiennes prolongées de l'abrupt du Ventoux qu'il a protégées contre les érosions. Il constitue évidemment un témoin de l'ancienne pente de la montagne, bien différente comme position et comme inclinaison de ce qu'elle est aujourd'hui. Le pied de la montagne a reculé plus au sud, et le torrent des Granges, qui a emporté les matériaux, coule à plus de 200^m en contre-bas de ces alluvions anciennes (*fig*. 35). On voit une partie de ce dépôt obliquement coupé dans la coupe 17, pl. II.

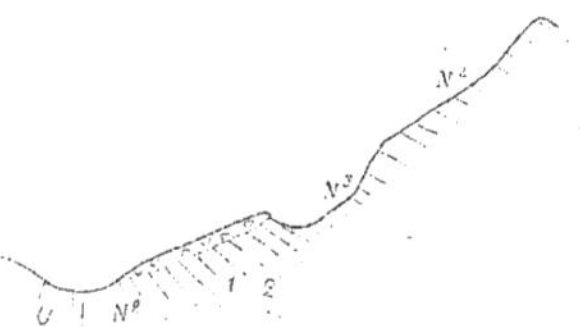

Fig. 35.— Coupe des dépôts de pentes anciens du Ventoux au sud-ouest de Brantes. 1. Pente des éboulis actuels à l'ouest. 2. Lit du torrent à l'est.

On pourrait encore rapporter à l'époque des alluvions anciennes une certaine partie des dépôts tufacés qu'on rencontre au sud de Lafare, par exemple le lambeau qui se trouve sur la rive gauche, à l'entrée de la vallée, près des Salettes, et qui n'a plus aucun rapport avec les eaux actuelles ; et d'autres qui paraissent remonter à l'époque où le torrent ne s'était pas ouvert, au sud, une brèche aussi large dans la Molasse redressée qui ferme la vallée. Cependant la plupart de ces dépôts tufacés appartiennent plutôt aux alluvions récentes. Au sud de Lafare, ils continuent à se former sous l'action des eaux d'une source située à une certaine hauteur dans le massif jurassique de Laroque.

ALLUVIONS RÉCENTES.

Je comprends dans les alluvions récentes tous les dépôts qui sont encore en rapports directs avec les cours d'eaux qui leur ont donné naissance.

Même avec cette extension, qui permet d'y comprendre, par exemple, la dernière terrasse de l'Ouvèze, qui forme aujourd'hui la limite ordinaire des inondations, les alluvions récentes sont peu importantes. Les plus considérables sont celles qui remplissent le fond de la vallée de l'Ouvèze, et auxquelles viennent se réunir celles du Toulourenc à son embouchure. Dans la vallée du Toulourenc proprement dite, les alluvions de la rivière ne prennent une certaine importance qu'à Saint-Léger, à Savoillans et surtout à Montbrun.

Dans la vallée de Sault, on rencontre une assez grande épaisseur d'alluvions, soit caillouteuses, soit marécageuses ; les premières sont dues surtout au torrent de la Croc.

Au pied méridional du mont Ventoux, les alluvions récentes sont constituées par les graviers, les cailloux et parfois les blocs[1] entraînés au bas de la montagne par les torrents temporaires qui se forment dans les combes avec les grosses pluies. Au nord de Bédoin, par exemple, ces dépôts couvrent d'un manteau assez épais de cailloux une surface très considérable.

Du reste, la classification de ces alluvions torrentielles n'est pas toujours facile, et bien probablement il en est qui représentent les dépôts de plus d'une époque.

Il faut encore signaler comme alluvions récentes quelques formations de tufs : les tufs terreux de Lafare, dont il a déjà été question et qui peuvent atteindre une dizaine de mètres d'épaisseur, et les tufs calcaires qui se déposent au fond de la vallée qui coule à l'ouest du Crestet. On rencontre encore sur quelques points des eaux incrustantes, mais elles n'ont donné lieu qu'à des dépôts insignifiants.

[1] Je ne serais pas étonné que, dans un assez grand nombre de cas, la présence de ces blocs, dont les dimensions surprennent, ne pût être expliquée en considérant ces blocs comme étant ceux des alluvions anciennes amenées jusque dans le lit actuel du torrent par une série de petits éboulements successifs dus à l'érosion du sol qui les portait, soit pendant l'élargissement, soit pendant le creusement même de la vallée. Un phénomène analogue peut faire progresser de très gros blocs dans les combes remplies de graviers ; si ces blocs paraissent roulés, c'est simplement parce qu'ils ont été successivement usés sur toutes leurs faces par le frottement des graviers que les eaux entraînent autour d'eux.

On peut enfin rattacher aux alluvions récentes, bien que le terme d'alluvions leur convienne peu, les dépôts de surface ou de pente qui doivent leur origine aux actions atmosphériques et qui jouent un assez grand rôle dans la physionomie du Ventoux. J'ai eu déjà l'occasion de parler du manteau de débris qui couvre toute la partie supérieure de cette montagne ; ces débris, parmi lesquels dominent les parties siliceuses du Néocomien supérieur, s'accumulent sur place par la lente désagrégation des roches superficielles.

Enfin des éboulis couvrent, souvent sur une grande épaisseur, des étendues très considérables. Sur le revers nord du Ventoux, en particulier, ils forment, à côté de grands talus, de longues coulées ou de vrais cônes de déjection à l'issue des couloirs par lesquels les pluies, ou quelquefois leur propre poids, les précipitent de la région supérieure, entièrement formée d'éboulis, jusqu'au bas de la montagne.

DEUXIÈME PARTIE

STRATIGRAPHIE DYNAMIQUE.

J'ai décrit les unités géologiques qu'on rencontre dans la région du mont Ventoux ; il importe d'examiner maintenant de quelle manière elles y ont été mises en œuvre, c'est-à-dire leur distribution, leurs allures, leurs rapports.

La surface que j'ai étudiée se divise très naturellement, on se le rappelle, en deux parties inégales. A l'est, le Ventoux et ses dépendances, c'est de beaucoup la plus grande ; à l'ouest, un petit massif montagneux, relativement isolé et, à première vue même, tout à fait à part ; on verra plus loin ses rapports avec le précédent. Si on tient compte, en outre, des allures stratigraphiques des terrains qui les composent, ces deux grandes divisions naturelles peuvent être elles-mêmes subdivisées chacune en deux régions géologiques. A l'est, en effet, le versant méridional du Ventoux, aux allures calmes et simples, se distingue du versant nord, aux terrains mouvementés et coupés par de grandes failles ; et dans la petite région montagneuse de l'ouest, le relief accidenté de Gigondas constitue un ensemble distinct du massif surbaissé de Vaison. A ces divergences stratigraphiques s'ajoutent des différences dans la distribution des terrains et surtout dans celle de leur faciès.

On est ainsi amené à distinguer quatre régions stratigraphiques, que je vais, pour plus de clarté, étudier successivement, en examinant pour chacune d'elles, d'abord la distribution des terrains qui la composent, puis les relations et les allures stratigraphiques de ces terrains ; après quoi j'essayerai de résumer les données que cette étude aura fournies, dans une vue d'ensemble sur la stratigraphie de la région du mont Ventoux tout entière.

CHAPITRE PREMIER.

Première région.

La première région, aussi étendue à elle seule que les trois autres ensemble, comprend tout ce qui est au sud de l'arête du Ventoux.

Elle se divise en deux parties très inégales :

La première A, de beaucoup la plus grande, est formée par le demi-cercle de montagnes compris entre Caromb et Méthamis, en passant par la chapelle Saint-Baudille, le Signal-Est du Ventoux et Monnieux. Elle comprend le versant méridional et occidental du Ventoux, et les collines qui s'étendent au pied de ces versants.

La deuxième B, située à l'est de la première, et séparée d'elle par l'accident stratigraphique qui va du Signal-Est à Monnieux, comprend le Ventouret et la vallée de Sault.

A.—I. Cette partie de la première région est caractérisée par la superposition régulière des terrains qui, de la Molasse, recouverte par les alluvions de la plaine, au Néocomien, qui affleure sur la crête du Ventoux, s'imbriquent comme de grandes écailles demi-circulaires et concentriques dans l'angle formé par la rencontre du Ventoux et des monts de Vaucluse.

Le Néocomien occupe tout l'angle N.-E. Il est représenté par les couches supérieures N^4 qui traversent l'arête du Ventoux vers son point culminant, pour aller de là au S.-E. Sur l'arête même, on rencontre des couches de plus en plus récentes jusqu'au Signal-Est, qui est formé par les calcaires à silex (N^4 *B*), base de la partie supérieure de N^4. De ce point, les couches de cette assise s'imbriquent vers le S.-O. ; leur plongement, d'abord assez accentué, diminue vers le S.-E., où elles s'étalent sur la pente, relativement douce, du plateau qui domine, à l'ouest, la vallée de Sault.

Au sud-ouest, le Néocomien disparaît sous l'Urgonien. La limite de ces terrains suit une ligne rendue très sinueuse par les combes profondes qui ravinent le flanc de la montagne, mais dirigée assez exactement du N.-O. au S.-E., du point culminant du Ventoux à Monnieux. J'ai déjà signalé les difficultés que présentait son tracé : manteau épais et uniforme de débris, faible inclinaison des couches relativement à la pente du sol, distinctions pétrographiques incertaines, couches à faciès de U^1 apparaissant çà et là dans N^4 supérieur (environs du Rat, talus du plateau vers Verdoliers, etc.). Aussi bien y a-t-il encore quelques affleurements de N^4 au delà de la limite urgo-néocomienne, dans les dépressions du plateau des Abeilles, dans celle de Garrigas, par exemple, — mal indiquée sur l'État-Major — ; l'incertitude des limites oblige à les laisser de côté. Il en est de même dans les profonds ravinements qui descendent de ce plateau dans la gorge de la Nesque (coupe 6, pl. I).

En dehors de l'angle N.-E. occupé par le Néocomien, tout le versant méridional du Ventoux est formé par l'Urgonien à Orbitolines. Ce faciès de l'Urgonien offrant ici son gisement principal, les variations qu'il présente se trouvent avoir été déjà décrites. Il en est de même de la formation des bancs de polypiers de U^1 et de l'accroissement d'épaisseur de cette dernière assise, accroissement qui ferait supposer que le Ventoux forme l'extrémité d'un grand bassin urgonien plus développé vers le sud.

A l'ouest, les couches urgoniennes rocheuses et dénudées plongent assez fortement vers le sud ; leur imbrication est rendue très apparente par les ressauts que forment des parties plus solides, comme la couche à *Ostrea*, la base de U^3 et surtout celle de U^2. Vers l'E., l'inclinaison et la direction des couches se modifient. A Villes, l'Urgonien, moins résistant et plus boisé, se relève beaucoup moins fortement, vers l'E. ou l'E.-N.-E., pour arriver avec une faible inclinaison sur le plateau des Abeilles [1].

[1] La plupart des terres cultivées des Abeilles se trouvent dans les calcaires immédiatement inférieurs à la couche *C*. Ces calcaires, très poreux, se laissent facilement pénétrer et corroder par les eaux ; le résidu de cette corrosion est une terre argilo-siliceuse rouge qui accompagne invariablement ces calcaires. A la Lauze, où il existe dans U^3 des calcaires de texture analogue, on retrouve les mêmes phénomènes et un îlot correspondant de terres cultivées.

Si ailleurs, dans certains cas, les terres rouges qui couvrent les plateaux calcaires peuvent

Cette faible inclinaison, jointe aux ravinements et à de nombreuses cassures, multiplie sur ce plateau les affleurements de la couche *C* et permet de s'assurer facilement qu'elle est toujours inférieure aux calcaires à Requienia (coupes 4, 5, 6, pl. I).

Dans le demi-cercle formé par le pied de la montagne, l'Aptien, le Grès vert et les Sables S dessinent trois bandes concentriques inégales. Le Lacustre forme une quatrième bande plus rectiligne qui limite et enserre en quelque sorte les précédentes en se rattachant à l'Urgonien par ses deux extrémités. Enfin, la Molasse constitue partiellement une cinquième bande.

Les reliefs que forment les parties résistantes du Grès vert et les calcaires du Lacustre moyen couronnés par la Molasse inférieure, ainsi que la coloration si vive des sables C' et S, encore rehaussée par la couleur terne du Lacustre, rendent très apparente et même frappante la disposition de ces divers terrains en bandes concentriques au pied du Ventoux.

A l'ouest, on remarque le cône de déjection Lacustre déjà mentionné, et qui s'étend transgressivement sur l'Urgonien et les Sables S. Sa base a 4 kilomètres au moins de longueur ; son sommet s'élève assez haut sur l'extrémité du Petit-Ventoux, où il est surmonté par un lambeau de Molasse M', témoin de l'extension de ce terrain. Son bord ouest repose normalement sur l'Urgonien ; à Bernard, on voit une faille affecter à la fois l'Urgonien et le conglomérat qui le recouvre, et le faire buter contre le Néocomien. Son bord E. est fortement raviné et en partie détruit ; on peut cependant, dans une certaine mesure, le reconstituer en suivant le conglomérat par la butte 414 jusque vers Bédoin, et peut-être au delà jusque dans les calcaires gréseux et les marnes rouges que j'ai signalés à la base du Lacutre. Il est recouvert par les marnes lacustres qui vont en

avoir une autre origine, geysérienne par exemple, ici le fait de leur formation locale me paraît incontestable. J'ai cru utile de le rappeler, contre toute explication exclusive de l'origine de ces terres rouges.

J'exprimerai, à ce propos, la satisfaction avec laquelle j'ai vu M. Van den Broeck remettre en lumière le rôle des actions atmosphériques dans les dépôts superficiels ; ce rôle m'avait toujours paru incontestable dans la formation du diluvium rouge de la plaine du Comtat.

s'atténuant à mesure que l'épaisseur des dépôts torrentiels augmente. Celle-ci paraît, dans la partie centrale, atteindre plusieurs centaines de mètres. Près du sommet, le long de la route, on peut observer que les couches déjà déposées ont été fortement ravinées par les courants qui apportaient de nouveaux dépôts ; il faut en conclure que cette partie du cône était alors émergée.

Je rappelle enfin les dépôts torrentiels de diverses époques qui se rencontrent au pied de la montagne ou jusqu'à une certaine hauteur sur ses flancs, et sur lesquels je n'ai pas à revenir ici.

II. La coupe 4, pl. I, prise vers le milieu du demi-cercle occupé par les terrains précédents, et les coupes 3, 5, 6, et *fig.* 36, pl. I, prises vers les extrémités de ce même demi-cercle, montrent la grande simplicité stratigraphique de cette région. De la Molasse au Néocomien, les terrains s'imbriquent naturellement les uns sur les autres avec des inclinaisons en apparence concordantes. Entre les terrains secondaires et les terrains tertiaires situés au pied de la montagne, on remarque cependant une certaine discordance. Les premiers suivent assez régulièrement le mouvement de la grande surface urgonienne des flancs du Ventoux, tandis que les seconds, comme je l'ai déjà dit plus haut, tendent à former la corde du demi-cercle occupé par les premiers, qu'ils recouvrent transgressivement.

On peut ainsi distinguer comme trois groupes stratigraphiques. Le premier comprend le Néocomien et l'Urgonien, le deuxième l'Aptien et le Grès vert, le troisième les Sables, le Lacustre et la Molasse.

Le premier constitue le flanc méridional tout entier du Ventoux ; à part le plateau des Abeilles, qui se rattache plutôt à celui de Sault, ce versant forme la grande surface courbe de l'Urgonien sur laquelle s'appuient les terrains plus récents. Cette surface, qui donne à la région sa physionomie stratigraphique, peut être considérée comme un grand fond de bateau tronqué, résultat, semble-t-il, de la combinaison des deux plis anticlinaux du Petit-Ventoux et des monts de Vaucluse en un grand pli anticlinal très complexe; celui-ci comprendrait tout le massif formé par le Ventoux, les monts de Vaucluse et le plateau élevé qui les réunit, en faisant des seconds comme une ondulation du premier. Inversement, cette surface peut être considérée comme le bord d'un de ces affaissements plus ou moins elliptiques, aux colossales proportions, dont nous trouvons une réduction dans la dépression de Veaux, sur le revers nord du Ventoux. Les bords ouest de ce grand affaissement auraient disparu dans la profondeur sous les terrains plus récents.

L'Aptien et le Grès vert forment un deuxième groupe qui suit assez régulièrement les allures générales du premier. On se souvient cependant (Ire Partie, chap. II) que l'Aptien repose sur l'Urgonien en discordance croissante du sud au nord-ouest ; il est complet au sud et participe à tous les accidents de la surface urgonienne, qu'il recouvre. Au nord-ouest, ces terrains butent par faille contre l'Urgonien relevé de l'extrémité du Petit-Ventoux. Vers le sud, après avoir subi une ablation très considérable, surtout pour le Grès vert, ils disparaissent sous le troisième groupe, qui, de Mormoiron à Méthamis, recouvre leurs couches de plus en plus anciennes.

Le troisième groupe est plus complexe que les deux premiers, en ce sens que les trois terrains qui le composent suivent une marche assez indépendante les uns des autres. Vu son extension plus grande et ses relations bien nettes, le Lacustre en forme le type.

La bande formée par les Sables S est dans une certaine mesure intermédiaire, par ses allures, entre le deuxième et le troisième groupe. Au nord-ouest, elle paraît buter par faille contre l'Urgonien, comme le Grès vert ; toutefois le fait n'est pas absolument certain. Au sud, elle s'atténue et disparaît sous le Lacustre à peu près en même temps que le Grès vert, dont elle recouvrait pourtant transgressivement, depuis Mormoiron, les couches de plus en plus réduites.

La bande formée par le Lacustre constitue, ai-je dit, le centre de ce troisième groupe. Ses allures sont très nettes. Dans la partie centrale, elle recouvre les bandes précédentes suivant un arc de cercle à peu près parallèle ; mais, aux deux extrémités, ce parallélisme cesse, et, prise dans son ensemble, elle tend plutôt à former une corde. Au N.-O, elle repose transgressivement sur l'Urgonien, sur la faille qui relève ce dernier et sur les Sables. Au sud, comme je l'ai déjà dit, elle recouvre de même les Sables, le Grès vert et l'Aptien, pour aller s'appuyer, par ses parties supérieures, sur l'Urgonien de Méthamis.

Le relief formé par le Lacustre ferme le demi-cercle ; il est, dans sa partie centrale, couronné par la Molasse, qui s'étend dans la plaine.

Cette partie de la première région présente peu d'accidents stratigraphiques de quelque importance. Le plus accentué est une faille qui, vers le milieu du Ventoux (Est des Jas de Serres et de Remelin ; ε^1, coupes 4 et 5, pl. I), abaisse d'une cinquantaine de mètres les couches inférieures de U^2, et forme ainsi un ressaut très sensible sur la pente de la montagne. C'est elle qui dans les deux combes de la Canaud et de Ripert amène une récurrence très intéressante de la couche *C* (coupes 4, 5, pl. I), comprise ici entre les deux bancs de polypiers de U^2 et de U^1. Arrivée à la hauteur de la Gabelle, cette faille se perd dans des accidents secondaires (coupe 6, pl. I), pour reprendre plus loin et se continuer, mais d'une manière plus complexe, dans la gorge de la Nesque.

On rencontre encore, sur le flanc du Ventoux, un très grand nombre de petites failles dont les plus apparentes ont été indiquées sur la carte. Celles de la partie centrale et supérieure, qui n'amènent que des dénivellations sans importance — celle qui donne naissance à la source d'Angel n'a pas dix mètres (η, coupe 5, pl. I), — n'en ont pas moins un certain intérêt théorique. Elles sont en effet toutes plus ou moins parallèles, orientées environ nord magnétique et avec leur lèvre N.-E. abaissée ; elles représentent ainsi comme les joints d'une série de voussoirs abaissés les uns sur les autres dans le sens du soulèvement général, et sont le résultat du mouvement qui a courbé cette grande surface calcaire. Il n'y a qu'un système de failles; du moins le système perpendiculaire, s'il existe autrement qu'en fissures de la roche, n'est pas apparent, sans doute parce qu'il n'y a pas eu de mouvement de torsion proprement dit, c'est-à-dire formation d'une surface gauche.

[1] Les failles de chaque région correspondant aux coupes d'une même planche sont désignées par des lettres grecques. Les failles qui représentent les divers éléments d'un même mouvement sont désignées par la même lettre, mais avec indices différents.

Vers la Nesque, ces cassures se compliquent beaucoup ; elles sont là, comme du reste partout dans ces grandes masses calcaires, difficiles à voir et encore plus difficiles à suivre.

Au nord, l'arête du Ventoux, surtout vers les points 1801 et 819, est toute découpée par de petites failles transversales en fragments inclinés sur la direction générale de l'arête, un peu comme les dents d'une scie ; ce phénomène est surtout remarquable à l'ouest d'une faille perpendiculaire à celles que je signale et qui abaisse l'arête du Ventoux, au N.-O. du sommet ; elle se rattache aux accidents de la deuxième région.

Aux deux extrémités N.-O. et S. de cette grande surface urgonienne, il existe un système analogue de failles parallèles. Elles vont se perdre à l'ouest dans une faille dirigée N.-N.-E. (point 612) et relativement considérable, qui relève l'Urgonien, et contre laquelle vont buter les terrains qui occupent le pied du Ventoux, sauf cependant le Tertiaire, qui recouvre et la faille et l'Urgonien relevé.

Les accidents de l'Urgonien se répercutent à cette extrémité dans le Grès vert, dont le relief montre de nombreuses cassures; les unes insignifiantes, dirigées N. ou N.-N.-E., les autres plus apparentes et à peu près parallèles à ce relief (coupes 2, 3, pl. I). Au pied même de la montagne, à Piéravon, ces accidents ont amené la conservation d'un lambeau de Grès vert.

Au sud, vers Mormoiron, le Tertiaire a été à son tour affecté par un accident complexe, évidemment en rapport avec le changement de direction de l'arête tertiaire qui s'étend de Crillon à Blauvac, mais dont je n'ai pas encore pu me rendre compte d'une manière satisfaisante. Cet accident s'accuse par des lambeaux de Molasse perdus au milieu du Lacustre ; Mormoiron est construit sur l'un d'eux (coupe 6, pl. I), mais il est difficile de saisir ses relations. Plus loin, on remarque encore deux brouillages de faille coupés par la route au moulin de la Rode (ζ, même coupe), puis par le ruisseau dans la cluse. Une faille qu'on voit au nord-ouest de Blauvac et dont la lèvre N.-E. est abaissée, semble suivre le pied de la crête de Notre-Dame des Anges et expliquer peut-être la présence, au pied de cette crête, d'une série d'îlots ou d'amas de blocs de Molasse. Ils pourraient cependant n'être que le résultat d'un affaissement sur place des bancs de la Molasse inférieure, dû à l'ablation des marnes lacustres sous-jacentes. Enfin, l'arête abaissée de la Molasse, sur la rive droite de la cluse de Mormoiron, présente une série de hachures parallèles très remarquables.

S'il est difficile d'observer ces accidents dans les couches trop marneuses du Tertiaire, il n'en est pas de même pour les cassures de l'Urgonien de cette même extrémité sud de la région ; celles-ci sont rendues bien apparentes par la présence de l'Aptien inférieur, qui est resté pris dans les failles ou a rempli toutes les dénivellations qu'elles ont produites. De Villes à Méthamis, on peut faire une étude intéressante de ces cassures et se rendre compte de leur multiplicité et de leurs combinaisons souvent singulières.

Du reste, d'une manière générale, tous ces calcaires urgoniens sont excessivement fracturés. Ce phénomène s'explique par le fait qu'ils ne présentent que rarement des couches plissées ou contournées ; les mouvements de ploiement, de flexion et de torsion s'y font par failles ou cassures quelquefois peu nombreuses et d'une certaine importance, souvent aussi insignifiantes, mais assez multipliées pour que la somme de leurs effets très minimes amène des résultats qui surprennent. Il se passe là quelque chose d'analogue à ce qui a lieu dans les mouvements des glaciers, avec cette différence que les calcaires ne se ressoudent pas ; ils conservent et accumulent la trace des mouvements successifs qu'ils ont éprouvés, en sorte qu'ils finissent par être entièrement fragmentés, et l'on peut même dire qu'ils sont, par places, véritablement hachés. Cette fragmentation poussée à l'extrême livre un passage facile aux eaux superficielles et rend ces masses calcaires très perméables ; elle permet aussi, en multipliant les surfaces, une grande accumulation d'eau, en dehors même des cavités proprement dites plus ou moins étendues que cette eau peut y avoir creusées, travail que la pâte peu homogène de ces roches seconde singulièrement [1].

[1] Ces remarques trouveraient leur application dans la question des sources vauclusiennes. Je ne puis l'aborder ici ; il me suffira de dire que le type de ces sources, celle de Vaucluse, qui est tributaire d'une partie de la région que je décris, doit son origine à l'accident N.-S. qui

B.—I. La seconde partie de la première région forme, le long du bord de cette dernière, une bande évasée au N. et dirigée du N. au S.-E. Elle comprend la vallée ou dépression de Sault et le Ventouret.

Le Ventouret n'est que la continuation est du Ventoux, abaissée d'environ 200m par une faille complexe dirigée N. quelques degrés O. On y retrouve les mêmes couches de N^4 supérieur imbriquées vers le S., où les recouvre la faible épaisseur d'Urgonien qui forme le récif de polypiers du col des Fourches (coupes 7,7', pl. I). A l'E., le Ventouret est limité par la faille qui abaisse la vallée de Sault, à l'O. par la grande faille dont je viens de parler, compliquée de l'accident de Verdoliers, qui le sépare du Ventoux et du plateau des Abeilles (coupe 5, pl. I).

La vallée de Sault est formée par une longue dépression allant du N.-N.-E. au S.-S.-O., qui, étroite au N., est brusquement élargie à la hauteur de Sault, par la rencontre de l'accident de Verdoliers. Cette dépression est due à l'affaissement d'une bande d'Urgonien découpé, en quelque sorte, par divers systèmes de failles longitudinales, dans le grand plateau de Sault. A ses deux extrémités, les couches qui en forment le fond se relèvent au S., pour se rattacher très naturellement à l'Urgonien des monts de Vaucluse, au N. pour être disloquées et disparaître dans des accidents transversaux.

L'Aptien, le Grès vert et le Lacustre surtout, remplissent cette dépression ; on y rencontre même, vers le N., deux îlots de Molasse dont l'un est porté en couches presque horizontales à plus de 800m d'altitude.

Le Lacustre occupe tout le milieu de la vallée ; l'Aptien et le Grès vert n'affleurent que çà et là sur les bords, le long des failles et aux extrémités, principalement vers Aurel et Verdoliers.

Au N., l'Aptien est mal représenté par des marnes noires A^3 ; à Verdoliers, il est bien caractérisé et relativement complet, quoique très réduit ;

limite et arrête à l'ouest le massif urgonien des monts de Vaucluse, et plus particulièrement à la faille qui abaisse l'Urgonien supérieur pour former le bord même de ce relief.

Pour ce qui concerne l'hydrologie de la source de Vaucluse, voir les ouvrages spéciaux, en particulier la note de M. Bouvier et les Comptes rendus de la Société météorologique de Vaucluse.

au S., il n'est plus représenté que par une faible épaisseur de marnes jaunes.

Le Grès vert, épais au N., l'est déjà beaucoup moins à Verdoliers, bien qu'il y soit encore complet; au S., son existence n'est plus attestée que par des morceaux de grès rouges isolés sur l'Aptien ou à la base du Lacustre; mais plus loin, à Saint-Jean, le long de la continuation de la faille E. de la vallée de Sault, on en retrouve, isolé sur l'Urgonien, un lambeau qui se rattache aux affleurements précédents.

Les différences assez grandes que présentent ces divers gisements d'Aptien et de Grès vert sont dues à deux causes : 1° Aux dénudations : sur bien des points, on remarque que le Lacustre s'est constitué aux dépens du Grès vert; au sud-ouest d'Aurel, par exemple, ses couches inférieures sont remplies des graviers de ce terrain et de fossiles roulés, parmi lesquels abondent les petites *Ostrea conica* caractéristiques de C^2d; 2° Aux conditions très variables de ces dépôts : ils montrent dans la vallée de Sault la transition entre les deux principaux faciès qu'ils présentent sur les deux revers du Ventoux, dans les bassins d'Eygaliers au N. et de Bédoin au S. L'affleurement d'Aurel appartient au premier, celui de Verdoliers au second.

Il faut encore signaler quelques vestiges des Sables S. Au sud, un lambeau isolé sur l'Urgonien, entre la vallée de Sault et Saint-Jean; au nord d'Aurel, un autre lambeau dans une faille, un peu au midi du point 1048, à côté d'un reste de Grès vert (coupe 12, pl. I).

Ces derniers gisements de Sables S sont stratigraphiquement bien indépendants du Lacustre, et plus en rapport avec le Grès vert qu'avec ce terrain.

II. Les coupes 5 et 6, pl. I, montrent les relations stratigraphiques générales des deux parties de la première région, ou celles de la dépression de Sault prise dans son ensemble avec le Ventoux.

Ces relations, relativement simples, se compliquent à Aurel et à Verdoliers.

A Aurel, la dépression de Sault s'accentue et devient la profonde coupure qui sépare l'arête du Ventoux (Ventouret) de celle de la montagne de Lure (Bois des Hubacs), en rejetant du même coup cette dernière vers le Nord. L'Urgonien, qui formait le sous-sol de la dépression, tend à se relever; mais son affleurement complet est retardé par plusieurs failles, dont la plus importante est celle de Constantin (ϑ, coupe 9, pl. I) ; ce n'est que tout à fait au nord qu'il se relève assez, pour fermer la dépression et la séparer de la vallée de Montbrun. (*Ibid.*)

En même temps, des accidents longitudinaux viennent compliquer la stratigraphie des terrains qui remplissent cette remarquable et pittoresque coupure d'Aurel. Encore peu importants au sud de la faille transversale de Constantin (coupe 10, pl. I), ils le deviennent davantage au nord et donnent une physionomie nouvelle à la stratigraphie de cette coupure. Il semble qu'un accident N.-N.-O. soit venu se superposer à l'accident principal N.-N.-E. Les coupes 11 et 12, pl. I, surtout la première, montrent bien la coupure de l'Urgonien tombé lui-même dans celle du Néocomien. L'Urgonien forme ainsi de chaque côté de la vallée une sorte de placage qui présente ceci de particulier que, les couches de l'Urgonien ayant en gros la même inclinaison vers le sud et la même direction que celles du Néocomien, celles-ci semblent être la continuation de celles-là. Avec un peu d'attention, on ne peut méconnaître ce placage ; cependant Sc. Gras, en donnant la coupe du Néocomien dans la cluse du château Ribot, a superposé N^3 à l'Urgonien. (*Descript.*, pag. 83.)

Les failles latérales de la dépression de Sault atteignent leur plus grande dénivellation dans cette coupure d'Aurel ; on ne peut l'estimer à moins de 6 à 800^m à l'ouest, où le Grès vert bute contre N^3.

La faille du côté E. (β, coupe 5, 6, pl. I), d'abord assez importante, devient très complexe au nord d'Aurel, où elle se perd presque entièrement dans les failles des Crottes et de Constantin. A Aurel, elle prend une autre direction et s'accentue vers le sud. La rencontre d'une faille transversale (faille de Gigiri) lui fait reprendre, après Sault, la direction générale qu'elle avait au nord d'Aurel et qu'elle conserve jusqu'au delà de Saint-Jean ; mais à partir de la Droguette elle cesse de limiter la dépression de Sault proprement dite.

La faille du bord ouest (γ), d'abord très puissante, va en diminuant d'importance vers le sud ; rectiligne et parallèle à la seconde partie de la faille du bord est (Aurel—Sault) jusqu'aux Michouilles, elle est en ce point déviée vers le sud par un accident transversal qui fait apparaître un lambeau de Grès vert (coupe 5, pl. I). Elle devient alors parallèle à la troisième partie de la faille du bord est (Sault—Saint-Jean) jusqu'au col des Fourches, où elle est arrêtée par la faille des Molières (δ), qui paraît traverser la vallée et se retrouver dans la faille Gigiri, et probablement dans la combe de Saint-Guilhem, qui épouse sa direction.

La faille des Molières limite à l'E. l'accident de Verdoliers (δ, coupe 8, pl. I), qui amène le brusque élargissement de la vallée de Sault en reportant le bord ouest de cette vallée jusqu'à la grande faille du Signal-Est (α, coupes 5, 6, pl. I). C'est entre ces deux failles inverses, peu divergentes, et dont les relations au nord restent obscures (celle des Molières semble se prolonger jusqu'au col du Signal-Est), que se trouve prise la bande de terrains supérieurs abaissés qui constitue l'accident de Verdoliers. Ce dernier accident est analogue à celui qui forme la dépression de Sault, dont il représente comme un diverticulum dû au croisement de la direction principale N.-N.-E. par une direction N.-N.-O. déjà signalée dans la coupure d'Aurel.

L'Urgonien, qui en constitue la plus grande partie, est recouvert au sud par l'Aptien, le Grès vert et enfin par le Lacustre de la vallée. Comme on peut s'y attendre, ces terrains, pris entre deux grandes failles, sont assez fragmentés par des failles secondaires. Les coupes 7 et 8, pl. I, surtout la coupe 8 prise vers le milieu de l'accident, montrent la dislocation de ces terrains.

La vallée de Sault, accrue de toute la largeur de l'accident de Verdoliers, se prolonge vers le sud, où elle a pour limite, à l'ouest, la grande faille qui longe le plateau des Abeilles. Cette faille, dirigée à peu près suivant le méridien, est bientôt coupée et rejetée à l'ouest par une faille transversale au delà de laquelle elle se continue (α', coupe 6, pl. I), avec une direction nouvelle N.-N.-E., direction qu'avait ce même bord de la vallée, au nord des Michouilles (γ, coupe 5, pl. I). Dans son ensemble, cette faille est complexe, et sa trace est difficile à reconnaître, bien qu'elle s'accuse par un talus de 200m et parfois de 300m d'élévation. Elle se décompose souvent en failles parallèles qui laissent comme de grandes marches, ordinairement urgoniennes, entre le Néocomien de la partie supérieure du talus et le Lacustre ou le Grès vert de la vallée. Les coupes 6 et 8, pl. I, en montrent des exemples. Sur plusieurs points enfin, il semble qu'une bonne partie de la dénivellation se produise dans une série de cassures parallèles et très-rapprochées.

Du reste, on retrouve d'une manière générale, dans toutes les failles de cette vallée, des restes d'Urgonien, tantôt apparents et formant comme un îlot rocheux sur le bord de la faille (γ, coupe 10, pl. I), tantôt simplement pris dans la faille et ordinairement plaqués contre le Néocomien ; celui-ci ne porte alors aucune trace de dislocation, l'Urgonien supportant tous les effets dynamiques.

Comme on le voit par ce qui précède, les failles qui bordent la vallée de Sault sont composées d'éléments assez divers appartenant à plusieurs directions dont les principales sont N.-N.-E., N.-N.-O., N. quelques degrés E. Cette vallée est donc le résultat de l'entrecroisement et de la combinaison de plusieurs systèmes sur lesquels je reviendrai plus loin.

Au sud, l'Urgonien se relève lentement du fond de la vallée, tout haché de petites failles que la présence d'une faible épaisseur de Marnes aptiennes rend très apparentes. Des deux côtés, au voisinage des grandes failles latérales, ces petites failles prennent une certaine importance,

Enfin à l'est, la vallée de Sault est bordée dans sa partie médiane par le plateau de Sault proprement dit. Ce plateau mériterait une étude à part si elle ne devait pas m'entraîner trop en dehors de mon cadre. Je pourrai y revenir ailleurs et je me contenterai, ici, des observations suivantes.

Au point de vue stratigraphique, ce plateau est la continuation de celui des Abeilles, par delà l'interruption amenée par la dépression que je viens de décrire. Il se prolonge au loin vers l'est, et se rattache davantage à la montagne de Lure qu'au Ventoux.

Il forme un berceau très évasé au fond duquel la Croc coule dans des couches subhorizontales qui se relèvent au nord et au sud. Sur la carte, je n'ai indiqué qu'une bande d'Urgonien le long de la vallée. Au N.-E., ce terrain recouvre le Néocomien, qui se relève lentement vers Ferrassières et la montagne de Lure. Ces deux terrains passent de l'un à l'autre par une masse de calcaires, vers la partie supérieure desquels se rencontre, à l'est de Sault, le long de la Croc, le grand développement de marnes jaunes à *Ostrea* que Sc. Gras avait pris pour un lambeau de Marnes aptiennes échappées à la dénudation.

Sault est bâti sur le prolongement du récif de polypiers du col des Fourches, récif qui paraît avoir occupé tout l'emplacement actuel de la partie méridionale de la vallée, car on le retrouve au S.-O., vers Flaoussier. Par leur position au-dessus de la couche *C*, marneuse et fossilifère, ces polypiers représentent, à Sault, la base de U^2, assise qu'on ne retrouve pas autrement caractérisée dans les environs, mais qui se développe avec puissance vers le sud.

CHAPITRE II.

Deuxième région.

La deuxième région comprend toute la surface étudiée qui se trouve au nord de l'arête du Ventoux, de Montbrun à l'est à la vallée de Malaucène à l'ouest. L'arête du Ventoux la sépare de la première région, la vallée de Malaucène de la troisième et de la quatrième.

Elle se compose : au centre, de la vallée du Toulourenc, qui en forme la majeure partie (le mot vallée étant pris dans son acception la plus large) et le parcourt de l'est à l'ouest sur presque toute sa longueur ; au nord et au nord-ouest, de la vallée d'Eygaliers avec une fraction de la vallée de l'Ouvèze (sur une dizaine de kilomètres de longueur environ), dans laquelle elle débouche et qui en est en quelque sorte la continuation stratigraphique ; ces deux vallées sont séparées de celle du Toulourenc par la montagne de Bluye (cela n'est géographiquement vrai pour la seconde que jusqu'à Mollans) ; au sud-ouest enfin, de la vallée de Sainte-Marguerite—Beaumont, qui peut être considérée comme un diverticulum de la grande vallée de Malaucène ; elle est séparée de celles du Toulourenc et de l'Ouvèze par les montagnes de la Plate et du Rissas. De ces deux montagnes, la première est en quelque sorte la prolongation du contrefort septentrional de l'arête du Ventoux appelée Mont-Serein, auquel elle est reliée par le col du Comte ; la seconde n'est que la continuation, au-delà du col d'Arnoux, du revers nord de la montagne de la Plate, qui va se confondre au nord-ouest, le long de la cluse du Toulourenc, avec l'extrémité de la montagne de Bluye.

I. Tous les terrains que j'ai décrits, sauf les sables S, sont représentés dans la deuxième région. Le Néocomien et l'Urgonien y occupent à eux seuls les 4/5 de la surface ; après eux viendraient la Molasse, qui, en dehors du petit bassin isolé de Montbrun, ne se trouve que sur le bord ouest, vers la plaine ; puis le Grès vert et l'Aptien, qui ne se séparent pas ; enfin le Jurassique et le Lacustre.

Je vais passer en revue ces terrains dans leur ordre normal de superposition.

Le Jurassique affleure à Entrechaux, à Pierrelongue, et au nord de Brantes, le long de la limite de la région.

Le premier de ces affleurements se rattache intimement au Jurassique de la troisième région ; le dernier appartient plutôt à la Drôme qu'à la région du Ventoux, comme on le verra plus loin.

Les couches tout à fait supérieures, J^2bc, du Jurassique se montrent seules dans ces gisements ; à Pierrelongue et à Entrechaux cependant, quelques couches de J^2a apparaissent dans les dislocations profondes qui ont affecté ces localités. L'épaisseur de cette partie supérieure du Jurassique est ici sensiblement plus grande qu'elle ne l'est dans les montagnes de Gigondas, et le développement des calcaires blancs J^2 c—N^1 rend encore plus insensible le passage du Jurassique au Néocomien (coupe de Brantes, pag. 27, *fig.* 3).

Le Néocomien forme dans cette région deux bandes principales, à peu près parallèles et correspondant chacune au versant nord des deux arêtes du Ventoux et de Bluye, entre lesquelles la vallée du Toulourenc est comprise.

La bande méridionale est la plus importante ; elle présente un beau développement de Néocomien sur les pentes raides du versant nord du Ventoux. Ce terrain apparaît à l'ouest, dans la montagne de la Plate, sur le revers de laquelle il montre une belle coupe de sa partie supérieure, à peu près inaccessible. Très mouvementé de Saint-Léger à Brantes, il présente, en face de ce dernier village, la série régulière et complète de ses assises, sur une hauteur d'environ 1500^m.

Cette magnifique coupe se continue vers l'est, mais de plus en plus incomplète, par suite de la disparition à la fois de la partie supérieure et de la partie inférieure du Néocomien. Cette dernière partie n'est à peu près complète qu'au sud même de Brantes, où les couches de Berrias, suivies des couches à petites Ammonites ferrugineuses, apparaissent dans le monticule de la grange de Félicien ; plus loin c'est N²b ou même N³ qui représente les couches les plus basses. Pour ce qui est de la partie supérieure, on se souvient qu'à partir du point culminant du Ventoux, les couches les plus élevées de N⁴ traversent obliquement l'arête de la montagne, en sorte que celle-ci est formée, vers l'est, de couches de plus en plus récentes.

Le Néocomien de cette première bande est remarquable par sa puissance. Il la doit, ainsi qu'on l'a vu plus haut, au développement exceptionnel de ses assises supérieures, développement qui devient encore plus frappant si on le compare à celui du Néocomien de la seconde bande.

Celle-ci s'étend au nord du Toulourenc, parallèlement à la première et sur une longueur un peu plus considérable. A l'ouest, elle s'infléchit vers le sud-ouest, pour supporter l'Urgonien du Rissas ; le Néocomien y est mal caractérisé par des calcaires sans fosssiles appartenant à N⁴, mais que sur plusieurs points on pourrait aussi bien rapporter à une forme du calcaire de Vaison. Le Néocomien qui accompagne le Jurassique d'Entrechaux se rattache à cette bande.

Au midi de Pierrelongue, le talus très raide et boisé de l'extrémité nord-ouest de la montagne de Bluye présente une coupe très complète du Néocomien qui rappelle à plus d'un égard celle du Ventoux de Brantes. Vers l'est, cette bande se continue jusqu'au delà de Montbrun, avec une structure beaucoup plus complexe et une puissance de moins en moins grande de ce terrain.

La partie moyenne du Néocomien occupe les 4/5 de cette surface. La partie inférieure présente un assez beau développement presque partout où le Jurassique apparaît: à Pierrelongue, à Plaisians, au nord de Brantes. Quand à N⁴, représenté par son faciès mixte ou son faciès ferrugineux, c'est sur lui principalement que porte la diminution d'épaisseur qu'on constate, soit de l'ouest à l'est dans le Néocomien même de cette bande, soit du nord au sud en le comparant à celui du Ventoux ou de la première bande.

L'Urgonien occupe dans cette région une surface un peu moindre que celle du Néocomien. Il forme tout le versant méridional de la montagne de Bluye ; vers Brantes, il remplit la vallée du Toulourenc. Il en est de même vers Saint-Léger, d'où il s'étend au sud-ouest pour former le plateau du Rissas, puis l'extrémité de la montagne de la Plate, par laquelle il se rattache à l'Urgonien du Petit-Ventoux. Il occupe encore tout le revers nord de cette dernière montagne jusqu'au plateau du Mont-Serein.

L'Urgonien de la seconde région, bien que parfaitement continu, comme on le voit, avec l'Urgonien de la première région, en diffère cependant d'une manière sensible.

Les calcaires à Requienia, encore bien caractérisés sur le revers sud du Petit-Ventoux, se réduisent de plus en plus sur le revers nord, au sommet du Sueil, au sud de la partie supérieure de la vallée de Sainte-Marguerite, au plateau du Mont-Serein, où ils atteignent leur limite extrême au nord-est. Ils ne se montrent pas à découvert sur la montagne de la Plate; mais au Rissas, comme je l'ai montré (coupe *fig.* 21, pag. 82), ils n'ont plus que quelques mètres d'épaisseur et disparaissent bientôt, sans reparaître sur les bords du Toulourenc.

Dans la montagne de Bluye, le faciès urgonien proprement dit se perd à son tour pour faire place au faciès de Vaison. Au nord, vers Pierrelongue, cette substitution se fait très rapidement, avec une grande diminution correspondante d'épaisseur. A l'est, on peut constater qu'elle se fait par l'intercalation de calcaires que j'ai rapportés aux calcaires de Vaison (coupe de Brantes, pag. 88) à la partie inférieure des couches à faciès urgonien ; celui-ci s'atténue en même temps que l'épaisseur de tout l'ensemble.

Aux différences de faciès, il faut donc ajouter, pour l'Urgonien comme pour le Néocomien, de grandes inégalités de puissance, qui semblent, du reste, être parallèles pour ces deux terrains. On comprend combien ces variations, qui portent à la fois sur la pétrographie et sur l'épaisseur, rendent difficile la distinction des niveaux de contact, toujours très peu fossilifères, de ces terrains. Aussi bien est-il impossible, sur plusieurs points, de décider avec quelque sécurité si l'on est en présence de U^1, UV, ou N^4.

J'ai déjà indiqué cette difficulté sur le bord N.-O. du Rissas, mais je signalerai particulièrement à cet égard le talus et les combes N. et N.-O. du Mont-Serein [1].

L'Aptien et le Grès vert, représentés : le premier surtout par son assise supérieure A^3, le second par son faciès à Inocérames, se rencontrent à peu près toujours réunis dans les mêmes gisements, si bien qu'ils sembleraient former, à première vue, comme une même unité stratigraphique.

Le seul affleurement de ces terrains qui occupe dans cette région une surface un peu étendue est, au nord, celui d'Eygaliers, étudié dans la première partie. Il se rattache à l'ouest, malgré les dislocations qu'il subit à Pierrelongue, à un grand bassin de Grès vert, en partie masqué par la Molasse, qui s'étend hors de mon cadre, mais dont on peut voir le bord méridional limité par une faille, dans les affleurements de Grès vert qu'on rencontre sur les bords de l'Ouvèze, au nord d'Entrechaux.

En dehors de ces gisements, on ne trouve, dans la deuxième région, que des lambeaux de Grès vert et d'Aptien. Ces terrains remplissent à Bluye et à Molestre comme deux sortes de boutonnières[2] de la grande faille qui parcourt la deuxième bande néocomienne précédemment décrite.

De Saint-Léger à Savoillans, ils forment, dans le fond de la vallée du Toulourenc, une bande irrégulière et plusieurs fois interrompue, toujours en contrebas des pitons urgoniens ou néocomiens, pitons que Sc. Gras regardait comme formés par le Grès vert. A l'est, cette bande disparaît sous le Tertiaire, mais en se rattachant au bassin d'Aurel, comme l'attestent les nombreux restes de Grès vert que l'on observe dans les failles, à Reilha-

[1] Autour de l'arête descendante du contrefort N.-O. du Mont-Serein, on peut observer, sans que rien indique qu'on doive l'attribuer à des rejets, une confusion de couches à faciès urgonien et de couches à faciès de N^4, qui confirme ce que j'ai dit dans la première partie, qu'il semble que le premier se soit développé çà et là dans la partie supérieure du second.

[2] J'emploie ici le mot boutonnière dans un sens un peu différent de celui dans lequel il est le plus souvent usité. Il ne s'agit pas, en effet, de l'élargissement d'une fente qui permet aux terrains sous-jacents d'apparaître, mais de l'élargissement ou plutôt du dédoublement en fuseau d'une faille, qui permet l'abaissement d'une bande de terrains supérieurs. C'est, au fond, le même accident, mais en sens inverse ; il est ici dû à l'apparition d'une portion longue et étroite de pli synclinal tombé dans une faille et occupé par des terrains plus récents.

nette par exemple. Du reste, l'Aptien et le Grès vert ne sont que très imparfaitement représentés dans cette vallée, le premier surtout, qui paraît manquer entièrement à Brantes. Ce n'est que dans la partie S.-O. de cette région que l'Aptien redevient plus complet; à Veaux et dans la vallée de Sainte-Marguerite, on rencontre A^2 fossilifère ; il a laissé des témoins jusque sur le Petit-Ventoux, à Rusquet, à Saint-Sidoine, qui, en montrant sa grande extension, le rattachent au bassin de Bédoin. Le Grès vert accompagne l'Aptien aux Valettes et dans la vallée de Sainte-Marguerite.

La distribution de ces terrains prouve qu'ils ont dû, non seulement occuper de plus grandes surfaces, mais même, à un moment donné, recouvrir une bonne partie de cette région malgré les dénivellations qu'elle avait déjà éprouvées.

Le Tertiaire est représenté par le Lacustre et par la Molasse.

Dans les vallées du Grozeau et de Sainte-Marguerite, le Lacustre affleure, sous la forme d'une bande assez étroite qui est la continuation directe du Lacustre de la troisième région. Au milieu de cette bande, comme au nord de Sainte-Marguerite, au Jas des Blaches, le Lacustre inférieur renferme des couches détritiques très analogues à celles du cône de Crillon, et qui semblent avoir une même origine.

A Saint-Sidoine, et le long de la faille qui y passe, on rencontre quelques témoins de ce terrain portés à plus de 700^m d'altitude.

Dans la vallée du Toulourenc, le Lacustre a laissé des traces près d'Arnavon, au sud-ouest de Saint-Léger. Au sud de Brantes, on le rencontre mieux caractérisé et avec des gypses; mais c'est à partir de Savoillans seulement qu'il se développe pour aller remplir le bassin de Montbrun. Ce sont presque exclusivement les couches supérieures du Lacustre qui se trouvent dans cette vallée; elles se rattachent à celles de la vallée de Sault.

Sur presque toute sa longueur, la faille de Bluye est accompagnée de marnes et de calcaires lacustres qui se retrouvent avec le Grès vert dans la boutonnière de Bluye. Ces marnes, volontiers brunes ou rouges, renferment, près des fermes de Bluye, des lignites déjà signalés par Sc. Gras (*Statistique min. et géol. de la Drôme*, pag. 107) et par M. Lory (*Dauphiné*, tom. II, pag. 367 et 375). Ces deux auteurs les rapportent au Crétacé. Les calcaires sont souvent siliceux, renferment des silex noirs, quelques Gastéropodes et des graines de Chara. Après bien des hésitations, j'ai rapporté ces couches aux parties supérieures du Lacustre.

Il faut remarquer combien la distribution de ce dernier terrain est analogue à celle du Grès vert ; cependant, si on les retrouve ensemble dans la vallée du Toulourenc et dans la faille de Bluye, le Lacustre ne paraît pas avoir accompagné le Grès vert dans le bassin d'Eygaliers. A Pierrelongue, on découvre pourtant quelques marnes lacustres dans les failles qui continuent la direction de celle de Bluye.

Pour la Molasse de cette région, il y a lieu de distinguer entre la Molasse inférieure, qui pénètre dans les massifs montagneux, et la Molasse supérieure, qui reste sur les bords. La première suit à peu près la même distribution que le Lacustre, qu'elle recouvre presque partout, au Grozeau, à Sainte-Marguerite et dans la vallée du Toulourenc. Toutefois elle ne se montre dans celle-ci que vers la partie orientale de la vallée ; à partir de Savoillans et au delà, elle offre un assez beau développement.

Au nord, la Molasse ne se montre nulle part ; elle n'accompagne pas le Lacustre dans la faille de Bluye. Au nord-ouest, elle reparaît à Mollans, puis au nord d'Entrechaux, mais elle n'est développée qu'au nord de la faille qui limite le Grès vert. Au sud de cette faille, sur le bord du Rissas et vers Veaux, la Molasse inférieure n'a laissé que des vestiges, tandis que la Molasse supérieure occupe tout le bord N.-O. de la région et entoure le plateau du Rissas, de Mollans (rive gauche) à Beaumont ; elle s'élève même à une assez grande hauteur sur ce plateau.

Au nord et à l'est d'Entrechaux, la Molasse supérieure est recouverte par les alluvions anciennes signalées dans la première partie. La présence de ces alluvions sur la Molasse supérieure exclusivement, montre que celle-ci formait en ce point le fond de la vallée de l'Ouvèze et qu'elle n'a été enlevée qu'après le dépôt de celles-là. Les différences de niveau que présentent ces alluvions et qui vont jusqu'à plus de cent mètres, montrent, en outre, qu'elles se sont déposées peu à peu à mesure que la vallée se creusait.

II. Les rapports stratigraphiques de ces divers terrains sont assez complexes, quelquefois même passablement obscurs, à cause des accidents nombreux qui les ont affectés. La structure de cette région est, en effet, loin d'être aussi simple que celle de la première.

La coupe figurative *fig.* 36, pl. I, prise du N. au S., sur une ligne un peu brisée, de la coupe 11, pl. II, au N., à l'extrémité sud de la coupe 8, pl. II, et au delà dans la direction de Saint-Pierre de Vassols, donne une idée assez nette de la structure fondamentale de la deuxième région.

Elle consiste, on le voit, en un certain nombre de grands plis plus ou moins parallèles, dont le principal (A), qui forme le Ventoux, n'est cependant pas compris en totalité dans cette région. On se souvient en effet que j'en ai détaché le côté méridional, aux allures calmes et peu accidentées, pour en faire la majeure partie de la première région. C'est donc le sommet et le côté nord de ce pli qui seuls sont compris dans la deuxième région.

Contrairement à ce qui a lieu pour le côté méridional, ceux-ci sont fortement accidentés ; ils sont en particulier coupés par de grandes failles longitudinales, dans lesquelles ils disparaissent même à peu près complètement vers le milieu de la région (coupes 17, 18, 20, pl. II) ; aux deux extrémités de cette dernière, ils sont nettement représentés, à l'ouest dans le Mont-Serein (coupes 16, 13, pl. II), la montagne de la Plate et le Rissas (*fig.* 36 et coupes 8, 5, 4, pl. II), et à l'est entre Savoillans et Reilhanette (coupes 21, 22, pl. II).

Ce pli anticlinal est suivi au nord par un pli synclinal (B), dans lequel coule le Toulourenc pendant une bonne partie de son cours. Ce pli n'est bien apparent et d'une certaine importance qu'à l'ouest de Saint-Léger (*fig.* 36 et coupe 8, pl. II).

Au nord du Toulourenc se trouve un second pli anticlinal (C) qui forme la montagne de Bluye ; il est parallèle à celui du Ventoux, mais beaucoup moins important. Comme ce dernier, il n'a conservé intact que son côté sud, qui s'abaisse dans la vallée du Toulourenc (coupes 8, 13, 16, pl. II), tandis que son côté nord est coupé par de grandes failles (coupes 8, 10, 11, 13, pl. II), ou décomposé en plis de second ordre (coupes 14, 15, pl. II).

Enfin, un quatrième pli (D), ou second pli synclinal, parallèle aux précédents, mais de beaucoup moindre étendue, forme sur la limite septentrionale de la région le bassin d'Eygaliers (coupes 8, 13, 10, 11, pl. II).

Comme on vient de le voir, cette structure, relativement simple le long de la coupe *fig*. 36, devient complexe à l'ouest et à l'est, où l'apparition d'accidents de second ordre peut aller jusqu'à masquer à peu près complètement la structure fondamentale.

Pour arriver, si possible, à quelque clarté dans l'exposé détaillé de la structure complexe que je viens d'ébaucher, j'étudierai successivement, non pas les plissements, comme on pourrait s'y attendre, mais les trois parties assez naturelles qu'on peut reconnaître dans cette région et qui en gros se rattachent aux trois vallées principales précédemment indiquées, de Sainte-Marguerite, du Toulourenc et d'Eygaliers, soit :

A. La partie ouest du massif du Ventoux (revers nord).

B. La vallée du Toulourenc.

C. Le revers nord de l'arête de Bluye.

A. *Partie ouest du massif du Ventoux.*

La partie ouest du massif du Ventoux est formée par une voûte (anticlinal A) partiellement effondrée, dont on retrouve le bord septentrional dans la montagne de la Plate et le bord méridional dans l'arête du Ventoux. La partie médiane, partagée par des failles longitudinales en un certain nombre de voussoirs abaissés les uns par rapport aux autres, du sud au nord, forme le revers nord du Petit-Ventoux, le plateau du Mont-Serein et la vallée de Sainte-Marguerite. Cette disposition générale, que montrent la *fig*. 36 et les coupes 5 et 8, pl. II, se voit assez bien lorsqu'on se place sur la hauteur au-dessus de Beaumont.

L'ensemble de cette voûte s'abaisse à l'ouest. Cet abaissement est très rapide pour la partie nord, comme on peut le voir à l'extrémité de la montagne de la Plate, au fort plongement des couches urgoniennes vers la vallée (coupes 4, 4', pl. II). La partie sud, au contraire, se continue avec la même structure en voussoirs abaissés au nord (coupes 4, 2, 1, pl. II) et forme le

Petit-Ventoux. Celui-ci ne représente donc qu'une partie de la grande voûte précédente. Les couches qui le constituent plongent à l'O.-N.-O. : elles sont donc obliques par rapport à l'axe du relief; cette obliquité est rachetée de distance en distance par des failles transversales [1], de telle sorte qu'au premier aspect on pourrait croire à une voûte régulière, si cette direction même des couches urgoniennes ne les reliait, à travers la vallée, à celles de la Plate, dont une faille les a séparées. Toutefois, bien que la position de cette dernière montagne entre deux failles (α, δ, coupe 8, pl. II) puisse expliquer son abaissement rapide et indépendant, il se pourrait qu'un pli synclinal secondaire se fût formé au milieu de la grande voûte primitive du Ventoux (anticlinal A) et l'eût divisée en deux anticlinaux, dont le plus méridional, et de beaucoup le plus important, resté seul exhaussé et à découvert, serait représenté par le Petit-Ventoux.

Ce fait d'une voûte ou d'un grand pli anticlinal se décomposant en deux plis anticlinaux séparés par un pli synclinal qui représente le milieu de la voûte primitive, est assez fréquent; l'extrémité du Petit-Ventoux en présente un exemple réduit, dont on voit l'origine dans la coupe 1, pl. II.

Le fond de la vallée de Sainte-Marguerite, qui représente le voussoir le plus abaissé (coupe 4, pl. II), est occupé par une bande étroite d'Aptien, de Grès vert et de Lacustre. Vers les Jas, l'Aptien seul apparaît sous les alluvions et les éboulis; il repose sur l'Urgonien, qui s'abaisse jusqu'au fond de la vallée (coupe 5, pl. II). Vers Sainte-Marguerite, on trouve ces trois terrains fortement redressés et pincés entre une faille (ϑ) qui passe dans le fond de la vallée et l'Urgonien, sur lequel ils ont glissé (coupes 3, pl. I ; 4, pl. II). Au nord de cette faille, le bord de la vallée est formé par le Lacustre recouvert par la Molasse ; ces deux terrains plongent vers la plaine (coupe 2, pl. II).

[1] J'ai déjà relevé, dans la première région, des exemples de disposition semblable ; elle se présente presque toujours sur des bandes de terrains pris entre deux failles longitudinales plus ou moins parallèles. Ces bandes se trouvent ainsi formées d'une succession de morceaux parallélipipédiques qui peuvent glisser les uns sur les autres pour s'adapter sans plissement à des changements assez considérables de direction. Ce procédé est fréquent dans les roches froides de l'Urgonien, mais il n'exclut cependant pas les ploiements de couches dont cette région fournit des exemples, sans aller plus loin que la montagne de la Plate.

A l'ouest de Sainte-Marguerite, le Grès vert, puis l'Aptien, disparaissent, et vers les fermes de Gavoite et des Argeliers on ne trouve plus que le Tertiaire au pied du relief urgonien (coupes 1, 2, pl. II).

Les couches de ce dernier, obliquement coupées par une faille profonde (ϑ?), laissent échapper les eaux recueillies sur le revers nord du Petit-Ventoux ; ces eaux forment la source vauclusienne du Grozeau, qui fait la richesse de la petite ville de Malaucène.

L'Aptien, le Grès vert — ce dernier mieux développé qu'à Sainte-Marguerite — et le Lacustre, recouvrent l'Urgonien de l'extrémité de la Plate, bientôt obliquement coupé par une faille transversale (λ, coupes 4 et 4', pl. II).

La Molasse n'est pas affectée par ces accidents : elle s'étend transgressivement sur le Lacustre et le Grès vert et sur la faille (λ) qui les sépare. Dans la cluse que traverse la route des Valettes à Sainte-Marguerite, on voit un exemple bien net d'accident qui affecte le Lacustre sous la Molasse ; il paraît être en rapport avec la grande faille Col du Comte — Blanc, qui aurait ainsi rejoué après le Lacustre (δ, coupes 4 et 4', pl. II).

Au point où se fait ici le changement de direction de ses couches, qui plongent nord à Sainte-Marguerite et ouest aux Valettes, la Molasse inférieure présente un magnifique exemple de deux systèmes perpendiculaires de cassures (diaclases); là où la roche est homogène, elle est découpée en prismes parfois si réguliers, qu'à distance on croirait avoir affaire à des basaltes.

Le long du Rissas, on ne retrouve plus que la Molasse supérieure ; la Molasse inférieure s'arrête à la faille (α), qui vient du col d'Arnoux et fait buter tout le système de la Plate contre le Rissas (coupe 2, pl. II). Cet accident a son correspondant de l'autre côté de la vallée de Malaucène, où, comme on le verra en traitant de la troisième région, la Molasse inférieure s'arrête à la faille Font du Pommier — Fabre (α, pl. III) de même direction, au bord d'un relief Secondaire entouré par la Molasse supérieure qui remplit toute la vallée.

C'est aux nombreuses cassures qui dénivellent la surface de l'Urgonien du Petit-Ventoux qu'est due la conservation des lambeaux de terrains friables, Marnes aptiennes, Grès vert?, Lacustre, que j'y ai signalés. De la chapelle Saint-Sidoine à la Baume de l'Eau, on trouve ces dépôts tout le long de la faille Saint-Sidoine[1] (ε, coupes 4 et 4'', pl. II).

B. *Vallée du Toulourenc.*

La vallée du Toulourenc correspond dans son ensemble au pli synclinal (B) qui sépare les plis du Ventoux (A) et de la montagne de Bluye (C). Ce pli ne s'est conservé intact qu'à l'ouest de Saint-Léger (coupe 8, pl. II et *fig.* 36) ; partout ailleurs il a été profondément modifié, surtout sur son bord méridional, par de grandes failles longitudinales.

Pour faciliter l'étude stratigraphique, je diviserai cette vallée en quatre parties : 1° à l'ouest de Saint-Léger ; 2° de Saint-Léger à Brantes ; 3° de Brantes à Savoillans ; 4° au delà de Savoillans à l'est.

1° A l'ouest de Saint-Léger, le pli synclinal (B) est bien indiqué jusqu'à Veaux ; le Toulourenc s'y est creusé un lit profondément encaissé dans les couches urgoniennes qui traversent la vallée, pour se relever des deux côtés (coupe 8, pl. II).

Le fond du pli a subi un affaissement local qui forme la dépression ou petite plaine de Veaux, dans laquelle s'est conservé un peu d'Aptien ; les restes de ce terrain respectés par les érosions se voient à l'ouest du hameau.

Au delà, le pli s'évase et dévie vers le sud-ouest, en se relevant suivant une ligne qui forme assez brusquement sa limite le long de la vallée de l'Ouvèze. Il forme ainsi une sorte de fond de bateau très évasé qui constitue le plateau du Rissas (coupes 2, 3, 4, pl. II). L'extrémité sud-ouest de ce plateau, divisée en deux parties dénivelées par un accident nord-nord-est (coupe 2, pl. II), se perd avec le pli tout entier sous la Molasse de la vallée de Malaucène. On retrouve sur toute cette partie ouest du pli formé

[1] On trouve encore le long de cette faille, en rapport? avec ces dépôts marneux, des couches de brèches relevées ?. Ces couches sembleraient appartenir plutôt à un dépôt superficiel affecté par les mouvements du sol qu'au brouillage de la faille.

par les couches urgoniennes, des lambeaux de divers niveaux de la Molasse.

2° De Saint-Léger à Brantes, le bord nord du pli synclinal (B) est assez régulier ; sa direction est un peu différente de celle de la vallée, de sorte que le Toulourenc coupe obliquement les couches de plus en plus redressées de la rive droite. Ces couches appartiennent à l'Urgonien, qui perd, ainsi que je l'ai dit, dans sa partie moyenne et inférieure, son faciès ordinaire pour se transformer en calcaire de Vaison.

Le côté gauche de la vallée est loin de présenter une structure aussi simple. L'Urgonien, très fortement relevé, à partir de Veaux, contre la faille (α) du col d'Arnoux (coupe 8, pl. II), et, à partir du Pas du Cade, de plus en plus obliquement coupé par cette faille (coupe 12, pl. II), vient se terminer à Arnavon dans des couches si disloquées qu'elles passent à de vraies brèches. Les couches du Néocomien de la montagne de la Plate, qui plongeaient nord et butaient obliquement contre la faille d'Arnoux (coupes 5, 8, pl. II), se renversent au delà du Pas du Cade (coupe 12, pl. II), puis décrivent une surface gauche, pour se retrouver dans une situation à peu près normale au sommet du Puy de Saint-Léger (coupe 13, pl. II) ; ces divers mouvements semblent facilités par des cassures transversales.

Les couches ainsi renversées représentent évidemment la demi-voûte si apparente à la Plate (coupes 5, 8, pl. II), écrasée et retombée au nord ; mais tandis qu'à la Plate elle était coupée à pic au midi par la grande faille (δ) du col du Comte (*ibid.*), ici elle se rattache à sa partie médiane, représentée par les contreforts du Mont-Serein (coupes 12, 13, pl. II).

A l'est d'Arnavon, le Néocomien est coupé par la faille Arnavon — Ponsons (α'), qui le met en contact avec le Cénomanien du fond du pli. Cette faille se substitue au bord méridional du pli synclinal du Toulourenc ; elle prend naissance un peu à l'ouest d'Arnavon, où elle a permis la conservation d'un peu d'Aptien, de Grès vert et même de Lacustre près de la planche d'Eysseric (coupe 12, pl. II). A Arnavon, elle rencontre la faille du col d'Arnoux, qu'elle absorbe après avoir été rejetée par celle-ci, qui paraît avoir été elle-même rejetée par une troisième faille toute locale?. Il y a là un entrecroisement très complexe de dislocations.

De Saint-Léger à Tiran, le Grès vert forme, le long de la faille Arnavon — Ponsons, une bande étroite, le plus souvent masquée par d'épais éboulis néocomiens ; elle est dominée par les couches très disloquées de ce dernier terrain, qui forment tout le côté méridional de la vallée jusqu'au plateau du Mont-Serein, dont les abrupts couronnés de pins séculaires donnent au paysage de Saint-Léger des aspects tout à fait alpestres. Les allures générales du Néocomien indiquent un plongement vers le N.-O. Au sud de Tiran, une faille perpendiculaire à la vallée, et qui se voit très nettement dans un des pitons qui dominent la combe Brachet, abaisse à l'est toute cette bande néocomienne ; elle prend alors des allures plus régulières, et on y reconnait très-nettement une partie abaissée de la voûte (A) du Ventoux ou une prolongation du plateau du Mont-Serein (coupe 16, pl. II).

L'ensemble de toute la bande néocomienne, qui occupe le côté méridional de cette partie de la vallée du Toulourenc, peut se diviser en deux : de la Plate au Puy (piton au sud de Saint-Léger, coupe 13, pl. II), elle représente le bord nord du pli anticlinal du Ventoux (A) ; du Puy au point 910, l'extrémité inférieure des voussoirs médians de ce même pli.

La faille transversale dont je viens de parler, rejetée d'abord par la faille Arnavon— Ponsons (α'), met bientôt fin à la bande cénomanienne de Saint-Léger ; en même temps, l'Urgonien de la rive droite traverse le fond de la vallée et vient butter contre le Néocomien, le long de l'extrémité de la faille Arnavon— Ponsons (α'), et de sa continuation dans la faille Ponsons — Signal-Est (α''). Des Ponsons au torrent des Granges, ces failles sont marquées par une très large zone de couches néocomiennes entièrement brouillées.

L'Urgonien, à peu près vertical sur la rive droite, où il a ressenti les derniers effets de la faille Ponsons— Signal-Est (α''), est moins relevé sur la rive gauche ; au sud-ouest de Brantes, il forme même une surface accidentée dont les couches, peu inclinées vers le sud, supportent quelques restes de Grès vert (coupe 17, pl. II).

3° Au delà de la ligne qui va de Brantes au sommet du Ventoux, et qui correspond à peu près au torrent des Granges, les allures de la vallée se modifient.

Si le côté nord reste toujours formé par les couches redressées du calcaire de Vaison, surmontées par les calcaires à silex, chez lesquels on aperçoit, le long du Toulourenc, plusieurs amorces de pli synclinal (coupe 19, pl. II), il n'en est plus de même du milieu et de l'autre côté de la vallée.

Au sud de Brantes, sur la rive gauche de la rivière, ces mêmes calcaires de la rive droite se relèvent brusquement en deux pitons qui paraissent formés par le plissement du fond même du pli synclinal (B) sur lequel reposait le Grès vert des Granges (coupe 18, pl. II).

Il va sans dire que ces mouvements ne se sont pas produits sans être accompagnés d'accidents subordonnés qui souvent masquent l'accident principal, mais dont le détail ne saurait trouver place ici, alors même qu'il serait toujours possible de s'en rendre un compte exact.

Des deux plis de second ordre ainsi formés dans le fond du synclinal principal (B), un seul subsiste et continue la vallée à l'est ; l'autre, obliquement coupé par la grande faille (α''') du bord méridional de la vallée, disparaît bientôt. Il est toutefois suffisamment indiqué par le mouvement des couches et par le lambeau de Lacustre à gypse qui se trouve au midi des deux pitons (coupe 18, pl. II). Ce Lacustre, avec lequel on trouve aussi des blocs isolés de Grès vert et quelques marnes qui paraissent aptiennes, est pincé entre trois failles, auxquelles il faut peut-être en ajouter une quatrième, qui vient du col du Ventouret rejeter à Clément celle qui limite le Lacustre au sud. Les deux failles longitudinales correspondent évidemment dans la profondeur à une grande faille (α'''), dans laquelle sont tombés les terrains qui recouvraient l'Urgonien des pitons.

Le pli de second ordre nord, qui subsiste seul et dans lequel coule le Toulourenc, s'élargit au delà des deux pitons, pour former tout le fond de la vallée ; mais en même temps sa partie médiane s'affaisse vers l'est entre deux failles divergentes (coupe 19, pl. II).

Cette disposition a permis la conservation du Grès vert, qui remplissait le fond du pli et qui présente près des Masselles un affleurement assez considérable. Du côté de Savoillans, vers lequel ce terrain se relève, on voit qu'il forme un petit pli parallèle à la vallée et au centre duquel affleurent des calcaires marneux aptiens (coupe 20, pl. II).

Au sud, vers Saint-Martin, un îlot de Molasse inférieure repose en discordance sur ce petit pli ; depuis au delà de Veaux, ce dernier terrain ne s'était plus montré dans la vallée. Au-dessous de la Molasse, tout à fait contre la faille Clément — Maurel (a'''), on remarque quelques restes du Lacustre, qui va se développer à l'est (coupes 20, 20′, pl. II).

Du torrent des Granges à celui de Savoillans, le talus qui borde la vallée au midi est formé tout entier par la tranche du côté sud du grand pli anticlinal (A) du Ventoux ; tout ce qui jusqu'ici représentait le centre et le côté nord du pli a disparu[1] dans la grande faille composée qui suit le pied de ce talus (coupes 16, 17, 18, 20, pl. II).

La partie profonde et centrale de l'anticlinal du Ventoux est à découvert sur le bord de la faille Ponsons — Signal-Est (a''), où les couches de Berrias apparaissent sur la rive droite du torrent des Granges, à Ayme (coupe 17, pl. II). C'est en ce point que s'accumule l'action des différentes failles du revers nord du Ventoux, en sorte que la faille ci-dessus représente une dénivellation de plus de 1500^m. En allant vers l'est, cette dénivellation se répartit entre cette faille (a'') et celle de Clément — Maurel (a''') ; aussi, vers Aubery, cette dernière ne fait plus buter que les couches tout à fait supérieures de N^2 contre l'Urgonien de la vallée (coupe 19, pl. II).

4° A partir de Savoillans, la vallée entre dans un régime nouveau.

Le côté nord du pli (B), qui jusqu'ici avait présenté des allures relative-

[1] Par le mot disparu, je ne prétends pas dire que le côté qui relie le sommet de l'anticlinal du Ventoux (A) et le sommet du synclinal du Toulourenc (B) se soit formé, puis ait été englouti dans la faille, mais bien que la faille remplace ce côté, qui ne s'est point formé du tout ; en sorte que, la dénivellation supprimée, les bords de ces deux plis viendraient se réunir sur la ligne de faille. Bien plus, l'absence et le remplacement par une faille du côté commun aux deux plis montre que l'un (B) n'est plus qu'une dépendance de l'autre (A), autrement dit que le synclinal du Toulourenc, très accentué à l'ouest, se réduit de plus en plus vers l'est et passe dans des plissements secondaires dont les deux pitons de Brantes sont le point de départ. On le verra plus loin, ce phénomène est général pour la partie est de la deuxième région.

ment régulières, disparaît à son tour. Les calcaires urgoniens qui le constituent, décrivent une surface gauche pour traverser la vallée et se faire couper obliquement par une faille (η'), le long de la rive gauche du Toulourenc. Ils ont entièrement disparu avant le ravin de la ferme de Charbonnière, vis-à-vis laquelle le Toulourenc coule sur le Néocomien, que ces calcaires recouvraient (coupes 20, 21, 21', pl. II). Là, un accident transversal qui ne se laisse pas suivre, les fait reparaître avec une direction différente ; ils traversent de nouveau la vallée, et on peut les observer encore le long de la route, au-dessous du Néocomien retombé sur eux (coupe 22, pl. II).

Au delà de Chante-Abri, il ne reste plus rien de l'arête de Bluye — Brantes ; à peine quelques calcaires qui se distinguent mal des calcaires de N⁴ et qui apparaissent çà et là, le long de la bande Tertiaire que limite au nord la faille (η), dans laquelle a disparu le côté nord du pli synclinal du Toulourenc, ou plutôt ici, le côté sud du pli anticlinal de Bluye (C).

Cette faille (Chante-Abri—Moulin, η), complexe et très importante, absorbe encore successivement le pli anticlinal de Bluye (C), l'extrémité de la faille de Bluye (β), qui semble la rejeter un peu, au N.-O. de Montbrun, et enfin les divers plissements du Néocomien, qui viennent la rencontrer obliquement jusqu'aux contre-forts jurassiques de la montagne du Buc. Ceux-ci, renversés ? sur le Néocomien, viennent pincer au Barret, contre la montagne de Lure, tout ce qui restait du pli synclinal et fermer définitivement la vallée que le Toulourenc avait déjà quittée par une brusque inflexion au nord (coupe 25, pl. II).

Au delà, à l'est, après l'accident de Séderon, la montagne de Lure et la vallée du Jabron forment, avec une structure un peu différente pour cette dernière, comme un pendant au Ventoux et la vallée du Toulourenc.

La disparition de l'arête urgonienne de Bluye—Brantes que je viens de signaler, est évidemment due en partie à la faille précédente, mais non moins évidemment et dans une mesure que la stratigraphie compliquée de cette vallée ne permet pas d'apprécier exactement, à un amincissement graduel de l'Urgonien. A cet amincissement, dont on verra des preuves plus loin, correspond ici le remplissage de la vallée par le Tertiaire.

Le côté gauche de la vallée est, à partir de Savoillans, formé par le côté nord du pli anticlinal du Ventoux (A), qui réapparaît ici, et dont le sommet se voit très nettement au midi du pic 1018, au col 763 (coupes 21, 22, pl. II).

Les gros bancs calcaires de N^3 si peu accessibles du Ventoux sont ainsi ramenés au niveau de la vallée ; on les observe le long de la route, avec quelques couches qui peuvent être rapportées à N^4, dans la petite chaîne qui va de Savoillans à Reilhanette et que le Toulourenc traverse peu avant ce dernier village. Ces calcaires, du reste assez mouvementés et tout à fait disloqués le long de la faille Clément — Maurel, disparaissent brusquement à Reilhanette, où ils sont coupés transversalement par la faille complexe qui a laissé subsister le rocher urgonien sur lequel est bâti le village (ϰ, coupe 23, pl. II).

Au delà, le bord de la vallée est formé par la continuation du talus du Ventouret, sur lequel affleurent, comme sur celui du Ventoux, les couches de N^2 et de N^3. Il se pourrait que le sommet pli (A) fût encore indiqué dans les couches très relevées de la partie inférieure de ce talus; cependant il semble plus probable que la faille qui le limite (ι, coupe 23, pl. II), et qui est marquée par un relief de calcaires à silex broyés, n'est que la continuation du pli très aigu des calcaires marneux qu'on voit à l'ouest d'Arnoux (coupe 22, pl. II), et qui de là à Reilhanette semble, par l'inégalité croissante de ses côtés, se transformer en faille ; celle-ci n'acquiert son importance qu'après qu'elle a reçu la faille transversale (ϰ) de Reilhanette.

Les calcaires urgoniens de la dépression d'Aurel, supportés sur le bord de la vallée par des couches qui paraissent appartenir à N^4 (coupe 9, pl. I), viennent bientôt se substituer au talus de Ventouret et au Ventouret lui-même. Celui-ci, rejeté au nord par cet accident, se continue à l'est sous le nom de montagne de Lure (bois des Hubacs et crête de la Faye), qui en est la reproduction exacte. Le bord de la vallée est de nouveau formé par un talus néocomien au bas duquel reparaît, à Mercuers, une bande de calcaire à silex (coupe 25, pl. II) probablement urgonien, qui borde la grande faille du fond de la vallée jusqu'au Barret.

Entre le pli anticlinal (A), interrompu et rejeté par l'accident d'Aurel, mais identique à lui-même, du Ventouret, et le pli anticlinal (C) de la montagne de Bluye, dont l'importance diminue jusqu'à ce qu'il disparaisse à l'est, absorbé par les plissements et les failles de la région de Montbrun, se trouve ce qu'on peut considérer comme l'extrémité de la vallée synclinale du Toulourenc.

Cette extrémité est remplie par les dépôts tertiaires que nous avons vus commencer à Saint-Martin, au sud-ouest de Savoillans. A partir de ce point, ils s'étendent sur le Grès vert, qui s'abaisse au-dessous du fond de la vallée, pour ne plus se montrer qu'un peu à l'extrémité du promontoire de Savoillans et vers Charbonnière (coupe 21, 21', pl. II) ; au-delà, sa présence dans la profondeur n'est plus indiquée, comme à Reilhanette, par exemple, que le long des failles, par des traces qui relient les affleurements précédents au bassin d'Aurel.

Le Lacustre forme sous les éboulis la plus grande partie du promontoire de Savoillans ; on le retrouve très disloqué à Truphème, avec des lignites ; au delà, il est recouvert par la Molasse, sur le bord nord de laquelle il affleure normalement jusqu'à la cluse du Toulourenc (Montbrun) ; après quoi il n'apparaît que par lambeaux, le plus souvent dans des failles. Au sud de la Molasse, il reparaît après la faille de Reilhanette (z) et occupe tout le bassin de Montbrun.

A partir de Truphème, où elle forme le rocher d'apparence Secondaire qui domine la vallée, la Molasse s'étend en une longue bande qui va mourir au Barret. Ses couches, très redressées et mouvementées, forment l'arête qui limite au nord la vallée de Montbrun.

Les relations et les allures de ces deux termes du Tertiaire sont compliquées, et je ne donne qu'avec réserve les indications stratigraphiques suivantes.

En faisant abstraction des accidents de second ordre, les mouvements du Lacustre et de la Molasse peuvent être ramenés à un double plissement : au milieu, un grand pli synclinal très profond, dans lequel est restée la Molasse ; au nord, çà et là, quelques restes d'un pli anticlinal (cluse d'Hanary) ; au sud, un pli anticlinal formé par le Lacustre de Montbrun.

Ce dernier pli est séparé du synclinal par une faille qui est la continuation très atténuée de celle de Clément — Maurel, et qui coupe le bord sud de la Molasse à partir de Maurel ; ce terrain repose normalement sur le Lacustre supérieur, au nord de cette faille.

Le pli synclinal très profond de la Molasse se voit à Chabrelle, malgré la faille transversale qui le coupe en ce point (coupe 23, pl. II). Au-dessus de cette ferme, au nord, la Molasse retombe sur le Lacustre (partie supérieure à Potamides), marquant ainsi l'amorce d'un anticlinal, tandis qu'au sud elle rencontre bientôt la faille qui vient la séparer du Lacustre, sur lequel elle reposait d'abord (coupe 23, pl. II).

A la cluse du Toulourenc (Montbrun), le Lacustre disparaît au nord, le long de la faille (η), qui sur la rive gauche fait buter la Molasse contre le Néocomien supérieur. Le Lacustre reparaît sous les cailloux verts de la base de la Molasse, après le point 790 ; mais bientôt la Molasse retombe et montre dans la cluse d'Hanary un pli anticlinal très net, contre lequel bute le Lacustre au nord (coupe 24, pl. II) ; ce pli disparaît presque aussitôt, et au Moulin, la Molasse n'est plus représentée que par un rocher planté au milieu d'une bande étroite et irrégulière de Lacustre, prise elle-même entre deux bords néocomiens (coupe 25, pl. II). Il n'y a plus de stratigraphie possible : le Tertiaire est tombé dans la faille ; on le suit jusqu'au Barret, sous la première maison duquel on trouve encore, dans les prés, un rocher de Molasse et quelques marnes qui ne sont pas néocomiennes.

Le Lacustre du bassin de Montbrun représente le pli anticlinal sud, dont la couverture de Molasse a disparu ; les couches supérieures de ce Lacustre (calcaires à Potamides, cypris, marnes avec lignites) se voient au sud et au nord-ouest, là plongeant au sud, ici sous la Molasse. Dans le milieu du bassin, les couches sont très redressées et montrent les bancs de gypse de la partie moyenne du Lacustre (coupe 24, pl. II). Le long de la Molasse de Montbrun, la stratigraphie est masquée par les alluvions assez épaisses des deux torrents. Le Lacustre est traversé par plusieurs accidents, dont l'un paraît entre autres la continuation de celui de Chabrelle. Du reste, les accidents de second ordre qui compliquent les plissements de cette extrémité de la vallée du Toulourenc, sont très nombreux mais très embrouillés. Le Lacustre et la Molasse y ont été fortement comprimés dans l'écrasement et la tranformation en faille du pli synclinal dans lequel ils étaient déposés ; ils ont dû se plisser, se contourner et se casser de diverses manières, pour s'adapter à la place qui leur était laissée par les failles et les mouvements des grandes masses néocomiennes latérales.

C. *Revers nord de l'arête de Bluye.*

Le revers nord de l'arête de Bluye, qu'il reste à étudier, se décompose en deux parties bien distinctes : l'une *a*, qui constitue le revers proprement dit de la montagne et sa continuation stratigraphique à l'est jusque vers Montbrun ; l'autre *b*, beaucoup moins importante, faisant avec la première un angle très ouvert, et qui s'étend au sud-ouest de Mollans, entre l'Ouvèze et le plateau du Rissas.

a). La première partie du revers nord de l'arête de Bluye peut, à son tour, être divisée en deux fractions par le relèvement jurassique de Fontaube et le redressement correspondant de l'arête de Bluye; on aura donc : 1° à l'ouest, la montagne de Bluye proprement dite ; 2° à l'est, sa continuation stratigraphique.

1° La montagne de Bluye est constituée, comme le Ventoux, par un grand pli anticlinal (C) ouvert au nord, où il est suivi du pli synclinal (D), que remplit le Cénomanien d'Eygaliers (*fig*. 36, pl. I ; coupes 3, 10, 13, pl. II).

La structure du grand pli anticlinal de Bluye (C) est assez complexe vers l'est, où il se décompose en un double pli. En effet, un peu après les fermes de Bluye, le talus supérieur de la montagne laisse voir un pli anticlinal dont le côté nord se dessine nettement dans le piton 736 (coupe 15, pl. II), et se continue au delà. Ce pli est suivi, au nord, d'un pli synclinal représenté par une bande de terrains tombés dans une faille (β, coupes 13, 14, 15, pl. II), puis d'un pli anticlinal dont le centre est formé par l'arête jurassique de la cluse de Plaisians (coupes 14, 15, pl. II). C'est ce dernier pli, dont le côté sud est seul bien développé, qui paraît former ici le bord du bassin d'Eygaliers, malgré la faille (γ) qui le sépare du Grès vert (coupe 14, pl. II).

Ce double pli, très net en ce point, est entièrement subordonné au grand pli anticlinal (C) de Bluye, comme on le voit en le suivant à l'ouest. Il diminue très rapidement dans cette direction, et, tandis que les deux plis extrêmes, celui de l'arête même de Bluye et celui d'Eygaliers, s'accentuent, les deux plis médians, celui de la faille de Bluye (β) et celui de la cluse de Plaisians, s'atténuent et se perdent dans la réunion des deux premiers. On verra plus loin s'il n'est pas possible d'assigner une cause au moins occasionnelle à ce plissement complexe.

Je vais reprendre chacun de ces plis subordonnés, en suivant, de l'est à l'ouest, les modifications qu'ils subissent.

L'anticlinal qui formait la partie supérieure du talus de Bluye (coupe 15), s'efface très rapidement vers l'ouest dans un accroissement de son côté sud en hauteur et en puissance ; le sommet du pli se transforme en faille, comme on peut le voir dans le premier ravin transversal, et le côté nord disparaît entre cette faille et celle de Bluye (Comp. coupes 15 et 14, pl. II).

Le synclinal médian se confond en partie avec la faille de Bluye (β). Cette grande faille, qui peut se suivre jusque vers Montbrun, tantôt remplace ce pli, tantôt se combine avec lui, pour former deux fois sur son parcours comme une sorte de boutonnière[1]. La plus considérable de ces boutonnières, située au midi de Plaisians et d'Eygaliers, laisse voir assez nettement le pli synclinal dont je m'occupe. Vers les fermes de Bluye, les terrains qui occupent cette boutonnière sont disposés en série normale de l'Aptien, à peine discordant au nord avec les couches qui terminent la série néocomienne, au Lacustre qui bute au sud contre la faille de Bluye (coupe 14, pl. II). Les couches avec lesquelles l'Aptien est en contact semblent appartenir à UV, et la faille qui les sépare est, en ce point, réduite à un minimum, si même elle ne se résout pas en un simple glissement ; en tout cas, elle ne peut avoir fait dispa-

[1] Voir note, pag. 176.

raître une grande épaisseur de couches, et d'autant moins qu'elles sont verticales. On a donc ici la partie la moins altérée du pli. Des deux côtés, la faille nord s'accentue, et le pli est de moins en moins reconnaissable. Vers l'est, l'Aptien et les couches qui peuvent représenter UV disparaissent peu à peu ; le Cénomanien à *Hoslater subglobosus* et le Lacustre persistent seuls. En approchant de Fontaube, la stratigraphie devient de plus en plus obscure ; les deux coupes 15′ et 15″, pl. II, sont les seuls points où on puisse voir la disposition probable des couches. La présence de grès à *O. columba*, près de Fontaube, et, un peu plus haut, du Lacustre, montre que ce sont les parties supérieures du pli qui sont ici conservées. L'accident de Fontaube met brusquement fin à la boutonnière, et la faille de Bluye continue seule vers l'est.

Des fermes de Bluye vers l'ouest, la disparition de UV, de la partie supérieure du Néocomien, de l'Aptien, du Grès vert et de la plus grande partie du Lacustre, est encore plus rapide qu'à l'est. (Comp. coupe 14 et coupe 13, pl. II). La boutonnière se referme au-dessus de la ferme des Argilles (coupe 13′, pl. II), où se trouvent seulement quelques marnes lacustres, pincées dans une faille très oblique vers le sud, qu'elles jalonnent par leur couleur rougeâtre. Cette faille disparaît sous les éboulis et semble se perdre dans les plissements des couches profondes et peu consistantes du Néocomien, fortement exhaussé vers l'ouest.

Le pli anticlinal suivant, dont l'arête jurassique de la cluse de Plaisians forme le centre, offre une belle coupe de Néocomien dans les couches verticales qui forment son côté méridional. Son côté nord, disloqué et réduit, se trouve pris entre l'arête jurassique au pied de laquelle il a glissé (coupe 15, pl. II) et une faille (γ) qui le sépare du Grès vert du bassin d'Eygaliers (coupe 14, pl. II).

Cette faille prend ce pli en écharpe et fait successivement disparaître ses différentes parties, après les avoir fait buter contre l'Aptien. Aux Argilles, il ne reste plus entre l'Aptien et la faille de Bluye qu'une bande de Néocomien moyen qui paraît se réunir au Néocomien de la montagne de Bluye par les plissements dans lesquels se perd cette dernière faille. (Comp. coupe 13 à coupe 11, pl. II.)

Au delà des Argilles à l'ouest, il m'a été impossible de constater *de visu* cette double disparition ; il est vrai que le talus très raide de la montagne, couvert d'éboulis ou de bois, rend les recherches difficiles et incertaines. Ce qui est certain, c'est que plus loin il ne reste aucune trace de la faille de Bluye et des deux plis subordonnés médians. (Comp. coupes 14 et 13 à coupe 8, pl. II.)

Le dernier pli n'est autre que le pli synclinal d'Eygaliers (D), beaucoup plus important que les deux précédents, après la disparition desquels il reste à l'ouest en relation directe avec le grand anticlinal de Bluye (C) (*fig.* 36, pl. I ; coupes 10, 11, pl. II). Il forme le bassin d'Eygaliers, rempli par l'Aptien et le Grès vert. Son bord méridional apparaît un instant le long de la faille des Argilles (γ), un peu en amont des Moulins, sous la forme de deux monticules de calcaire de Vaison supportant les Marnes aptiennes (coupe 14, pl. II). De ce point jusqu'au ravin est de la Gardette, ces dernières butent contre le Néocomien moyen et inférieur (coupe 13, pl. II), et le bord du pli ne se voit pas.

Il se montre de nouveau un peu avant la Gardette, où le calcaire de Vaison reparaît avec le Néocomien qui le supporte (coupes 11', 11, pl II); leurs couches se relèvent rapidement vers le sud, puis vers l'ouest ; mais elles sont bientôt coupées au nord par une faille qui les sépare de l'Aptien du synclinal d'Eygaliers, en sorte qu'elles représentent ici moins le bord sud de ce pli (D) que le bord nord de l'anticlinal de Bluye (C).

Une faille (γ') sépare ce dernier bord du reste du pli, dont les parties profondes apparaissent au sud dans les marnes à Am. ferrugineuses, bientôt remplacées à l'ouest par le Jurassique supérieur (coupes 10, 9, 8, pl. II). Cette faille paraît être la continuation de celle des Argilles, qui dénivellerait ici les deux parties du grand anticlinal de Bluye (C), au moment où l'ensemble de ces plissements va subir une inflexion compliquée de la rencontre d'un accident transversal.

Le petit massif rocheux que l'Ouvèze traverse par un double coude avant d'arriver à Pierrelongue, forme comme le centre de ces mouvements ; je vais essayer de rendre compte de la stratigraphie très compliquée qu'il présente, et qui paraît due à la superposition d'une partie du pli synclinal d'Eygaliers (D), infléchi au S.-O., sur la partie centrale et profonde du pli anticlinal de Bluye (C), fortement exhaussée à son point d'inflexion.

En effet, le mouvement d'exhaussement vers l'ouest que j'ai signalé et qui fait disparaître les plissements secondaires (coupe 14, pl. II) de la partie E. de Bluye, atteint ici son apogée (coupes 8, 10, pl. II). Le Jurassique se relève, montre un anticlinal bien net (coupe 10, pl. II) dont le côté nord se redresse bientôt le long de la faille (γ', coupes 11, 10, 9, 8, pl. II), tandis qu'en supportant toute la série néocomienne qui affleure sur le talus de la montagne, le reste de cet anticlinal jurassique forme, de la façon la plus évidente, le long de la rive gauche de l'Ouvèze, le centre du grand pli anticlinal (C) de Bluye (coupe 10, pl. II). Le côté nord de ce dernier (C), qui avait en partie disparu dans la faille des Argilles (γ), se relève fortement vers l'ouest au midi de la Gardette et se renverse même partiellement (coupes 9, 10, pl. II), en décrivant une courbe dont la convexité est coupée par la faille qui le sépare de l'Aptien.

Cette courbe ramène sur la rive droite de l'Ouvèze les couches supérieures, après l'interruption apportée par le lit très large de cette rivière.

On trouve en effet, sur la rive gauche du ruisseau qui vient de la Penne, des calcaires à *Am. angulicostatus* plongeant à l'ouest, et vis-à-vis, sur la rive droite (coupe 9, pl. II), des calcaires de Vaison suivis au nord-ouest de Marnes aptiennes ? et de Grès vert à *Holaster subglobosus*, en couches verticales très écrasées et laminées le long d'une faille qui suit la rive droite de l'Ouvèze (ν, coupe, 9 pl. II).

Cette faille, dirigée du N.-E. au S.-O., coupe successivement ces divers accidents, dont elle relève le côté O. de plus en plus fortement en allant vers le S. Au N., elle fait buter contre l'Aptien le Grès vert du bassin d'Eygaliers, plissé en V le long de la rive droite de l'Ouvèze (coupe 10, pl. II). C'est le reste de ce V qui se retrouve le long de la faille, dans les couches à *Holaster* laminées (coupe 9, pl. II) et dans un lambeau de Grès vert avec *Am. varians* qu'on retrouve dans cette même faille un peu plus au sud, pris entre le Néocomien et les calcaires de J^2a (coupe 7, pl. II). En arrivant vers le ruisseau de la Penne, cette faille relève successivement sur sa lèvre ouest le Calcaire de Vaison, le Néocomien et jusqu'au Jurassique. Ces terrains forment une portion de voûte très fortement relevée et ouverte au midi; on peut la considérer comme la continuation du côté nord du pli de Bluye (C), ou demi-voûte de la Gardette, exhaussée et rejetée au nord-ouest par la faille précédente, qui représente ici le V du pli synclinal (D).

Cette portion de voûte est obliquement traversée par une faille (ξ, coupe 8, pl. II), d'abord très inclinée sur la faille principale (ν), et qui permet au Jurassique de se surélever plus tôt et bien plus que le Néocomien (coupe 7, pl. II). Après les ruines du château bâti sur la tranche des couches du Jurassique supérieur, cette faille (ξ) s'infléchit, devient presque parallèle à la principale (ν) et perd de son importance.

Le Néocomien, très mouvementé et traversé par des accidents subordonnés, s'infléchit au sud-ouest avec le Calcaire de Vaison, qui l'accompagne au N. et à l'O. C'est dans les couches inférieures et moyennes de ce Néocomien que l'Ouvèze a creusé son lit à son second coude, ce qui a amené la disparition de ce terrain sous les alluvions de la rivière. Il est très difficile de se rendre compte de ce qui se passe sous ces alluvions, fort étendues en ce point. Sur la rive droite, la voûte est très obliquement coupée par une faille (*o*, coupe 6, 7, pl. II) qui la fait buter contre l'Aptien et qui prend très rapidement de l'importance vers le sud, où elle laisse comme témoin de son passage et dernier reste de la voûte précédente le rocher qui donne à Pierrelongue son nom (coupe 6, pl. II). Ce rocher, dont la pétrographie, altérée par les mouvements qu'il a subis, peut le faire rapporter aussi bien au Jurassique qu'au Crétacé, appartient à ce dernier, comme le montrent les calcaires à silex mieux caractérisés qui le suivent à l'est, sous les dernières maisons du village (coupe 6, pl. II).

Quant à la stratigraphie du relief jurassique de la rive gauche de l'Ouvèze, elle est assez obscure. Il semble y avoir trois bandes de Jurassique supérieur (coupe 6, pl. II) : au sud, celle qui supporte normalement le Néocomien du talus de Bluye ; au milieu, des couches verticales qui paraissent être le retour, un peu dénivelé, du pli dont la bande précédente forme le côté sud ; l'apparition de ces couches est due au relèvement de la partie profonde de ce côté du pli par une faille qui traverse l'Ouvèze à son premier coude, et laisse le Néocomien, suite de la bande de la Gardette, en contrebas au nord ; enfin, une troisième bande formée par des couches verticales un peu inférieures à celles des bandes précédentes, semble appartenir à la voûte du Château; elle se termine au sud, sur le bord de l'Ouvèze, par des calcaires très tourmentés. On trouve là, au milieu de ces calcaires, des marnes avec des graviers, des parties ferrugineuses et de petites Bélemnites à section quadrangulaire, que je ne sais à quel terrain rapporter; peut-être est-ce un mélange superficiel et local. Sur le bord sud du Jurassique, il y a des marnes rouges lacustres qui se retrouvent sur la rive droite, au-dessus du Grès vert, et qui jalonnent la faille dont il me reste à parler.

Cette faille (γ''), qui fait buter contre le côté sud du pli de Bluye (C) tous les accidents précédents, peut être considérée comme la continuation ou la reprise de la faille (γ'), qui aurait traversé la région tourmentée de Pierrelongue en répartissant en quelque sorte son action d'une manière très inégale dans les différents accidents de cette région, en particulier dans la faille qui traverse l'Ouvèze un peu en amont de son premier coude. Quoi qu'il en soit, elle continue l'accident qui dénivelle le coté nord du pli de Bluye. A l'ouest, sur la rive droite de l'Ouvèze, elle disparaît bientôt sous la Molasse de Mollans, après avoir fait, au delà de la faille (o) de Pierrelongue, buter le Néocomien de Bluye contre le Grès vert (coupe 6', pl. II). Celui-ci se relève normalement au-dessus de l'Aptien (*ibid.*), et marque en quelque sorte la reprise du Grès vert du pli d'Eygaliers (côté nord), interrompu par les accidents dont j'ai essayé de rendre compte; il le relie en même temps à un grand développement de ce terrain qui s'étend sur la rive gauche de l'Ouvèze, et dont nous retrouverons le bord dans la seconde partie ou partie S.-O. du revers de Bluye.

2° La continuation stratigraphique du revers nord de Bluye présente, à l'est de Fontaube, une structure plus facile à saisir qu'à l'ouest. Il est constitué dans sa première partie, de Fontaube à la hauteur de Savoillans, par une voûte ouverte dans le Néocomien et qui bute au nord contre un relief jurassique. Cette voûte néocomienne est la continuation de l'anticlinal secondaire qui apparaît au point 736 (coupe 15, pl. II) et se prolonge, avec des inflexions diverses, jusque vers Montbrun (coupes 16, 17, 18,

20, 21, pl. II). Le mouvement d'exhaussement par refoulement qui se produit à Fontaube, en relevant ce pli, redresse fortement l'Urgonien (U et UV), qui le recouvre au sud et qui constitue, le long du Toulourenc, la prolongation, topographiquement abaissée, de l'arête de Bluye, ou arête de Brantes (*ibid.*).

L'arête jurassique contre laquelle bute au nord cette voûte néocomienne est constituée par un pli anticlinal (coupes 16, 17, pl. II), ainsi que le montre à Fontaube le Néocomien inférieur, qui en recouvre l'extrémité et qui au delà reste en contrebas au sud jusqu'à ce qu'au nord de Brantes le Jurassique arrive à son tour au contact de la faille (β) (coupe 18, pl. II). Ce pli jurassique peut être considéré comme le pli de la cluse de Plaisians, fortement exhaussé et rejeté au sud, de manière à écraser et à faire disparaître dans la faille de Bluye son propre côté sud et ce qui restait du synclinal secondaire de Bluye.

A Fontaube, le Néocomien inférieur semble bien dessiner ce mouvement jurassique, malgré les deux failles de la cluse du ruisseau d'Eygaliers. La faille de Bluye (β), de son côté, est jalonnée par les marnes et les calcaires du Lacustre de Bluye, dont il reste çà et là, dans cette faille, des lambeaux assez considérables entre la voûte néocomienne et le relief jurassique (coupe 16, pl. II).

Arrivées au torrent de Péguière, les couches jurassiques plongent rapidement vers le N.-E. et disparaissent en partie dans la profondeur, dans la faille, et en partie sous le Néocomien inférieur qui les remplace au N. En même temps, la faille de Bluye s'ouvre en boutonnière ou plutôt se rejette un peu au N., pour laisser reparaître une bande de Grès vert et d'Aptien accompagnés d'un peu de Lacustre. De son côté, la voûte néocomienne du S. se renverse un peu vers le Toulourenc, de manière à laisser reparaître les calcaires de Vaison sur son revers nord (coupes 20, 20″, pl. II).

Les couches qui remplissent la boutonnière de Molestre (coupes 20″, 21, pl. II) plongent sud comme celles de Bluye : elles sont donc renversées par rapport aux calcaires de Vaison et à la voûte qu'ils recouvrent ; de plus, elles sont obliquement placées dans cette boutonnière. A Péguière, on trouve en effet des couches à *O. columba* recouvertes par des calcaires à silex qui représentent la partie la plus élevée du Cénomanien dans la région ; ceux-ci sont séparés des calcaires de Vaison par des marnes qui paraissent lacustres. A l'est au contraire, vers Chanu, tout le bord nord de la boutonnière est occupé par l'Aptien, qui paraît lui-même dans une position un peu anormale, et on ne retrouve plus que les couches à *Am. varians* au sud, où les calcaires de Vaison ont à leur tour disparu. Du reste, à partir de ce point, le bord nord de la voûte de Brantes présente des accidents dont il est difficile de se rendre compte, et la stratigraphie devient incertaine.

A Vachonne, la boutonnière se referme dans le Néocomien moyen et inférieur, et le Jurassique reparaît au nord sous la forme d'un pli qui se relève vers le S.-E., mais dont le côté sud tombe bientôt dans la faille (β, coupe 22, pl. II). Faut-il considérer ce pli comme la continuation de celui de Fontaube —Péguière, qui aurait disparu dans la profondeur le long de la faille de Bluye, ou faut-il y voir un nouveau pli parallèle au précédent? Tout ce qu'on peut dire, c'est que cette disparition correspond à un abaissement du Néocomien entre deux accidents (failles ou plis) qui arrivent très obliquement de la montagne de la Goine, sur la faille de Bluye, aux deux extrémités de la boutonnière de Molestre. Une de ces failles est intéressante parce qu'elle présente en perspective tour à tour un pli (Saint-Pierre, coupe 21, pl. II) ou une faille. A Vachonne même, on voit très nettement les couches de Berrias et de N^3 s'étirer en quelque sorte de plus en plus, jusqu'à ce qu'elles se rompent et tombent au pied d'un mur jurassique (coupes 21″, 22″, pl. II).

Au delà, vers l'est, ce qui reste de la voûte néocomienne de Brantes, dernier représentant de l'anticlinal de Bluye (C), d'abord plus ou moins renversé, puis resserré entre deux failles convergentes (β, η, coupe 23, pl. II), paraît se terminer à Saisse. Le Jurassique de Vachonne, d'abord relevé, s'abaisse, et la voûte néocomienne qui le recouvre paraît se substituer à la précédente ; c'est au moins ce que semble montrer la vallée nord-sud du Toulourenc (Montbrun). Après cette vallée, on ne revoit plus, comme je l'ai dit précéemment, qu'un grand développement de Néocomien marneux, formant deux ou trois plis qui successivement disparaissent dans la faille Chante-Abri—Moulins (η), qui les coupe obliquement ; le dernier paraît renversé au pied des contreforts jurassiques de la montagne de Buc.

b). La seconde partie du revers de Bluye est dirigée vers le S.-O. Les couches urgoniennes de l'extrémité ouest de la montagne de Bluye s'infléchissent vers le S.-O., pour aller rejoindre celles du Rissas et former le fond de bateau qui représente à l'ouest l'extrémité du pli synclinal du Toulourenc (B). Les couches supérieures du Néocomien suivent ce mouvement, et le talus nord de Bluye se continue sur le bord relevé de ce fond de bateau. Ces couches s'abaissent vers le S.-O., et leur partie inférieure disparaît peu à peu sous la Molasse sableuse de la vallée, qui la recouvre et la perfore.

Ce talus néocomien est-il limité par une faille, comme le laisseraient supposer quelques rochers de calcaires grenus à silex qui apparaissent çà et là, ou représente-t-il le côté d'une voûte ouverte, dont les pointements jurassiques et néocomiens, qui surgissent au milieu de la Molasse sableuse (rocher d'Entrechaux, coupes 2, 2″, pl. II), formeraient le centre, tandis que les affleurements d'Urgonien ou de Néocomien supérieur qu'on trouve près de l'Ouvèze, au nord d'Entrechaux (coupe 2, pl. II), en représenteraient le bord opposé? Il paraît probable que ces deux suppositions se trouvent réalisées ; elles ne s'excluent nullement.

Quoi qu'il en soit, du reste, des allures précises de la bande de Néocomien et de Jurassique que recouvre la Molasse sableuse, il est évident qu'elle continue le revers de Bluye et le relie aux montagnes de Gigondas.

Cette continuité est confirmée par les allures de la faille (γ''') qui limite cette bande au nord et la fait buter contre le Grès vert (cluse de l'Ouvèze, Pierrelongue, Eygaliers). Ces allures sont celles de la faille transversale de Pierrelongue (γ''). Toutes deux séparent la même bande de Grès vert de la même bande de Néocomien, et disparaissent sous la Molasse de Mollans ; elles s'y rencontrent et y sont évidemment en continuité; elles montrent ainsi, en révélant un mouvement parallèle à celui de l'arête de Bluye, qu'elles appartiennent au même soulèvement, dont la direction seule et les allures de détail ont été modifiées.

La faille (γ''') dont je viens de parler, présente encore ce fait remarquable qu'elle sépare sur une grande partie de son parcours la Molasse inférieure, qui s'étend sur le Grès vert, de la Molasse sableuse, qui recouvre et perfore les pointements jura-crétacés de la plaine (coupes 2, 2'', pl. II).

La discordance locale que je signale entre M^1 et M^2 se montre de la manière la plus frappante sur le bord du Rissas, où la Molasse sableuse s'élève à une altitude assez grande (500^m), et perfore aussi bien les lambeaux de Molasse inférieure isolés sur le Rissas que l'Urgonien, qui les supporte et qui servait de rivage à la mer de M^2 (coupe 3', pl. II).

Quelle que soit l'évidence de ces discordances, elles sont toujours locales, comme nous le verrons dans la troisième région ; ici même, à Mollans, on voit la Molasse sableuse se relier peu à peu à la Molasse inférieure par toutes les couches intermédiaires disposées en retrait, et cela, le long de la faille même qui établit leur discordance vers Entrechaux.

La Molasse sableuse entoure tout le massif du Rissas jusqu'aux Valettes, où elle se retrouve avec la Molasse inférieure dans des rapports analogues aux précédents et dont il a été déjà question.

La disposition des plissements dont j'ai essayé de rendre compte est, dans une assez large mesure, sous la dépendance immédiate des variations d'épaisseur et de consistance du Néocomien supérieur et de l'Urgonien. J'ai déjà fait allusion à cette dépendance, frappante dans la deuxième région ; il n'est peut-être pas inutile d'y revenir avec quelques détails.

La diminution d'épaisseur et de consistance de la série urgo-néocomienne (N^3b, N^4, U, UV) ne peut être méconnue malgré la multiplicité des accidents stratigraphiques qui viennent masquer la continuité des couches et faire disparaître une partie de ces dernières ; elle est évidente vers le nord et vers l'est, ou plutôt le nord-est.

On peut la constater facilement en suivant, de l'ouest à l'est, l'arête de Bluye. A l'ouest, sous le Pas du Boulard et le point culminant de Bluye, grande épaisseur de Néocomien supérieur formé de calcaires durs et siliceux, surmontés par un Urgonien consistant et développé ; à l'est, au nord de Montbrun, Néocomien à aspect rubané dans toute son épaisseur, formé de marnes et de calcaires marneux; à la partie supérieure seulement, quelques couches consistantes de calcaires plus durs et siliceux peuvent représenter une partie de N^4 et U ou UV; entre ces deux extrémités, décroissance la plus graduelle. Le détail suivant permet de mesurer en quelque sorte cette dernière : à Brantes, les couches verticales de N^4 et des calcaires que je rapporte à UV sont séparées par une dizaine de mètres de calcaires à foraminifères, qui forment comme un mur ou un dyke en saillie sur l'arête ; or, à l'ouest, le long du sentier de montagne qui mène de Plaisians à Saint-Léger, dans la dernière cluse, ces calcaires ont au moins une trentaine de mètres. Ce fait serait insuffisant à lui seul, à cause des variations de ce genre de dépôts, s'il ne représentait, en proportions réduites, ce que l'ensemble de cette arête montre d'une manière évidente.

Le même phénomène de décroissance se montre du sud au nord, quand on compare le Ventoux à l'arête de Bluye. Vers Brantes, par exemple, selon les coupes 16 et 17, pl. II, au Ventoux N^4 à 5 à 600^m au moins, à Brantes même, où son épaisseur est plus difficile à mesurer, elle ne dépasse pas 150 à 200^m.

Sur le revers nord de la montagne de Bluye, cette diminution d'épaisseur et de consistance du sud au nord est très remarquable, si on compare l'arête de Bluye avec les deux points qui, dans la boutonnière de Bluye, présentent la série la moins incomplète, c'est-à-dire le piton 736 (coupe 15, pl. II), ou plutôt le piton qui est plus à l'est, et le bord de l'anticlinal de Plaisians, près des fermes de Bluye (coupe 14, pl. II).

Je sais bien qu'on peut faire appel à des accidents stratigraphiques pour expliquer ces apparences.

A Brantes, par exemple, on pourrait se rendre compte de l'amincissement de N^4 par la disparition d'une partie de cette assise dans une faille, selon la *fig.* 37 ; mais je ne crois pas qu'aucun géologue ayant parcouru les coupes de cette région accepte en ce point la disparition par faille de presque toute la masse des calcaires qui, au Ventoux et à Bluye, surmonte les calcaires marneux à criocères.

Le long de la boutonnière de Bluye, les failles existent, et, en dehors des deux points que j'ai relevés plus haut, elles font disparaître, de la

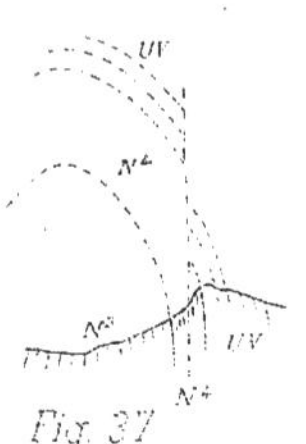
Fig. 37

manière la plus évidente, tout ce qui pourrait être rapporté à l'Urgonien et à la partie supérieure de N^4 ; mais ici encore la disposition en pli synclinal, dont témoignent précisément les deux points précédents, rend peu admissible sur ces mêmes points la disparition, dans ces failles, de quelques centaines de mètres de calcaires compactes et résistants.

On pourrait alors supposer que l'amincissement des couches supérieures de la série urgonienne est due à des dénudations qui ont précédé le dépôt de A^3; mais, ici encore, l'ensemble des relations de ces divers termes dans toute la région du Ventoux n'autorise pas la supposition d'aussi grandes dénudations entre le dépôt de l'Urgonien et celui de l'Aptien supérieur, époque à laquelle se sont produits cependant les mouvements très sensibles du sol qui sont entrés comme facteurs dans ces diminutions d'épaisseur.

Quelle que soit la valeur des explications qu'on pourrait proposer pour rendre compte des faits précédents, elles ne sont plus applicables à Pierrelongue, où la diminution d'épaisseur de N^4 et de U se présente dans des conditions qui ne permettent aucun doute.

Si on veut bien se reporter aux coupes 8, 10, 11 et 7, 8, 9, pl. II, on voit, au sud, le talus de la montagne de Bluye formé par une grande épaisseur de Néocomien bien développé à sa partie supérieure et couronné par les calcaires massifs et abrupts de l'Urgonien ; au nord, au contraire, sur la rive droite de l'Ouvèze, dans l'autre partie du pli anticlinal, on trouve N^4 formé, comme à Brantes, par une épaisseur réduite de calcaires et de marnes ferrugineuses, et suivi par une épaisseur tout aussi réduite de calcaires grenus à silex et à foraminifères et de calcaires à faciès de Vaison qui paraissent retomber sur l'Aptien. C'est là tout ce qui reste du talus de la montagne de Bluye, car à l'ouest de Pierrelongue, de l'autre côté de la bande d'Aptien, on retrouve (coupe 6, pl. II) la même diminution de puissance dans des conditions stratigraphiques parfaitement normales, et on peut s'assurer que les 4 ou 500^{m} de N^{4} et de U de la rive gauche sont représentés par moins d'une centaine de mètres sur la rive droite de la vallée.

Pour se faire une idée juste de la diminution d'épaisseur que je viens de mettre en évidence, il faut, dans les comparaisons précédentes, tenir compte de la distance absolue des points considérés, toujours sensiblement supérieure à leur distance topographique. Dans ce dernier cas, par exemple, la distance en projection horizontale est d'environ 2 kilom., tandis qu'en tenant compte de la courbe décrite par les couches, on peut l'estimer à près de 3 kilom. pour le massif du château de Pierrelongue et à plus de 4 pour le promontoire qui est au nord-ouest de ce village. Il en est de même dans la coupe de Brantes : la distance horizontale du Ventoux à ce village est d'environ 4 kilom., tandis qu'en tenant compte des courbes elle atteint près de 6 kilom.

Une fois cette diminution de la série urgo-néocomienne bien établie au nord et à l'est, il est facile de montrer son influence sur les plissements dont cette région a été le théâtre. Dès l'abord, on comprend qu'un même mouvement doit se traduire différemment, selon qu'il rencontre ou non la masse bien développée de N^{4} et de U. Le revers nord de la montagne de Bluye le prouve avec évidence. Les couches puissantes et résistantes de la partie sud-ouest ne se sont pas prêtées aussi facilement à des plissements multiples que les couches réduites et de nature moins résistante de la partie nord et est; il en est résulté la dyssymétrie des deux côtés du grand pli anticlinal de Bluye. Le côté S. est resté intact avec sa grande masse, tandis que le côté N. a été affecté par des plissements de second ordre compliqués, dont les inégalités mêmes pourraient encore, dans une large mesure, être attribuées à la même cause.

Des faits analogues peuvent être observés au Ventoux et dans la vallée du Toulourenc : à l'O. et au S., grandes masses résistantes et plissements simples et à grande échelle ; à l'E., diminution de puissance et de résistance, et multiplication des plissements de second ordre dans lesquels se perdent peu à peu les premiers. Le phénomène est frappant dans la vallée du Toulourenc, de l'ouest à l'est.

Je n'insiste pas davantage sur les rapports qui existent entre les grands reliefs et les grandes masses sédimentaires : ils paraissent trop évidents au Ventoux. Il ne faudrait cependant pas en exagérer la portée et attribuer, dans l'étude de la stratigraphie dynamique, une influence trop grande à la puissance et à la nature des sédiments. Les mouvements qui déterminent les soulèvements ont des causes générales et complexes, lointaines et profondes, auprès desquelles les différences de résistance des couches sont bien peu de chose ; celles-ci ne peuvent exercer une action que sur la manière dont ces mouvements se traduisent à la surface du sol, dans le détail et sur tel point donné.

Ceci m'amène à dire quelques mots de la cause probable de ces grandes différences de puissance dans les sédiments. En dehors de la question de l'apport plus ou moins grand des sédiments sur un même point, ces différences sont évidemment liées à des affaissements plus ou moins localisés. M. Lory a émis l'idée qu'elles étaient en rapport intime avec de grandes failles, le long desquelles, comme lignes de moindre résistance, se faisaient les mouvements d'affaissement.

Je suis porté à accepter cette théorie, mais à la condition d'admettre que dans la plupart des cas, et surtout lorsqu'il s'agit de terrains relativement récents, ces failles sont des failles anciennes et profondes, celles qui commandent les mouvements stratigraphiques généraux, mais qui ne correspondent pas nécessairement à celles que nous constatons à la surface; que, par conséquent, elles ne formaient pas des falaises pas plus sous-marines qu'exondées, le long desquelles se faisait la séparation des dépôts, mais se bornaient à rendre possibles et à faciliter les mouvements d'oscillation du fond des mers.

Ce fait me paraît évident dans la deuxième région. S'il y a une faille profonde qui ait joué un rôle, et dans la stratigraphie générale, et dans les différences de sédimentation, cette faille ne saurait correspondre à aucune de celles qu'on constate aujourd'hui. Si l'on veut, en effet, essayer de marquer sa direction d'après la ligne qui sépare les grandes différences de puissance de l'Urgonien et du Néocomien supérieur, on trouve une direction générale qui est bien celle de l'ensemble des grands accidents de la région, mais n'est celle d'aucune faille en particulier, et qui même en coupe plusieurs plus ou moins obliquement ; parmi ces dernières, il y en a dont les effets sont inverses.

En un mot, les failles anciennes permettent le mouvement des grandes masses profondes les unes sur les autres, et, par là, les contractions de l'écorce terrestre ; mais, à la surface, la mince pellicule des couches sédimentaires supérieures se plisse et se casse de mille manières pour suivre les mouvements du sous-sol et s'y adapter, sans reproduire, nécessairement et toujours, ces mêmes failles en se brisant.

CHAPITRE III

Troisième région.

La troisième et la quatrième région forment, à l'ouest du Ventoux, un massif montagneux entouré de toutes parts par la Molasse redressée, sauf au sud-est, où il se relie au Petit-Ventoux par un isthme relativement étroit. La troisième région occupe la grande moitié méridionale de ce massif; elle est limitée : au nord, par la quatrième région, dont la sépare une ligne oblique correspondant à peu près à la bande néocomienne qui suit, au nord, l'arête jurassique Gigondas — Saint-Amand ; au sud et à l'ouest, par la Molasse de la plaine ; au nord-est, par la Molasse de la vallée de Malaucène ; au sud-est, enfin, par la première région (extrémité du Petit-Ventoux et cône de Crillon).

Cette région comprend les montagnes de Gigondas et de Saint-Amand, les massifs de Laroque et du Barroux, et le bassin de Suzette. Elle est caractérisée par l'extrême dislocation des terrains qu'on y rencontre.

I. Les terrains de la troisième région appartiennent au Jurassique, au Néocomien et au Lacustre, avec son Horizon de Suzette ; au sud-est, on rencontre un peu d'Urgonien ; et enfin, tout autour, la Molasse avec deux lambeaux restés dans l'intérieur.

Le Jurassique occupe toute la moitié nord-ouest de la troisième région. — C'est son principal gisement dans la région du Ventoux, ses parties inférieures et moyennes n'affleurent même sur aucun autre point. — Il y constitue une chaîne complexe très brusquement relevée, courant du sud-ouest au nord-est, et qui forme presque exclusivement les montagnes de Gigondas et de Saint-Amand. Au sud, il constitue encore le relief isolé de Laroque, qui est suivi, à l'est, de quelques autres affleurements beaucoup moins importants, perdus au milieu du Néocomien.

Ce dernier terrain occupe les plis très multipliés du Jurassique et forme au nord-ouest et au sud-est, sur le côté extérieur du soulèvement jurassique, deux bandes plus importantes. La majeure partie de ces affleurements néocomiens est constituée par le Néocomien inférieur et moyen ; ce n'est que sur le côté externe des deux bandes formées par ce terrain qu'apparaissent ses couches supérieures. Celles-ci sont peu développées : au nord-ouest, on ne les rencontre que vers la limite de la quatrième région, à laquelle elles se rattachent ; au sud-est, on les observe sur plusieurs points ; au midi de Font-Sante, entre autres, N^4 présente des caractères tout à fait semblables à ceux qu'il revêt à Brantes.

Cette assise prend peut-être au Barroux un développement assez considérable ; toutefois, les calcaires qui pourraient lui être rapportés ne sont pas assez bien caractérisés pour être distingués avec sécurité de ceux de l'Urgonien (calcaires de Vaison). Je n'y ai point rencontré de fossiles et leurs rapports stratigraphiques laissent la question en suspens [1].

L'Urgonien est mal et très-incomplètement représenté dans cette région. En dehors des calcaires de Vaison qui occupent la limite N.-O. et des calcaires douteux dont il vient d'être question, on ne peut attribuer à ce terrain que les calcaires à débris et à silex qui renferment, ici des Orbitolines (très rares), là des polypiers, et qui bordent le Néocomien au nord de Saint-Hippolyte (Graveiron), au sud-ouest et au sud-est du Barroux.

Les calcaires à Requienia manquent absolument ; toutefois, comme les calcaires attribués à l'Urgonien peuvent être considérés comme représentant U^1, on pourrait supposer que les calcaires à Requienia les recouvrent

[1] Ces calcaires sont compris entre quelques bancs de calcaires à silex et des calcaires à silex urgoniens. Ce sont là des rapports qui, joints à certains caractères pétrographiques, les rapprochent de UV ; mais, d'un autre côté, les calcaires à silex inférieurs, par leur faciès et par leurs rapports avec les couches qui les précèdent, ne paraissent pas correspondre à ceux qui séparent souvent N^4 de UV ; enfin, au-dessus d'eux, on retrouve parfois une couche qui rappelle certaines parties de N^4. Des fossiles caractéristiques pourront seuls trancher cette difficulté.

sous la Molasse. Il ne semble pas devoir en être ainsi : dans la plaine, on ne retrouve que N^4 ou des calcaires à débris et à silex, rien qui indique un développement plus complet de l'Urgonien ; ici donc, comme au nord du Ventoux, tout nous permet de supposer que nous sommes à la limite du bassin où l'Urgonien classique s'est formé.

Le terrain lacustre avec l'Horizon de Suzette remplit tout l'espace compris entre les deux bandes jura-néocomiennes précédentes. L'Horizon de Suzette en occupe la plus grande partie, toujours au voisinage des affleurements jurassiques, tandis que le Lacustre normal ne se montre qu'aux extrémités de ce bassin, au nord-est et au sud-ouest, pour disparaître bientôt sous la Molasse ; ce n'est que vers Lafare qu'on en rencontre un lambeau au milieu de l'Horizon de Suzette, dans l'intérieur même du bassin (coupe 5, pl. III). Nous trouvons ici l'unique gisement de l'Horizon de Suzette ; je n'ai donc pas à revenir sur ce qui a été dit dans la première partie, non plus que sur les particularités du Lacustre de ce bassin, particularités qui ne facilitent pas les équivalences de détail et font même hésiter sur son équivalence générale avec le Lacustre plus typique de la première région [1].

[1] Pendant que je corrigeais les épreuves de ces lignes, M. de Rouville retrouvait dans un tiroir oublié de la collection Renaux, un Lychnus dont par conséquent je n'avais pu avoir connaissance lorsque j'ai fait le relevé de tous les fossiles intéressant la région du Ventoux et appartenant à cette collection. Ce fossile porte écrit au crayon : eaux de Vacqueyras. Si une étiquette au crayon sur un unique exemplaire ne devait pas laisser de doutes sur sa provenance, ce Lychnus appartiendrait aux calcaires qui forment une grande lentille au milieu du bassin lacustre de Vacqueyras.

Les restrictions que j'ai faites au sujet de l'Horizon de Suzette, du lacustre de Vacqueyras, dont il dépend, et des calcaires de Jocas, dont la partie inférieure a tant d'analogies avec ce même Horizon, se trouveraient plus que confirmées. Tous ces dépôts devraient être rapportés à l'étage de Rognac, c'est-à-dire encore au Crétacé. Leurs relations avec les autres dépôts lacustres de la région restent obscures, à moins qu'on ne doive rattacher à ce même étage le Lacustre de Malaucène, de Bluye et peut-être même de Crillon. De nouvelles recherches, qu'il ne m'est pas possible de faire en ce moment, sont encore nécessaires, soit pour confirmer, soit pour compléter cette importante rectification à mon travail.

Si elle se confirme, les sables S, inférieurs aux calcaires de Jocas, appartiendraient bien au Crétacé, comme j'inclinais à le croire à cause de leur équivalence probable avec les dépôts analogues de Baron (Uzès).

La Molasse forme à l'ouest et au sud la limite externe de la région. Au nord-est, elle la borne aussi, mais en la rattachant à la deuxième par la vallée de Malaucène, en quelque sorte commune à ces deux régions.

Dans l'intérieur de la région, la Molasse a laissé deux témoins : l'un de Molasse inférieure sur le point culminant du Jurassique, l'autre de Molasse d'eau douce, perdu au milieu du bassin de Suzette, et dont il a été déjà question. Au Barroux, elle s'avance aussi quelque peu au delà de ses limites ordinaires.

On ne rencontre presque pas d'alluvions dans cette région; il faut aller les chercher au sud et au sud-ouest sur la Molasse de la plaine. En dehors des alluvions tufacées de Lafare, déjà mentionnées, on ne trouve que quelques alluvions anciennes sur la Molasse d'eau douce, au midi de Suzette, et dans le fond du ravin de la Combe, des dépôts, parfois assez puissants, d'alluvions récentes dans lesquelles le ruisseau creuse à nouveau son lit.

II. Au point de vue stratigraphique, la troisième région est rattachée à la quatrième par le soulèvement de la Molasse qui les réunit toutes deux dans un même bombement tertiaire, limité presque de toutes parts par la Molasse inférieure fortement redressée (coupes 3, 5, pl. III ; et 4, 5, 6, pl. IV) et dont le point culminant porte encore un témoin de ce terrain (coupe 11, pl. III). Toutefois, les deux grands plissements des terrains secondaires, presque perpendiculaires l'un à l'autre, qu'entoure cette Molasse et qui donnent à ces deux régions leur raison d'être, demandent à être étudiés séparément.

Considérée isolément, la troisième région est constituée (coupes 4, 5, 6, pl. III) par un grand plissement jurassique très complexe, dirigé du sud-ouest au nord-est, dont les parties centrales déprimées, plissées ou éventrées, ont conservé des restes du Néocomien sus-jacent ou ont été remplies par des dépôts plus récents (*ibid.*), tandis que ses extrémités sud-ouest et nord-est, restées en quelque sorte béantes, sont recouvertes par le Tertiaire fortement redressé vers le centre du soulèvement. Sur les côtés externes de ce plissement, on retrouve le Néocomien et l'Urgonien : au nord (coupes 3, 4, 5, 13, 14, pl. III), redressés et limitant la région ; au sud (coupes 4, 5, 6, 16, pl. III), fortement plissés et disparaissant sous la Molasse de la plaine, sauf au sud-est (coupes 20, 21, pl. III), où ils se prolongent dans le Petit-Ventoux.

Cette structure, que la distribution générale des terrains laissait soupçonner, est relativement simple dans ses grands traits, mais extraordinairement compliquée, parfois tout à fait inextricable dans le détail. Cette complication n'a rien d'étonnant, puisqu'au fond la structure de cette région est le résultat très apparent de la superposition d'au moins deux soulèvements à peu près perpendiculaires l'un à l'autre : l'un indiqué par le relèvement de la Molasse, l'autre par le plissement jura-néocomien ; le premier réunit, comme je l'ai dit, la troisième région à la quatrième, tandis que le second la rattache, comme on le verra plus loin, à la première et à la deuxième.

Pour faciliter l'étude stratigraphique de cette région, je distinguerai et décrirai l'un après l'autre les deux groupes stratigraphiques qui révèlent cette double origine.

1. Le premier, de beaucoup le plus important, et qui forme comme l'ossature de la région, consiste uniquement dans le plissement des terrains secondaires dirigé E.-N.-E. Ce plissement, presque tout entier jurassique, se décompose en nombreux plis subordonnés dont quelques-uns, fortement relevés et déchiquetés, forment les arêtes jurassiques, qui sont le trait dominant de la région.

Laissant de côté, pour le moment, le Néocomien, qui partout accompagne invariablement le Jurassique, mais dont la masse reste toujours en contrebas des arêtes, je vais essayer de rendre compte de la structure compliquée de ces dernières par une série de coupes transversales prises à quelques centaines de mètres les unes des autres, en allant de l'ouest à l'est.

a). Les montagnes de Gigondas forment, à l'est du village de ce nom, trois arêtes jurassiques séparées par des vallons néocomiens. Cette disposition, qui résulte des plissements du terrain jurassique, est fréquente dans le midi de la Drôme, où elle a été signalée, mais diversement comprise, par Sc. Gras et par M. Lory.

La coupe 1, pl. III, montre l'extrémité des trois arêtes (*A*. *B*. *C*.) trop disloquées pour laisser reconnaître leur structure ; au delà, vers l'ouest, elles disparaissent entièrement le long d'un accident transversal, sous le Néocomien et le Tertiaire. Plus à l'est, tandis que l'arête nord (*A*) continue sous forme de bande jurassique prise entre deux failles, les arêtes méridionale (*C*) et médiane (*B*) semblent se confondre dans une grande voûte (coupe 2, pl. III). Le commencement de l'arête médiane, qui offre une belle coupe de J^2, forme un des bords de cette voûte, tandis qu'il faut chercher l'autre dans les pics rocheux du côté sud ; la partie centrale éventrée laisse voir les marnes et les calcaires marneux de J^1, au nord-ouest de la bergerie de Raymond bas (coupe 2, pl. III). La voûte se divise bientôt en deux plis anticlinaux subordonnés ; la moitié du premier est représentée, au nord, par la suite de l'arête médiane (*B*) ou arête du Turc, le second par l'arête méridionale (*C*) ou arête de Montmirail. Une faille (δ, coupes 3, 4, pl. III), oblique par rapport à leur axe, coupe d'abord la grande voûte vers son point de dédoublement, puis le pli subordonné nord. Elle ne laisse subsister de ce dernier que le côté nord dans les couches verticales du rocher du Turc (coupe 3, pl. III) ; mais plus à l'est, après qu'une faille transversale (ζ, coupe 4, pl. III) a relevé le fond de la vallée d'Assault (coupe 5, pl. III), on voit l'arête du Turc formée par un pli anticlinal très aigu (coupe 5', pl. III). A la cluse de Cassan, ce pli, subitement abaissé, est coupé obliquement par une faille (δ') avec laquelle il se perd dans les marnes néocomiennes de Cassan (coupe 6, pl. III).

Au sud-ouest de Châteauneuf, un petit pointement de J^2 (coupe 9, pl. III) jalonne encore cette arête (*B*) et la relie à la chaîne de Saint-Amand.

L'autre pli (arête *C*) est beaucoup plus élargi ; son côté nord, abaissé par la faille (δ), est recouvert par un lambeau de Néocomien qui forme les terres cultivées de la ferme Raymond. Son côté méridional, disloqué par de nombreux accidents, s'abaisse d'abord vers le sud avec une pente relativement douce (coupe 3, pl. III) ; mais comme la vallée d'Assault, ce pli est bientôt fortement relevé (coupe 4, pl. III) par la même faille transversale (ζ) qui fait reparaître le double pli précédemment masqué par la faille (δ) (coupes 3 et 5, pl. III). L'arête de Montmirail (*C*) n'est plus alors formée que par le côté nord du pli méridional éventré (coupes 4-5, pl. III) ; elle montre, au sud, un bel escarpement qui se prolonge jusqu'à la cluse de Saint-Christophe, en dominant toujours les marnes J[1]. On retrouve dans ces marnes la disposition en pli anticlinal (coupes 5-6, pl. III), mais avec son bord sud coupé par une faille (ε, coupes 4-5, pl. III) qui relève de nouveau les marnes, bientôt recouvertes par l'Horizon de Suzette. Ce pli se continue, se renverse ? et se perd peu après Lafare, dans un grand développement de marnes noires jurassiques où la stratification devient difficile à démêler.

Au delà de la cluse de Saint-Christophe, l'arête de Montmirail ne se continue plus que d'une manière interrompue jusqu'à la ferme de Quoi-Lève, où elle disparaît tout à fait. Au rocher même de Saint-Christophe, elle est partagée longitudinalement en deux par une faille qui abaisse la partie méridionale du pli (*C*) (coupe 6, pl. III). Vers le rocher suivant, formé lui-même par le sommet de ce pli (coupe 6″, pl. III), on voit cette partie remplacée par des marnes (J[1]cb), ce qui indique qu'elle a été fortement relevée; elle ne reparaît en effet plus comme relief calcaire. L'autre partie du pli (*C*), rejetée au nord et exhaussée au sud-ouest du point 399 par une faille transversale nettement accusée, s'abaisse de nouveau pour disparaître définitivement le long de l'accident complexe qui relève les marnes jurassiques dans lesquelles la stratigraphie se perd.

Peut-être faut-il voir les traces de la prolongation de l'arête de Montmirail dans les quelques bancs calcaires qu'on rencontre vers Grange-Neuve, puis dans les calcaires marneux de la ferme Phillibert qui relieraient cette arête à la chaîne de Saint-Amand. Sur ce trajet, elle serait coupée par les failles nombreuses qui relèvent successivement les Marnes oxfordiennes qui servent de piédestal à Saint-Amand.

L'arête septentrionale (*A*) des montagnes de Gigondas a une structure plus compliquée que les deux autres. Son extrémité sud-ouest, entièrement broyée, se voit dans la coupe 1, pl. III.

En se rapprochant de l'entrée nord-ouest de la vallée du Queyron, elle est formée par des lambeaux de calcaires jurassiques très tourmentés et fragmentés, supportés des deux côtés par des marnes jurassiques butant contre le Néocomien. La coupe 2, pl. III, passe par le seul point de cette partie de l'arête où les couches présentent encore des relations stratigraphiques quelque peu apparentes. Plusieurs failles coupent sous des angles très aigus cette bande jurassique disloquée, au point où elle rencontre le ruisseau du Queyron. Il en résulte, sur la rive droite, une zone de brouillage qu'on peut suivre pendant plusieurs centaines de mètres le long du chemin, et au milieu de laquelle sourd la source minérale des Fleurets. Un peu au delà et au sud-est de ce point, s'élève très brusquement, sur la rive droite du ruisseau, l'arête qui longe au nord la vallée du Queyron jusqu'à la cluse de Saint-Amand (N.-O. de Châteauneuf).

Cette arête (A) est constituée par un pli synclinal exhaussé entre deux failles (β, γ) et compliqué d'accidents de second ordre, ou peut-être plus exactement par des parties variables et très inégales de deux plis inverses reliés par leur côté commun ; à son extrémité nord-est, elle paraît formée par un double pli ?.

Au nord du col du Queyron, le pli en V est assez apparent (coupes 3 et 3', pl. III), mais il est bientôt coupé par une double faille transversale qui abaisse une portion de voûte de Berrias dont l'axe est perpendiculaire à la direction de la chaîne.

Après cette faille, qui rejette légèrement l'arête au nord, on peut démêler au milieu d'une certaine confusion la disposition que montre la coupe 4, pl. III ; le pli synclinal est largement ouvert, et au midi, dans le second ravin, il semble qu'on aperçoive dans les couches de J^2a l'indication d'un pli anticlinal dont on ne retrouve partout ailleurs que le côté nord. C'est peut-être un simple accident local le long de la faille (γ).

Bientôt en effet, vers le milieu de la chaîne, le pli synclinal, s'accentuant et devenant de plus en plus aigu, finit par se briser (coupe 5, pl. III). Cette rupture amène la formation d'une sorte de dyke ou mur saillant très caractéristique formé par les gros bancs de J^2b, suivi au midi de la série J^2a, verticale ou renversée. Le faîte est constitué, au point où passe la coupe 5, par une voûte très surbaissée de Berrias coupée à pic au nord. C'est là que se trouve le principal gisement des fossiles de Berrias qu'on admire dans la belle collection de M. E. Raspail.

Une faille transversale met fin à cet ordre de choses et rejette l'arête au nord[1].

Après cette faille, les calcaires J^2bc semblent, à première vue, former une grande voûte ; mais la présence des bancs J^2a, renversés sur le bord méridional, montre que la disposition précédente n'a fait que se modifier légèrement selon la coupe 7, pl. III. L'illusion d'une voûte est encore plus complète un peu plus loin, où les calcaires J^2bc, recouverts au sommet par quelques couches de Berrias ?, se continuent sans interruption apparente jusqu'à la faille (γ) du bord méridional, qui les fait buter contre le Néocomien sans l'intermédiaire des calcaires J^2a. La réapparition de ceux-ci, quelques pas plus loin, confirme la coupe 8, pl. III, qui passe par ce point.

A l'extrémité nord-est, la structure de cette arête (A) devient plus complexe (coupe 9, pl. III). Au sommet, on trouve les calcaires à silex de la partie supérieure de J^2a, et sur le revers nord, en descendant vers la cluse, on voit apparaître un second pli synclinal qui s'ouvre au nord-ouest et disparaît sous des éboulis boisés. L'arête semble donc être formée en ce point par le double pli synclinal représenté dans la coupe 9, pl. III[2].

Le prolongement de cette coupe au sud-est montre l'extrémité du Néocomien qui remplissait la vallée du Queyron prise entre l'arête nord (A) et une masse de calcaires marneux jurassiques qui peut être considérée comme la réapparition de l'arête du Turc (B) prolongée sous le Néocomien de Cassan.

[1] A partir de là jusqu'à son extrémité, cette arête ne suit pas la direction indiquée par l'État-Major : elle se dirige moins au nord, vers le petit relief indiqué au nord-ouest de Saint-Amand ; cela explique pourquoi la bande jurassique et les failles qui la relèvent, traversent l'arête d'une façon si singulière, sur la carte géologique.

[2] Je ferai une réserve à l'endroit de cette coupe. L'arête obliquement terminée au sud ne laisse pas voir les deux plis sur la même perpendiculaire, et les éboulis boisés du revers nord empêchent de s'assurer si le pli qu'on voit dans la cluse se continue au N.-O., comme le renversement du Néocomien le long de cette arête le fait supposer, ou s'il n'est pas simplement la suite du premier, accentué et rejeté au nord par quelque faille locale peu apparente.

Le pli synclinal nord de la coupe 9 forme les deux côtés de la cluse et se voit très nettement sur la rive droite, où il est très profond (coupe 10, pl. III); il montre, sur le côté sud, les silex de J²a qui, dans la coupe précédente, se trouvaient sur le sommet de l'arête. Ce pli se relève très brusquement au nord-est (coupe 11, pl. III) et, après avoir été rejeté au nord, reparaît dans la chaîne de Saint-Amand.

Les trois arêtes des montagnes de Gigondas viennent se confondre au nord-est dans un grand relief qui va du signal de Saint-Amand (la pyramide de la carte) à la vallée de Malaucène. Son extrémité ouest ou plateau de Saint-Amand porte le point culminant de la région, 731ᵐ. Sur les couches du Jurassique supérieur faiblement inclinées qui le constituent, on trouve un lambeau de Molasse inférieure en couches à peu près horizontales (coupe 11, pl. III), qui a recouvert de ses blocs éboulés tout le flanc méridional de la montagne jusqu'au sud-ouest de Suzette. Cette Molasse représente, comme je l'ai dit, le centre du grand bombement qui a mis au jour les terrains secondaires de toute la région comprise entre Vaison, Malaucène et Vacqueyras, et dont le pourtour est presque partout limité par la Molasse fortement redressée.

Le plateau de Saint-Amand paraît constitué par une portion du fond très évasé d'un pli synclinal surélevé entre deux failles qui l'isolent du système de plis auquel il appartient (coupe 11, pl. III). Celui-ci reparaît bientôt vers l'est. Déjà le côté méridional se relève à l'autre extrémité du plateau (coupe 11′, pl. III), et l'on voit apparaître, après une faille transversale à direction mal définie, le double pli (coupe 12, pl. III) qui forme toute la partie centrale de la chaîne de Saint-Amand. La pente méridionale de la montagne (*ibid.*) est traversée par de nombreuses failles qui découpent plusieurs bandes de Jurassique et de Néocomien ; ces bandes semblent appartenir à un même large synclinal brusquement coupé par une grande faille (α), le long de laquelle la confusion est extrême (*ibid*).

Un peu à l'ouest du point culminant 691, une cassure locale du pli anticlinal sud de l'arête (coupe 12, pl. III) fait apparaître les calcaires J²a, et la coupe 12′, qui confirme la précédente, est assez nette le long du sentier qui traverse la montagne en cet endroit.

L'arête de la montagne, assez étroite jusqu'ici, s'élargit par l'évasement des plis (coupe 13, pl. III).

Vers la Font-du-Pommier, on voit au nord apparaître le second pli anticlinal de l'arête 691 (coupes 13, 14, pl. III), resté jusqu'ici dans la profondeur ou masqué par les éboulis. — J'ai prolongé, au nord, la coupe 13 pour faire voir un pointement jurassique situé au N.-N.-O. de la Font-du-Pommier, en dehors de la chaîne, mais qui lui appartient géologiquement. (Voir plus loin.)— En même temps, le pli synclinal médian s'accentue assez brusquement (coupe 14, pl. III), mais pour se relever bientôt et se terminer en fond de bateau entre les deux anticlinaux qui se rencontrent pour former le point 625.

A partir de là jusqu'au moment où le Jurassique disparaît sous la Molasse de la vallée de Malaucène, la structure de l'extrémité du relief jurassique de Saint-Amand est relativement simple et assez analogue, avec quelques variations, à celle que montre la coupe 15, pl. III, prise à peu près au milieu, un peu à l'ouest de la ferme Blanc, et qui confirme ce que j'indiquais à propos de la coupe 14, que les plis précédents (coupes 12, 13, 14, pl. III) vont se confondre dans un grand pli anticlinal renversé et ouvert au nord-ouest.

C'est à l'extrémité de cette chaîne que se trouve le promontoire dont j'ai donné la coupe (pag. 29) à propos d'un gisement fossilifère de J^2c.

Ce grand plissement jurassique se continue vers le nord-est sous la Molasse supérieure de la vallée de Malaucène et de l'Ouvèze ; il est jalonné par trois ou quatre pointements qui relient ainsi les montagnes de Gigondas et de Saint-Amand au Jurassique de Pierrelongue, et par là à celui de la Drôme.

Au midi des arêtes que je viens de décrire, se trouve encore le relief jurassique beaucoup moins important sur lequel est construit le village de Laroque.

Ce petit massif, extraordinairement disloqué, peut être considéré comme un grand fond de bateau (coupe 6, pl. III) surélevé et ouvert au sud-est. Son extrémité ouest se perd dans les couches très disloquées que supportent les talus marneux qui dominent Lafare au sud-ouest. Au sud, il est obliquement coupé par une faille (♃, coupes 5, 6, 16, pl. III) qui ne laisse subsister vers l'est que le bord septentrional du pli dans le sommet de Pied-Pourché (coupe 16, pl. III). Cette faille (♃) fait buter le Jurassique contre le Néocomien, sauf sur un point où une petite fraction du pli marginal jurassique a été en partie et accidentellement conservée. C'est en ce point que passe la coupe 6, pl. III, qui, en rendant évident le pli synclinal du massif de Laroque, montre en même temps ses rapports avec le système de plis auquel il appartient, et qui se révèlent dans la bande crétacée restée en contrebas (Graveiron, coupe 6, pl. III).

Au sud-ouest, on ne retrouve plus comme témoin du relief jurassique de Laroque qu'un rocher de J^2bc recouvert d'un peu de Néocomien inférieur, et isolé au nord de Beaumes au milieu du Lacustre.

A l'est, le plissement jurassique se continue par une série d'affleurements sur le bord de la bande néocomienne du Barroux (coupes 18 à 21, pl. III). On pourrait voir dans ces affleurements la suite du pli jurassique de Laroque recouvert d'abord par le Néocomien et le Lacustre jusqu'au Barroux, et reprenant, à l'est de ce village, par une étroite arête qui serait la continuation de celle de Font-Sante rejetée au sud ; mais dans une région où la stratigraphie réserve à chaque pas de nouvelles surprises, il serait bien téméraire de vouloir ainsi préjuger des rapports profonds de couches aussi disloquées.

b). Le Néocomien, qui à l'origine recouvrait partout le Jurassique, a suivi tous les mouvements de ce dernier ; mais si, çà et là, les calcaires de Berrias se sont maintenus sur les arêtes, la masse de ce terrain est, comme je l'ai dit, restée en contrebas, soit dans les plis synclinaux, soit surtout sur les côtés extérieurs du plissement.

Les parties inférieures et moyennes du Néocomien occupent les deux plis synclinaux, plus ou moins disloqués et faillés, compris entre les trois arêtes jurassiques (*A. B. C.*) des montagnes de Gigondas (coupes 3, 4, 5, 6, pl. III).

Elles remplissent entièrement celui qui forme la vallée du Queyron ; au sud, N^1 a glissé au pied du Jurassique de l'arête du Turc (*B*); au nord,

N^2 et surtout N^3 butent contre les calcaires J^2a de l'arête nord (*A*) (coupes 3, 4, 5, pl. III).

C'est dans le Néocomien assez fossilifère de cette vallée que M. E. Raspail a découvert son *Neustosaurus Gigondarum*.

A l'ouest, les couches sont très écrasées ; vers l'est, elles le sont moins et s'étalent un peu pour rejoindre celle du pli d'Assault. Leur réunion forme la butte qui, au nord-ouest de Cassan, représente l'arête du Turc (*B*) et dans laquelle se trouve un gisement de *Rhynchonella peregrina*.

Dans le deuxième pli, qui forme la vallée d'Assault, le Néocomien inférieur et moyen occupe la partie supérieure de la vallée, vers Raymond (coupe 3, pl. III) ; il repose au sud sur le Jurassique de l'arête (*C*) et bute au nord contre les calcaires J^2 a de l'arête du Turc (*B*). Au delà de la faille transversale (ζ), qui relève le fond de la vallée à l'est, les calcaires de Berrias subsistent seuls sur la rive gauche (coupe 5, pl. III). Ceux-ci vont buter vers l'est contre l'arête de Saint-Christophe, le long de laquelle (coupe 6, pl. III) ils se relèvent ensuite pour constituer au nord le fond de bateau de Cassan et se relier ainsi au Néocomien du Queyron dans la butte dont il vient d'être question.

Ce développement de Néocomien représente donc la réunion des deux plis synclinaux précédents (Queyron et Assault), et de l'anticlinal (*B*) qui les sépare; on voit l'origine de cette réunion dans la coupe 6, pl. III. Ce terrain est arrêté au N.-E. par un système complexe de failles qui, de Saint-Christophe à Châteauneuf, le fait buter le plus souvent contre le Jurassique moyen fortement exhaussé.

Sur le revers septentrional de l'arête nord (*A*) se trouve une bande de Néocomien qui représente le côté N.-O. du grand plissement des terrains secondaires de la troisième région (coupes 4, 5, pl. III). Dans la vallée du Pourrat, on peut, au milieu de nombreux accidents locaux, retrouver la série néocomienne assez complète, plus ou moins renversée, et limitée au nord par les calcaires à silex, sommets 416 et 440, suivis des calcaires de Vaison qui vont former la quatrième région (coupe 5, pl. III).

Il n'est pas toujours facile de se rendre un compte exact des relations de couches aussi contournées et broyées que le sont, par exemple, celles du

Néocomien de l'extrémité S.-O. de cette bande, au sud de Gigondas et à l'ouest de la coupe 1, pl. III. Le Néocomien et le Jurassique y sont littéralement hachés ensemble le long d'un accident N.-N.-E., qui coupe transversalement la fin des trois arêtes jurassiques déjà très disloquées, et suit tout le bord ouest de ce massif montagneux. Dans la butte située à l'ouest du château de Gigondas, il est jalonné par un dyke de calcaire jurassique tout broyé et pénétré de carbonate de chaux (coupe 2', pl. III).

En allant vers le N.-E., la bande néocomienne du Pourrat devient plus étroite ; après avoir oscillé autour de la verticale, ses couches, coupées en biseau par les failles du revers nord de Saint-Amand (β'), disparaissent un instant sous le Grès vert, au nord du point 691 (coupe 12, pl. III), pour reparaître au delà dans la vallée supérieure de la Font-du-Pommier (coupes 13, 14, pl. III).

Le fond de cette vallée est creusé dans le Néocomien très redressé et écrasé. Il est difficile de s'assurer que les couches forment bien un pli anticlinal, comme certains indices le laisseraient supposer (coupe 13', pl. III). Au nord, elles supportent des calcaires à silex suivis des calcaires de Vaison ; ceux-ci sont accompagnés vers l'est de quelques marnes aptiennes (coupe 13', pl. III). Ces terrains butent successivement contre le Grès vert le long de la faille (β'), qui va se perdre dans la cluse sous la Molasse de Faraud. A l'est, ils sont arrêtés par une faille transversale, et le Néocomien, qui les remplace (coupe 13'', pl. III), bute lui-même contre le pointement jurassique de la coupe 13, extérieur à l'arête de Saint-Amand. Dans la cluse, on trouve sur le Jurassique quelques couches de Berrias (coupe 13'', pl. III) qui disparaissent avec lui sous la Molasse inférieure.

La bande urgo-néocomienne du S.-E., qui s'étend du massif de Laroque au Petit-Ventoux, est divisée presque complètement en deux par le Tertiaire et présente une structure beaucoup plus compliquée que celle du N.-O.

La première et plus petite moitié de cette bande fait partie intégrante du massif de Laroque ; elle complète et explique la structure du Jurassique. Elle paraît consister en un double pli que des failles et des ondulations dans le sens de la longueur rendent à peu près méconnaissable.

La coupe 6, pl. III, faite N.-S., par Font-Sante montre ce double pli (synclinal du Graveiron et anticlinal de Font-Sante), suivi même au nord par l'extrémité du synclinal de Laroque. Je fais quelques réserves au sujet des mouvements de l'Urgonien, bien que ce terrain soit certainement renversé au nord du Graveiron ; à peu de distance du point où passe la coupe, il supporte très nettement N^4 bien caractérisé (coupe 6″, pl. III).

Vers l'ouest, le pli synclinal médian s'ouvre, et les couches verticales du Néocomien supportent transgressivement différents niveaux de la Molasse.

A l'est, vers Pontillard, ce même pli est plus complet et renversé, avec un lambeau d'Urgonien sur le bord sud du Graveiron.

Au delà, vers Pied-Pourché, on retrouve avec peine les diverses parties de ces plis incomplètes et juxtaposées par failles (coupe 16, pl. III).

Enfin la coupe 17, pl. III, perpendiculaire aux précédentes, montre la disposition des lambeaux néocomiens restés sur le Jurassique et le plus souvent pris entre deux failles (coupe 17′).

Dans la plaine, entourés et perforés par la Molasse supérieure, on rencontre une série d'îlots formés par N^4 et surtout par U (calcaires grenus, silex, rares Orbitolines), qui restent comme témoins des dislocations de ce bord S.-S.-E. de la troisième région ; les coupes 5, 6, pl. III, montrent au sud quelques-uns de ces pointements entourés par M^2.

La seconde moitié de la bande urgo-néocomienne du S.-E. forme les collines du Barroux ; elle paraît être la continuation de la première, abaissée vers le sud par un accident transversal ; le recouvrement par le Tertiaire ne permet pas de se rendre exactement compte de ce fait. Elle semble, du reste, constituée d'une manière assez analogue à la première partie, c'est-à-dire par deux plis anticlinaux inégaux, séparés par un pli synclinal incomplet (coupe 18, pl. III). A l'ouest du Barroux, il est difficile de relever une bonne coupe ; mais vers l'est, sur la rive gauche de la cluse que suit la grande route, on peut reconnaître cette disposition générale dans les couches très tourmentées du Néocomien et relever la coupe ci-dessus. L'anticlinal nord est bien indiqué par un affleurement jurassique ; le synclinal n'est représenté que par un pli aigu faillé dans lequel les couches sont littéralement broyées (tranchée et tunnel de la route), et qui tend à disparaître vers l'est (coupes 19 et 20, pl. III). L'anticlinal sud, au contraire, présente un côté méridional bien développé, qui prend vers l'est un grand développement et va se perdre dans le Petit-Ventoux.

Vers le point 408, un accident rejette au nord le Jurassique, qui arrivait presque au contact de l'Urgonien.

Au delà, il devient difficile de rendre exactement compte des mouvements du Néocomien qui remplit le vallon de Ravoux ; il semble qu'en s'approchant de la grande masse du Petit-Ventoux, ces terrains, plus malléables, aient subi des mouvements ondulatoires transversaux qui ne peuvent être représentés sur une coupe. On y observe cependant le remplacement de la partie médiane du plissement par une ou deux failles (coupe 19, pl. III), et peut-être aussi dans le piton qui domine Ravoux, à l'est, un dernier vestige de pli synclinal (coupe 20, pl. III).

L'anticlinal nord s'élargit par l'exhaussement général du Jurassique ; vers Ripert, il se déprime localement pour former un pli peu important occupé par le Néocomien inférieur (coupe 21, pl. III).

Cette dépression est brusquement remplacée au nord par les marnes à *Am. cordatus* de Saint-Baudille, et à l'est par le piton de jurassique supérieur qui écrase tout le Néocomien contre la paroi urgonienne du Petit-Ventoux (coupe 21, pl. III).

L'extrémité S.-O. de cette dernière montagne représente dans cette coupe le côté méridional (S.-E.) du pli anticlinal sud (*ante*) (coupes 18, 19, 20, pl. III) ; ce côté, qui s'est accru de toute l'épaisseur plus grande que prennent les couches douteuses N^4—U^1 en s'approchant du Ventoux, se confond pour ainsi dire (coupe 21, pl. III) avec son homologue du pli jurassique fondamental, pli représenté plus à l'ouest par l'arête jurassique de la cluse du Barroux (coupe 18, pl. III). Ce côté est recouvert par le cône de déjection de Crillon (coupes 19, 20, 21, pl. III).

Au nord de Saint-Baudille, on trouve encore, au pied de l'abrupt du Petit-Ventoux, des couches néocomiennes et urgoniennes qui semblent continuer le revers nord de ce dernier ; elles sont traversées par de nombreuses failles, et leurs relations précises entre elles et avec lui restent obscures.

On trouve dans ces failles : ici des Sables S, là des Marnes oxfordiennes, partout les traces de profondes dislocations qui se continuent à l'ouest sous le Lacustre, dans le bassin de Suzette, comme en témoignent les affleurements urgo-néocomiens et oxfordiens d'Aurès.

Les relations stratigraphiques accidentelles du Jurassique et du Néocomien dues aux mouvements compliqués que je viens d'esquisser, donnent lieu aux observations suivantes, qui confirment, à leur manière, ce que j'ai dit précédemment de la parfaite concordance de ces deux terrains.

Le Néocomien occupe, en contrebas des arêtes, le fond des plis synclinaux du Jurassique : telle est la donnée générale de ces rapports.

Cette disposition, qui n'est pas spéciale à la région, entraîne une discordance apparente qu'un certain nombre de géologues ont, surtout autrefois, prise pour une discordance normale résultant du dépôt du Néocomien dans les bassins formés par les ondulations du Jurassique. C'est encore l'opinion qu'exprime Sc. Gras à propos des montagnes de Gigondas. (*Descript.*, pag. 107.)

Il est facile de montrer qu'il n'y a là qu'une simple apparence.

Et d'abord, il faut remarquer que ce n'est pas tout le Néocomien qu'on observe ainsi toujours en contrebas du Jurassique. Les calcaires de Berrias restent souvent intimement unis aux calcaires J^2bc et suivent leurs allures plus que celles du reste du Néocomien. On les retrouve sur presque toutes les arêtes, sur les pointements isolés du Jurassique et jusque sur les grands blocs détachés de la masse par les nombreuses cassures qui disloquent les environs de Laroque. C'est, je l'ai dit plus haut, d'un de ces gisements à allures jurassiques que proviennent la plupart des fossiles de Berrias qu'on admire dans les collections de M. E. Raspail. Cette liaison, qui n'entraîne évidemment pas la concordance nécessaire des deux terrains, montre cependant que la disposition du Néocomien en contrebas des plis anticlinaux du Jurassique est anormale.

Ces divers rapports n'ont du reste rien que de très naturel : dans les mouvements d'un sol formé de couches hétérogènes, la disjonction doit se produire de préférence à la limite des parties résistantes et des parties marneuses. Lorsque les premières sont fortement et brusquement relevées, les dernières ne suivent qu'imparfaitement le mouvement, restent en contrebas, et le paraissent d'autant plus que les érosions agissent sur elles avec plus d'intensité.

Il suffit du reste d'examiner avec soin le contact pour voir qu'il y a toujours accident ou simple apparence, et jamais rivage ou falaise jurassique. Les montagnes de Gigondas offrent à ce point de vue la série complète de tous les cas possibles.

Lorsque le soulèvement est lent et peu accentué, le Néocomien, y compris les calcaires de Berrias, suit en concordance les mouvements du Jurassique, et ce sont les dénudations seules qui produisent les apparences signalées. Le Néocomien paraît en contrebas parce qu'il a été enlevé et le Jurassique mis à nu sur les plis anticlinaux ; il paraît discordant parce qu'à une distance quelquefois assez petite des couches redressées du Jurassique, les couches beaucoup moins inclinées du Néocomien du fond du pli donnent le change sur la disposition réelle de ce terrain.

La distance ci-dessus peut devenir presque insignifiante lorsque le soulèvement, plus brusque et plus accentué, a amené des ruptures sans qu'il y ait précisément encore faille. Les couches voisines du bord sont alors étirées de haut en bas et comprimées latéralement ; elles glissent à la fois les unes sur les autres et sur la paroi résistante formée par J^2 bc ; enfin les couches néocomiennes du milieu du pli synclinal subissent comme une sorte d'extension latérale, contre-coup de la résistance qu'elles opposent à un ploiement de plus en plus aigu, et qui les étale et les rapproche en quelque sorte de la paroi jurassique. Ces divers effets combinés peuvent accentuer beaucoup les apparences trompeuses que présentent souvent les rapports superficiels des deux terrains.

Enfin, si le mouvement devient plus intense encore, il y a faille proprement dite à tous les degrés, mais alors avec des caractères qui ne permettent plus de méconnaître le contact anormal.

Ces glissements et ces failles locales, très multipliés dans les montagnes de Gigondas, y affectent des allures qui déroutent un peu au premier abord ; elles sont sinueuses, sans direction définie, complètement identifiées, même lorsque leurs miroirs mis à nu permettent de les suivre sans hésitation, avec la ligne de contact des deux terrains, quelles que soient les irrégularités de celle-ci, décrirait-elle une courbe sinueuse ou un contour polygonal fermé.

Il n'y a qu'un corps dur, pénétrant avec force dans un autre corps moins résistant, qui puisse donner lieu à des phénomènes semblables ; en un mot, c'est une véritable intrusion mécanique, comme si les roches compactes et très résistantes du Jurassique supérieur avaient en quelque sorte passé au travers des couches moins résistantes du Néocomien, entraînant celles qui étaient immédiatement au-dessus d'elles, et laissant en contrebas la masse qui ne pouvait suivre ce mouvement trop localisé par de nombreuses failles.

Ces effets ne se sont pas nécessairement produits en une seule fois, mais ils ont été d'autant plus marqués que les dislocations antérieures, en morcelant le Jurassique supérieur, réduisaient et rendaient plus indépendantes les unes des autres les surfaces d'application du mouvement ascendant, et que celui-ci était plus violent et plus brusque.

Il va sans dire que, dans ces observations, il faut tenir grand compte des dénudations très-considérables qui sont intervenues.

L'espace compris entre les deux bandes de terrains secondaires dont je viens de décrire les allures, ou, si l'on veut, la partie centrale du bombement dont elles forment les bords nord-ouest et sud-ouest, est occupé par des terrains plus récents, et plus spécialement par l'Horizon de Suzette.

Celui-ci est toujours, comme je l'ai déjà fait remarquer, en rapport intime avec les Marnes oxfordiennes ; partout où l'observation est possible, il est compris entre ces dernières et le Lacustre, et, sur plusieurs points distants des bords jurassiques du bassin, il laisse voir ces mêmes marnes comme sous-sol des cargneules : non loin de Suzette, à Brunet, c'est la partie supérieure des marnes avec les calcaires marneux J'cd ; à l'est, à Boislong, à Aurès, à Charrasse, c'est la partie moyenne ; au sud, à Champ-paga, c'est la partie inférieure et moyenne.

Lorsqu'on examine à Lafare, où ils arrivent presque au contact, les relations des deux massifs jurassiques de Gigondas et de Laroque, il paraît tout à fait probable que les Marnes oxfordiennes passent de l'un à l'autre sous les cargneules, et que celles-ci remplisssent une dépression creusée dans ces marnes. Il paraît en être de même plus à l'est.

Toutefois, alors même qu'il serait possible de constater les mêmes relations sur d'autres points, et malgré le développement considérable des Marnes oxfordiennes au sud-ouest de Suzette, il est peu probable que, sur une aussi grande étendue et surtout avec des bords aussi disloqués que ceux de ce bassin, les marnes puissent à elles seules former partout le sous-sol des cargneules, sans que des couches plus profondes ou plus élevées ne s'y mêlent. C'est en effet ce qui s'est produit, comme le prouvent les calcaires à encrines qui se trouvent mêlés aux cargneules.

Il faut donc supposer : ou que le soulèvement du Jurassique a fait affleurer dans ce bassin des couches inférieures aux Marnes oxfordiennes, ou que les plissements des terrains supérieurs à ces dernières y ont laissé des témoins. Dans l'un et l'autre cas, ces couches plus dures (supérieures ou inférieures) ont été empâtées, et leur véritable nature comme leurs relations masquées par les phénomènes qui ont produit l'Horizon de Suzette.

N'était le faciès singulier de plusieurs des lambeaux de calcaires stratifiés qu'on rencontre mêlés à ce dernier Horizon, et qui chez quelques-uns rappelle celui de niveaux bien inférieurs à l'Oxfordien, la seconde alternative paraîtrait provisoirement et dans la plupart des cas répondre mieux à certains détails, si ce n'est à l'ensemble stratigraphique de la région.

Il faut bien admettre en effet que les plis et les failles du bord du bassin occupé par les cargneules se prolongent sous celles-ci ; or, les inductions qu'elles permettent, semblent concorder pour témoigner en faveur d'un abaissement plutôt que d'un exhaussement du sous-sol.

Sur tout le bord ouest, par exemple, les Marnes oxfordiennes plongent sous les cargneules, formant ainsi le retour du pli anticlinal de l'arête de Montmirail (*C*) (coupes 4, 5, pl. III).

Aux deux extrémités de la limite N.-E., qui correspond probablement, comme on le verra plus loin, à l'extrémité d'un synclinal, on trouve dans le fond du bassin de Suzette le Néocomien à côté du Jurassique : au S.-E., vers Aurès ; au nord, le long de la faille (α), au pied de la paroi jurassique de laquelle on retrouve le Néocomien dans le fond du ravin, peu éloigné, il est vrai, de nouvelles Marnes oxfordiennes.

Ces indications sont corroborées dans une certaine mesure par les accidents que, sous toutes réserves, on peut jalonner au milieu des cargneules.

Un des principaux et des mieux définis est celui qui, au nord-est de Suzette, est, dans le ravin, amorcé par une faille qui coupe les grès conglomératiques du Lacustre et abaisse nettement les cargneules au S.-E. Sa direction est indiquée encore par l'affleurement des marnes et des calcaires oxfordiens de Brunet, qui montrent toujours le même abaissement de la lèvre S.-E., et plus loin par le relief qui domine Lafare.

C'est sur ce même côté abaissé que se trouve le lambeau de Molasse d'eau douce, dont la position et l'inclinaison témoignent aussi des dislocations de ce bassin.

Un autre accident, jalonné par des gypses, suivrait ? la première partie du ruisseau de Lacombe, au nord de Laroque. Il se pourrait qu'il fût en rapport, à l'ouest, avec la faille qui, après avoir traversé les marnes de Montmirail, fait buter (coupe 5, pl. III) un lambeau de Lacustre normal contre les cargneules au sud-ouest de Lafare. Il relèverait alors, sur le bord méridional du bassin, le massif de Laroque, comme la première faille relevait les Marnes oxfordiennes le long du bord sud du pli de l'arête de Montmirail.

Enfin au N.-E., à Gardon en particulier, on remarque d'autres indices d'accidents dirigés vers le S.-E. ; mais, n'étant nulle part en rapports apparents avec les terrains secondaires, leurs effets restent incertains.

Ces indices sont absolument insuffisants pour exclure la possibilité de l'affleurement de couches plus profondes que les Marnes oxfordiennes dans ce bassin, surtout le long de la lèvre N.-O. exhaussée de la faille de Brunet, — c'est là en effet que j'ai trouvé les blocs à encrines, — et vers le Rendier, où tout indice fait complètement défaut.

Les seules conclusions positives qu'on puisse tirer de ce qui précède sont, en premier lieu, que cette question, qui intéresse à la fois le Jurassique du département et l'Horizon de Suzette, ne peut être résolue par la stratigraphie, mais seulement, comme je l'ai dit dans la première partie, par la découverte de quelque fossile caractéristique dans les calcaires stratifiés de cet Horizon; en second lieu, que les dislocations du sous-sol ont joué un rôle important dans la formation de ce même horizon.

La plupart des accidents que j'ai indiqués appartiennent à la période secondaire; les failles qui les représentent peuvent avoir facilité les mouvements de soulèvement postérieurs, mais elles n'ont pas, pour la plupart, amené dans les dépôts tertiaires les dénivellations et les rejets qu'elles occasionnent dans les terrains sous-jacents. Leur action tertiaire est un peu plus accentuée vers le centre du soulèvement que sur les bords, où elle se réduit souvent à zéro pour la Molasse.

Il résulte de ces observations que les cargneules n'ont pas subi de fortes dénivellations, mais ont été, au sens propre du mot, disloquées par les failles du massif secondaire qui les entoure et les supporte. Ainsi s'expliquent l'aspect bouleversé que présente cet Horizon, le désordre et la forte inclinaison de ses dépôts partout où leur stratification se laisse deviner, et enfin le fait qu'ils peuvent, dans ces conditions, couvrir avec une épaisseur limitée une surface aussi étendue et accidentée.

N'étaient l'étrangeté de ces cargneules et le devoir de justifier, en quelque mesure, certaines assertions de la première partie de ce travail, je n'aurais pas insisté sur la stratigraphie obscure et hypothétique de cette partie de la troisième région.

2. Pour compléter la stratigraphie de cette région, il me reste à dire quelques mots sur les allures du Lacustre et de la Molasse.

Bien que celle-ci recouvre transgressivement celui-là, les allures générales des deux terrains sont cependant assez analogues pour les réunir en un même groupe stratigraphique très distinct de celui qui forme le noyau de la troisième région. Ces terrains sont en effet relevés en demi-cercle autour du plissement Secondaire ; ils en constituent les côtés au N.-E. et au S.-O., où il était en quelque sorte resté ouvert.

Au nord-est, le Lacustre forme un talus couronné par une arête de Molasse inférieure qui s'abaisse à l'est pour supporter la Molasse supérieure qui remplit la dépression de Malaucène ; ce talus et cette arête sont la continuation, infléchie au col Saint-Michel, de ceux qui bordent au nord la vallée du Grozeau. Cette inflexion s'accuse fortement dans M[2] par la formation du pli en fond de bateau de Malaucène.

La discordance du Lacustre et de la Molasse est très-apparente dans cette arête. Le premier de ces terrains forme une large voûte dirigée vers le nord-est, et qui, au nord, s'infléchit vers l'ouest pour s'abaisser le long du massif Secondaire de Saint-Amand, sur lequel elle a laissé quelques restes de sa partie supérieure formée de conglomérats de rivage. C'est sur cette voûte, dont la partie médiane a été arasée, que repose, ainsi que je l'ai dit précédemment, la Molasse ployée au contraire en surface convexe vers le sud-ouest.

Au nord, la partie inférieure de ce dernier terrain bute vers Fabre contre le relief jurassique qui domine la vallée de Malaucène et au pied duquel on ne retrouve plus que la Molasse supérieure (partie inférieure). Je n'ai pu m'assurer s'il y avait là simple disparition progressive, mais très rapide, de la Molasse inférieure, attribuable à la faille secondaire (α), ou faille proprement dite, comme le laisse supposer la petite faille oblique qu'on observe au col entre la Molasse et le Lacustre.

Quoi qu'il en soit, cette brusque disparition de la Molasse inférieure correspond à celle qui a lieu aux Valettes de l'autre côté de la vallée, dans les mêmes conditions et très probablement le long de la même faille (α) ; elle confirme l'affaissement profond de ce terrain, si marqué à l'extrémité sud-ouest de la deuxième région, en même temps que l'indépendance du seuil Saint-Amand—Rissas, sur lequel ni le Lacustre ni la Molasse inférieure ne paraissent s'être, sinon déposés, au moins maintenus.

Au nord du Barroux, on retrouve un témoin du second groupe stratigraphique, formé par la partie supérieure du Lacustre et par un peu de Molasse.

Le premier de ces terrains est en contact par faille, peut-être au nord avec l'Horizon de Suzette (coupes 18, 20, pl. III), à coup sûr au sud avec le Néocomien, vers lequel il plonge dans l'ensemble. A Meffre, probablement dans la dernière faille, on voit apparaître (coupe 18', pl. III) une bande irrégulière et peu étendue de cargneules.

A l'ouest, les relations du Lacustre avec les terrains secondaires qui formaient les bords du lac sont par places tout à fait normales. La partie supérieure de ce terrain y débute par un dépôt de rivage ou conglomérat assez épais qu'on voit passer à l'est, où le bassin s'approfondissait, à des calcaires à plaquettes qui rappellent ceux de la partie moyenne.

Vers le Barroux et à l'ouest de ce village, on trouve plusieurs lambeaux très disloqués de Molasse qui reposent transgressivement sur le Néocomien et sur le Lacustre; on peut observer là, à la fois, la discordance des deux termes du Tertiaire et celle des deux groupes stratigraphiques de cette région, et s'assurer ainsi, sur un petit espace, des dislocations compliquées et réitérées auxquelles cette région a été soumise.

Au sud du Graveiron, peut-être déjà vers le Barroux, au pied du Calvaire, une discordance se produit entre les deux assises de la Molasse. Les nombreux îlots de Néocomien et d'Urgonien qu'on trouve près de Saint-Hippolyte sont, ainsi que je l'ai dit (coupes 5, 6, pl. III), entourés et perforés par la Molasse supérieure, tandis que la Molasse inférieure ne se montre le long du Graveiron que par quelques affleurements, fortement relevés et disloqués, du banc de calcaire coquillier de la partie la plus inférieure de ce terrain. Celle-ci a évidemment participé au soulèvement du Graveiron, tandis que la Molasse supérieure s'est déposée non-seulement en contrebas, mais directement sur les couches urgo-néocomiennes, sans l'intermédiaire de la Molasse inférieure. On trouvera plus loin une nouvelle preuve qu'il peut y avoir dans cette discordance entre les deux assises de la Molasse, plus que le résultat d'un relèvement brusque et très accentué, qui aurait laissé les couches supérieures en contrebas des inférieures et en contact avec elles, par dessus les couches moyennes restées dans la profondeur.

Au nord-est de Beaumes, la Molasse inférieure reparaît bien développée sur la tranche des couches verticales du Néocomien (coupes 5, 5', pl. III); elle a laissé un lambeau dans la faille (9) (sud Font-Sante), qui fait au-dessous d'elle buter le Néocomien contre le Jurassique (*ibid.*).

Avec ce lambeau de Molasse, on aperçoit quelques marnes, premier témoin de la réapparition du Lacustre, qui va se développer à l'ouest, dans le bassin de Vacqueyras.

Cette Molasse, qui plonge vers le sud, se relève rapidement au passage du ruisseau des Salettes, et se renverse sur la rive droite (coupe 4, pl. III), pour reprendre de nouveau, après Beaumes, son plongement vers le sud (coupe 3, pl. III). Ce renversement est évidemment dû à la présence du pointement jurassique de Giély, qui a occasionné un relèvement très rapide et un refoulement de la Molasse sur elle-même (coupe 4, pl. III). Ces mouvements se répercutent aux environs de Beaumes jusque dans les couches supérieures de la Molasse.

Après avoir ainsi décrit une double surface gauche, l'arête formée par la Molasse inférieure se prolonge à l'ouest, en s'atténuant à la fois par diminution d'inclinaison (coupe 2, pl. III) et par substitution de dépôts plus vaseux aux couches calcaires solides de la partie inférieure. Au delà de Vacqueyras, elle se relève cependant un peu et arrive vers les Bosquets au contact du Néocomien de l'extrémité des montagnes de Gigondas.

Toute cette arête molassique s'appuie sur le Lacustre à caractères particuliers du bassin de Vacqueyras [1], dont les couches, très redressées, souvent verticales (coupes 3-4, pl. III), et quelquefois même légèrement renversées (coupes 2-4, pl. III), témoignent, par leur nature détritique précédemment décrite, de la proximité du rivage. Elles sont séparées du Jurassique de Montmirail par une bande d'Horizon de Suzette qui, très large au nord de Beaumes (coupe 4, pl. III), va se réduisant (coupes 3,

[1] Voir note de la page 210. A ce propos, M. Matheron a l'obligeance de me confirmer à l'instant que c'est d'après les données de Renaux qu'il a cité Vacqueyras parmi les gisements de calcaire de Rognac. Renaux aurait trouvé dans cette localité un certain nombre de Lychnus dont le savant paléontologiste de Marseille possède des moulages qui ne lui laissent aucun doute sur l'âge des calcaires de Vacqueyras. (Pendant l'impression.)

2, 1, pl. III) à presque rien vers le nord-ouest. J'ai montré, dans la première partie de ce travail, l'équivalence que cet amincissement établit entre la partie inférieure du Lacustre et l'Horizon de Suzette.

Un peu avant Gigondas, tout ce développement de Lacustre cesse assez brusquement contre le Néocomien qui termine les arêtes jurassiques de Gigondas et arrive au contact de la Molasse ; au delà, on ne trouve plus que quelques lambeaux de cargneules et un dernier affleurement de Lacustre près du village (coupe 2', pl. III).

La Molasse présente ici des accidents remarquables qui correspondent à la brusque cessation du relief jurassique le long d'un accident dont la direction N.-N.-E. marque celle de la Molasse. La partie tout à fait inférieure de M' affleure seule (coupe 2, pl. III) ; elle est très redressée, parfois un peu renversée, souvent tout à fait broyée ou réduite à un gros banc de calcaire coquillier.

C'est contre ces couches réduites et disloquées que vient s'appuyer (coupes 2, 3, 5, pl. III), avec une très faible inclinaison, la Molasse supérieure sans l'intermédiaire de toute la partie moyenne de ce terrain. Et non seulement la Molasse sableuse s'appuie sur les parties inférieures de M', ce qui pourrait être le résultat d'un relèvement brusque ; mais, sur deux points, on peut constater une discontinuité évidente entre ces deux dépôts, le gros banc de calcaire coquillier inférieur servant de rivage à la Molasse sableuse. Dans le ravin des Fleurets, par exemple, sur la rive droite, presque à l'entrée, on observe ce gros banc fortement relevé contre le Néocomien, et, au pied de la falaise qu'il forme, la Molasse sableuse toute remplie d'huîtres et de grandes anomies, dont les mollusques perforants ont laissé des traces, non seulement sur la falaise, mais même sur les blocs qui s'en étaient détachés.

Cette disposition de la Molasse inférieure se continue, avec quelques variations, tout le long du bord ouest de la quatrième région (coupes 3-5, pl. III, et pl. IV), après que ce terrain a été momentanément rejeté à l'ouest par le relèvement du Néocomien de Pied-gu.

CHAPITRE IV.

Quatrième région.

La quatrième région se confond avec le petit massif montagneux qui s'étend au midi de Vaison ; elle est limitée de tous côtés par la Molasse, sauf au sud, où elle se rattache intimement à la troisième région.

Encore plus réduite en surface que cette dernière, elle s'en distingue nettement par ses terrains et par ses allures.

I. Le Jurassique et le Néocomien inférieur, caractéristiques de la troisième région, manquent complètement dans la quatrième, et le Lacustre y est à peine indiqué. Ces terrains sont remplacés par : le calcaire de Vaison, qui occupe à lui seul près de la moitié de la surface ; le Néocomien supérieur, le Grès vert et les Marnes aptiennes.

Un trait commun aux terrains de cette région est de présenter des caractères particuliers, ou même un faciès spécial qui les distingue de ceux des autres régions. J'ai déjà nommé le calcaire de Vaison, qui trouve ici son type ; on peut ajouter le faciès ferrugineux de N^4, le faciès silico-ferrugineux du Grès vert à Inocérames et la physionomie assez locale des Marnes aptiennes elles-mêmes. On s'aperçoit qu'on franchit la limite de la région du Ventoux, limite qui se faisait déjà sentir sur tout le bord nord et nord-ouest de la deuxième région.

Je ne reviendrai pas sur ces divers faciès; il me suffira, en indiquant la distribution des terrains de cette région, de relever, à l'occasion, tel caractère remarquable que l'un ou l'autre peut présenter.

Les calcaires de Vaison occupent, du sud un peu ouest au nord, toute la partie médiane de la région.

Ils constituent une grande masse calcaire, relativement peu accidentée, découpée par de profonds ravins aux bords souvent verticaux, qui montrent une belle série de bancs épais, réguliers et peu inclinés. Ces allures, relativement calmes, forment un contraste frappant avec les allures si mouvementées des terrains de la région précédente.

Sur les bords de la région cependant, surtout à l'ouest et au sud, on les retrouve plus ou moins fortement redressés pour se rattacher aux côtés du soulèvement dont ils occupent la partie centrale.

Tandis que près de Séguret, où ils forment un affleurement séparé de la grande masse précédente, les calcaires de Vaison sont, comme on l'a vu, recouverts par l'Urgonien, partout ailleurs dans la région ils le sont par l'Aptien, dont les marnes remplissent presque toutes leurs dépressions. La concordance des deux terrains se voit sur plusieurs points. Elle est, dans une certaine mesure, confirmée par le fait que les marnes jalonnent jusqu'aux moindres accidents des calcaires ; partout où une faille produit un ressaut même insignifiant, l'espace triangulaire ainsi formé est rempli par les marnes de la partie inférieure de l'Aptien. Cette relation avec les failles explique la forme allongée du sud au nord de la plupart des gisements d'Aptien de la quatrième région. Ils sont en général peu importants, si ce n'est au sud, près de Lincieu, où les Marnes aptiennes donnent lieu à l'exploitation importante des frères Leydier.

Ces marnes sont d'un gris cendré, à peu près sans fossiles, sauf à la base, où elles ont volontiers une teinte jaune et renferment des Ammonites ferrugineuses et des Bélemnites ; elles présentent fréquemment un aspect rubané dû à la formation de bancs mal définis, mais plus durs, qui passent parfois, comme au sud-est de Vaison, à de vrais calcaires à plaquettes. Ces caractères donnent à l'Aptien de cette région une physionomie spéciale.

La majeure partie de ces marnes doit être attribuée à A^3.

On ne constate nulle part la terminaison supérieure ou le contact normal de cette assise avec le Grès vert. Partout ce contact a lieu par faille ou glissement, sauf peut-être sur un ou deux points, dont le principal, déjà signalé, se trouve près de Romane, mais dans des conditions locales défavorables à une observation nette du contact.

Sur tout le bord est, comme on le verra plus loin, les Marnes aptiennes, dans leur position normale entre le calcaire de Vaison et le Grès vert, ont offert aux mouvements de la région une partie moins résistante, et tout contact normal a disparu dans les glissements et dans les failles.

Le Grès vert occupe deux surfaces inégales situées, l'une au N.-O., l'autre au S.-E. de la région.

La première est la moins étendue. Les couches du Grès vert y sont disposées en segment de voûte incliné vers la plaine, et compris entre la Molasse qui le recouvre à l'ouest et une faille qui fait buter (coupes 5, 6, pl. IV) : au sud, les calcaires gréseux à *Ammonites varians* et *Mantelli*, contre le calcaire de Vaison ou même l'Urgonien à Orbitolines ; au milieu, les grès siliceux, et au nord les mêmes couches à Ammonites contre le Néocomien.

Les Grès siliceux et ferrugineux de la partie supérieure de C^2 ? forment, au nord de Notre-Dame des Bessons, des rochers pittoresques à la fois par leur forme et par leur couleur.

Au sud-est de Sablet, un pointement de Grès vert sur le bord de la région laisse supposer que ce terrain se prolonge vers le sud sous la Molasse.

Le second gisement de Grès vert est beaucoup plus considérable. Il présente un grand développement de calcaires gréseux bleuâtres à *Ammonites varians* et *falcatus*, qui plongent vers l'est sous la Molasse (coupes 4, 5, pl. IV). Vers l'angle S.-O., les Grès siliceux C^2 et les couches précédentes qu'ils supportent, décrivent une courbe pour se redresser contre la chaîne de Saint-Amand, puis sont obliquement coupés par une faille qui les en sépare au S.-E. (coupe 2, pl. IV ; coupes 12, 13', pl. III).

C'est au sommet de cette courbe en fond de bateau que se trouve le point où le Grès vert laisse apercevoir ses couches inférieures et paraît reposer normalement sur l'Aptien.

Au nord, l'extrémité de ce second affleurement de Grès vert est très disloquée (coupe 7, pl. IV).

A quelques centaines de mètres au sud du Crestet, entre le Grès vert et la Molasse, on rencontre des vestiges de Lacustre (coupes 4, 5, pl. IV) : ce sont des conglomérats et des marnes rouges, jaunes ou vertes. Ces dépôts forment une bande étroite qui affleure sous la Molasse sans offrir de bonne coupe.

On retrouve un dépôt analogue, plus au sud, dans le fond de la cluse de Faraud ; il consiste en un énorme banc de conglomérats, suivi de marnes colorées remplies de lamelles de gypse. Sa situation (coupe 13, pl. III) au fond d'un ravin en entonnoir, dans un triangle formé par le Grès vert, le Jurassique, le Néocomien et la Molasse qui recouvre à l'est les terrains précédents, rend ses relations stratigraphiques difficiles à déterminer. Quoi qu'il en soit, il se rattache certainement au Lacustre de la troisième région.

Le Néocomien n'occupe une certaine surface que dans la partie ouest de la région : il se présente sous la forme d'une longue bande N.-S. constituée par un pli anticlinal éventré (coupes 2, 5, pl. IV) qui met au jour tout N^4 et une partie de N^3.

Les calcaires à Criocères de N^3 se montrent dans le vallon à l'est de Séguret, où ils sont assez fossilifères. Partout ailleurs, le Néocomien est représenté par N^4 (faciès ferrugineux). Au nord-est de Séguret, la partie inférieure et marneuse de cette assise est très mouvementée et acquiert un grand développement en surface, et peut-être aussi en épaisseur, si ses nombreux plissements ne donnent pas le change. La partie supérieure et calcaire de l'assise n'apparaît que sur les bords de la bande néocomienne, puis au N.-E., où elle finit par recouvrir complètement les marnes. Elle représente seule le Néocomien sur les bords de la vallée de l'Ouvèze.

La Molasse forme un fer-à-cheval ouvert au sud, qui entoure la quatrième région de trois côtés.

La partie inférieure ne présente son plein développement qu'à l'est, du Crestet au promontoire Jurassique qui s'avance dans la vallée de Malaucène et qui est entouré par la Molasse moyenne.

Sur tout le bord ouest de la région, on retrouve la continuation des accidents de Gigondas qui amènent une discordance plus ou moins nette entre M[1] et M[2]; M[2] arrive jusqu'au pied du massif Secondaire et n'en est séparé que par une épaisseur très irrégulière, et quelquefois nulle, de couches très redressées, appartenant à M[1] (coupes 5, pl. III; 2, pl. IV). C'est avec ces dernières que les couches de Molasse d'eau douce de Guillot paraissent avoir les rapports stratigraphiques les plus intimes.

Je rappelle enfin les dépôts d'alluvions anciennes qui ont été précédemment décrits et qui, surtout sur la rive gauche de l'Ouvèze, continuent ceux de la deuxième région. Leurs rapports d'ensemble se voient dans les coupes 6 et 7, pl. IV.

II. Les rapports stratigraphiques de ces divers terrains sont assez simples. Ils se résument dans la coupe 5, pl. IV, prise de l'ouest à l'est, au milieu de la région, et qui permet de dire que celle-ci consiste en une grande voûte surbaissée (A), dirigée nord un peu est, dont la partie centrale (A') s'est affaissée pour se placer au niveau, ou même en contrebas, des côtés (B,C) fortement, mais très inégalement relevés.

Au nord, cette voûte (A) s'abaisse, avec les accidents latéraux qui l'accompagnent particulièrement au nord-est et disparaît sous la Molasse. Dans la partie ouest toutefois, cette disparition est un peu retardée par une faille qui relève les calcaires, de Vaison sur la rive droite de l'Ouvèze.

Au sud, cette voûte (A), dirigée presque nord-sud, se raccorde avec le soulèvement N.-E. de la troisième région, par un pli transversal et oblique très brusque et cassé sur la plus grande partie de sa longueur (coupes 5, 10, pl. III ; 1, pl. IV). Les couches en quelque sorte ainsi retroussées forment la bande urgo-néoconienne qui sépare la quatrième région de la troisième (coupes 3, 5, pl. III; coupe 1, pl. IV); elles appartiennent plutôt à cette dernière, en tant que bord nord d'un grand anticlinal dirigé nord-est.

Vers l'est, ce redressement est masqué par divers accidents ; il est cependant indiqué dans l'inflexion des couches du Grès vert, à l'est de Romane (coupes 2, pl. IV; 13' pl. III), et dans leur disposition générale en fond de bateau ouvert au nord-est.

Dans la partie médiane, il est beaucoup plus apparent, bien que le plus souvent remplacé par une faille qui fait buter (coupe 1, pl. IV) les Marnes aptiennes subhorizontales de Lincieu, accompagnées çà et là de quelques bancs de calcaires de Vaison, contre les couches verticales ou même retombées au nord de ces mêmes calcaires et parfois du Néocomien supérieur ?.

Vers l'extrémité sud-ouest, ce redressement ou pli transversal se voit nettement (coupe 5, pl. III). Il rencontre au point 440 le pli anticlinal (*ibid.*) qui forme, ainsi qu'on le verra plus loin, le bord ouest de la région. Un accident transversal semble venir couper ces deux plis vers leur point de convergence, amener la disparition de l'arête qui sépare Lincieu du Pourrat, et lui substituer, après l'avoir rejetée au nord, celle qui vient de Lincieu. C'est cette dernière qu'on retrouverait à Pied-gu (point 416) et au delà (coupe 3, pl. III). La rencontre de ces plis et des accidents qui les accompagnent ne se fait pas sans amener une extrême complication dans les relations des couches vers le point 440 ; on peut en prendre une idée sur la rive droite de la cluse que domine ce point.

Ainsi donc, tout le long de cette limite des deux régions, on constate la rencontre et la combinaison des deux soulèvements qui caractérisent chacune d'elles et dont la troisième portait déjà des traces si évidentes.

Entre ses deux extrémités nord et sud, la partie centrale (A') de la voûte (A), qui constitue la quatrième région, est formée par la grande masse peu mouvementée des calcaires de Vaison dont j'ai déjà parlé, et qui ne donne lieu à aucune nouvelle observation. Il n'en est pas de même des deux bords ouest et est, qui sont, le premier surtout, compliqués par le mouvement d'affaissement ou de non-élévation de la partie centrale.

Un certain nombre de coupes transversales à peu près parallèles et distantes, pour la plupart, de moins d'un kilomètre les unes des autres, montreront, en même temps que la structure générale de cette région, la constitution de ces deux bords.

a). Le bord ouest est le plus complexe comme le plus fortement relevé. Si on le suit du sud au nord, à partir du point 440, où il rencontre le bord sud (coupe 5, pl. III) et se confond avec la troisième région (coupe 3, pl. III), on remarque qu'il est formé par une sorte de bourrelet ou de pli anticlinal (B) (coupe 1, pl. IV), à côtés inégaux, qui va s'élargissant (coupe 2, pl. IV), et s'entr'ouvrant (coupes 3, 5, pl. IV) vers le nord.

Au sud-ouest de Lincieu, le côté est (coupe 5, pl. III), à peine indiqué, de ce pli est ployé ou cassé pour se rattacher aux couches subhorizontales qui supportent l'Aptien. Le côté ouest, au contraire (*ibid.*), s'abaisse fortement vers la plaine; à sa base, on observe un peu d'Aptien pincé entre le calcaire de Vaison, qui forme le bourrelet, et la Molasse inférieure, qui affleure irrégulièrement en contrebas et disparaît bientôt sous les couches de la Molasse supérieure (*ibid.*).

Après la coupure faite par le profond ravin de Lincieu, le pli (B) se retrouve exhaussé et un peu élargi (coupe 1, pl. IV). Sur son bord est, on observe un accident jalonné par un peu d'Aptien et qui va se transformer plus loin en une faille importante (α, faille de Saint-Siffren).

Au point où passe la coupe 1, l'Aptien du bord ouest ne se voit plus, il semble avoir disparu dans la profondeur, le long d'un accident dont il sera question plus loin; mais on le trouve encore sur le chemin qui contourne l'arête au-dessus de la cluse de Lincieu, pris entre le calcaire de Vaison assez tourmenté et la Molasse inférieure fortemen tredressée.

J'ai prolongé à l'ouest la coupe 1, pl. IV, à travers la butte 282, butte qui présente un certain intérêt comme affleurement de terrains secondaires situé en dehors du soulèvement général de la grande voûte (A) de la quatrième région, et séparé de cette voûte par les couches verticales de la Molasse inférieure. Cette butte doit son origine à quelque accident longitudinal extérieur à la limite molassique de la région proprement dite, et qui a relevé un relief formé de calcaires de Vaison, de Grès vert avec un peu d'Aptien, et, au nord-est, de couches redressées de Molasse d'eau douce ; ce relief a été entouré et presque entièrement recouvert par les couches sableuses subhorizontales de la Molasse supérieure qui sont venues masquer tous rapports stratigraphiques précis.

Le Grès vert de cette butte se relie très probablement par dessous la Molasse à celui qui affleure au nord de Séguret dans des conditions stratigraphiques analogues, et il est probable que les deux failles qui le séparent là du Néocomien se prolongent jusqu'ici et passent dans le col qui sépare la butte 282 de l'arête marginale 324 (coupe 1, pl. IV). De ces deux failles, l'une (δ), qui coupe cette arête un peu au midi de Séguret, semble ne plus se traduire ici que par un glissement de la Molasse ou de l'Aptien et des premières couches calcaires qui les supportent sur la masse du calcaire de Vaison ; l'autre (γ) se révèle par le redressement des terrains secondaires de la butte, en dehors de la limite molassique de la région.

C'est peut-être à cette dernière faille, prolongée au sud, qu'il faut attribuer une partie des accidents signalés vers le point 440, en particulier le rejet au nord des calcaires de Vaison du pli marginal (Lincieu)[1]. Antérieure à la Molasse inférieure, cette faille (γ) a rejoué lors du soulèvement molassique de la région et facilité les mouvements de ce dernier terrain, tout en le laissant en concordance apparente avec les couches d'eau douce de Guillot, qui semblent appartenir à la butte 282. Sur quelques points, elle a amené une discordance plus ou moins bien accusée entre M^1 et M^2, à Séguret par exemple, et qui se relie aux accidents analogues que j'ai signalés à Gigondas.

A cet égard, l'éminence urgo-néocomienne qui forme le point 416 (Pied-gu) et qui fait saillie, au nord de Gigondas, sur la limite externe commune aux deux régions, semble due à un accident non sans rapports avec celui qui a formé la butte 282; mais ici le mouvement d'exhaussement a été beaucoup plus accentué, à cause de la rencontre et de la combinaison des deux soulèvements de la troisième et de la quatrième région, et la Molasse inférieure a disparu. Il serait aussi difficile que téméraire de vouloir retracer la disposition qu'elle devait avoir ; tout ce qu'on peut constater, c'est que les couches les plus inférieures de M^1 forment, vers Saint-Côme (coupe 2, pl. III), le commencement d'un pli synclinal qui devient très aigu et se relève très fortement vers le N.-N.-E. dans la direction où, au delà du point 416, reparaissent les mêmes couches de M^1. C'est dans ce pli qu'est venue se déposer, comme je l'ai dit précédemment, la Molasse supérieure du vallon des Fleurets.

La disposition en pli synclinal des couches de Guillot serait en faveur

1 Le tracé de la bande aptienne qui suit ce pli n'indique pas assez ce rejet sur la carte.

de ce rapprochement stratigraphique. La Molasse qui se trouve prise entre la butte 282 et l'arête marginale serait le reste d'un pli synclinal écrasé et très faillé, qui se serait formé entre ces deux reliefs Secondaires lors du soulèvement molassique de la région.

Au nord de la coupe 1, le pli anticlinal (*B*) qui formait l'arête marginale, s'exhausse encore davantage et s'entr'ouvre vers le nord pour laisser apparaître les couches marneuses de N^4 (coupe 2, pl. IV).

Sur le bord est, le calcaire de Vaison ne suit pas ce mouvement d'exhaussement ; il reste en contrebas le long de la faille (α) de Saint-Siffren, qui jusqu'à l'extrémité de la région le séparera du Néocomien du milieu du pli (coupes 4-5-6, pl. IV).

Sur le bord ouest, la pente qui s'abaisse vers la plaine est couverte d'éboulis ; il est probable qu'on retrouverait au-dessous d'eux la disposition profonde que j'ai supposée vers la butte 282, et qui va se montrer à découvert à Séguret.

La partie centrale du pli (*B*) s'ouvre de plus en plus, en allant vers le nord, et les couches marneuses de N^4 ravinées laissent apparaître (coupes 3-4, pl. IV) les calcaires de N^3, qui forment tout le côté droit de la vallée S.-S.-E. de Séguret. On remarque que le bord est du pli (*B*) est tout entier remplacé par la faille Saint-Siffren; elle fait buter en ce point, contre la base de UV (coupe 4, pl. IV), les couches de N^3, qui forment ici le sommet du pli (B).

Cette dernière assise disparaît rapidement au nord sous les marnes de N^4 (coupe 5, pl. IV) ; l'ensemble du Néocomien s'abaisse et les calcaires de N^4 apparaissent sur le bord est (coupe 5, pl. IV). Ils forment, au delà de la chapelle Saint-Siffren, les deux points culminants de cette partie de la région, et recouvrent peu à peu toute la voûte néocomienne (coupe 7, pl. IV), qui se ferme et disparaît bientôt obliquement sous la Molasse en arrivant dans la vallée de l'Ouvèze.

Le calcaire de Vaison, que cette voûte néocomienne devait supporter au nord comme elle le supporte encore au sud, a laissé des traces de sa présence dans les calcaires à silex qui couronnent le sommet 433 et recouvrent (coupe 7, pl. IV) sa pente septentrionale d'une couche continue de débris. Ces débris, qui surprennent au premier abord, sont évidemment le résultat de la destruction sur place des couches de ces calcaires.

A Séguret, la bande de terrains comprise entre les deux failles (γ) et (δ) de Séguret et des Bessons, se relève et forme les trois pitons coniques qui se substituent à l'arête marginale 424, pour représenter à la fois le bord du pli marginal (*B*) et celui de la grande voûte (A).

Ces pitons donnent sur ce point, à ce bord, une physionomie toute particulière. Leur masse est constituée par le calcaire de Vaison fortement redressé et appuyé à l'est sur les calcaires de N^4 ployés le long de la faille (γ) (coupes 4-5, pl. IV). Le pli de ces derniers est très constant; on le voit nettement sur le chemin qui contourne Séguret au N.-E., et on le retrouve plus au nord, dans le ravin sous les Turcs (coupe 6, pl. IV). A l'ouest, jusqu'à mi-côte des deux premiers pitons, la Molasse inférieure s'élève en muraille hardie et déchiquetée ; elle est fortement comprimée contre le calcaire de Vaison, comme on peut le voir derrière les premières maisons de Séguret, sans qu'on puisse dire qu'il y ait faille proprement dite.

Les relations de la Molasse inférieure verticale et de la Molasse supérieure subhorizontale (coupe 4, pl. IV) restent anormales, comme précédemment, ainsi qu'on peut s'en assurer dans cette même localité à la bifurcation de la route de Sablet.

Les couches du calcaire de Vaison sont dirigées un peu obliquement à la direction des pitons, de sorte qu'en allant vers le nord on voit apparaître, sur le bord ouest de ces derniers, des couches de plus en plus récentes, qui se terminent par les calcaires à Orbitolines de Notre-Dame des Bessons (coupe 5, pl. IV). (Voir, pag. 87, la coupe détaillée de ce piton.)

La coupe 5, pl. IV, montre en outre les calcaires de Vaison recouverts à l'ouest par les calcaires à Orbitolines, à l'est par les Marnes aptiennes, et dans les deux cas en concordance parfaite avec ces terrains.

Au delà de Notre-Dame des Bessons, l'arête des trois pitons disparaît, bien que le mouvement qui lui a donné naissance se prolonge vers le nord à une altitude inférieure dans la bande néocomienne prise entre la faille (δ) et la prolongation atténuée de la faille (γ) (coupe 6, pl. IV), bande qui plus loin se confond avec l'amorce ou bord ouest très réduit de la voûte terminale formée par N' (coupe 7, pl. IV).

Dès lors le bord ouest de la région n'est plus formé par le calcaire de Vaison, mais par le Grès vert; qui apparaît un peu au sud de ce dernier piton, en se relevant le long de la faille (δ) des Bessons.

Cette faille, qui fait buter le Grès vert contre le calcaire de Vaison (coupe 5, pl. IV), puis contre le Néocomien (coupe 6-7, pl. IV), marque par un léger rejet son passage à travers la Molasse inférieure appliquée contre le piton du milieu. Dès lors, la Molasse repose, en s'atténuant, sur le Grès vert relevé, au contact duquel (coupes 6-7, pl. IV) on ne trouve bientôt plus que les couches de la partie moyenne de la Molasse.

Sur les bords de l'Ouvèze, les couches inférieures de M' reparaissent, mais reposant sur le Néocomien, c'est-à-dire de nouveau sur la lèvre est de la faille (δ) des Bessons. Les relations immédiates de ces terrains, ainsi que le passage de cette faille au nord-est de Clément, restent obscurs. Ils sont en partie masqués par les alluvions anciennes qui bordent la vallée (coupe 7, pl. IV).

Le pli (B), formé ici par le Néocomien, est limité, sur son bord est, par la faille (α) de Saint-Siffren, qui le met en contact avec une longue bande d'Aptien. Cette bande, qui représente le bord de la grande masse centrale (A') formée par le calcaire de Vaison, est prise à son extrémité nord entre la faille précédente et une faille locale. La première traverse, avec le pli (B), qu'elle limite, la vallée de l'Ouvèze et va se perdre sous la Molasse de la rive droite; la seconde est coupée, en arrivant sur le bord de l'Ouvèze, par une série de cassures parallèles très curieuses qu'on peut voir dans le lit du torrent, et qui forment la limite de la dépression occupée par l'Aptien, en rejetant, semble-t-il, cette faille dans la précédente.

b.) Le bord est de la grande voûte (A), qui forme la quatrième région, beaucoup moins relevé que le bord ouest, présente une structure bien plus simple. Il est formé sur presque toute sa longueur par le Grès vert plongeant à l'est sous la Molasse de la vallée de Malaucène, et séparé à l'ouest (coupes 2, 3, pl. IV) par une faille (β) de la partie centrale (A') de la voûte (A).

Cette faille n'est nulle part très importante. Au sud, elle est bien atténuée et ses rapports avec le bord méridional de la région restent obscurs. Au delà de Prébayon, elle s'accentue et son parcours est jalonné (coupes 2-4, pl. IV) par une dépression marneuse des plus marquées sur les collets, et qui est due aux Marnes aptiennes tombées dans la faille ; elle semble parfois accompagnée d'une zone très large de couches brouillées, comme on peut l'observer dans le ravin au midi du Laquet (coupe 4, pl. IV).

A partir du ravin suivant, cette faille cesse de former la limite entre les deux parties (centre et bord est) de la voûte A ; elle est remplacée par une faille (β') dirigée N. 5° E. qui est jalonnée quelque temps sur l'arête 493 par des couches redressées de calcaires à silex, et qui résulte de la cassure d'un pli aigu du calcaire de Vaison, sur le bord de la partie centrale (A') de la grande voûte (A) (coupes 5, 5', pl. IV).

Ce bourrelet ou pli (C), qui forme le pendant de celui (B) du bord ouest (coupes 1, pl. IV; 5, pl. III), est recouvert à l'est par un peu d'Aptien (coupes 5', 6, pl. IV), que la continuation atténuée de la faille (β) de Prébayon met en contact d'abord avec la partie moyenne ferrugineuse du Grès vert (*ibid.*), puis successivement vers le nord (coupes 6-7, pl. IV) avec des parties plus élevées de ce terrain toujours recouvert par la Molasse.

Très net au milieu de l'arête 493 (coupes 5, 5', pl. IV), ce pli (C) disparaît bientôt vers le nord ; le mouvement auquel il répondait se distribue (coupes 6-7, pl. IV) dans les accidents qui accompagnent l'abaissement général du calcaire de Vaison, et qui modifient particulièrement le côté ouest de ce pli (*ibid.*).

Parmi ces accidents, je ne signalerai que les principaux : celui qui limite au N.-O. l'arête 493 (β'', coupe 7, pl. IV) et celui qui traverse l'Ouvèze en amont de Vaison (ε, coupes 6-7, pl. IV). Le premier suit une direction à peu près parallèle à la prolongation de la faille de Prébayon et continue, en l'accentuant, le mouvement d'abaissement de la faille (β') de l'arête 493, puis disparaît dans les Marnes aptiennes. Le second relève sur sa lèvre est comme une nouvelle arête marginale qui domine Vaison au S.-E., puis se perd sous la Molasse, dont il dénivelle légèrement les couches inférieures, alors qu'il établissait une différence de niveau de 60-80^{m} dans les calcaires de Vaison.

A peu de distance, plus à l'est, on trouve, dans des conditions analogues à ces dernières, la trace d'une faille plus importante (ζ, coupe 7, pl. IV), qui semble mettre en contact le Grès vert avec le Néocomien moyen, et limiter ainsi le bord de la grande voûte (A) de la quatrième région. Cette faille n'est indiquée que par une certaine dislocation de la Molasse autour de l'affleurement de quelques couches néocomiennes très mouvementées, sur le bord de la route de Malaucène, vis-à-vis Saint-Marcelin, au bas du talus formé par les couches de la Molasse inférieure relevées vers le centre de la région. La dislocation de la Molasse, un peu plus grande que dans le cas précédent (Vaison), et qui correspond à un changement de direction, est sans proportion avec la grande dénivellation des terrains sous-jacents.

En allant vers le Crestet, il semble qu'on trouve à la base de la Molasse, et entre elle et le Grès vert, quelques traces (lambeaux de couches néocomiennes ?) de cette faille (ζ), qu'il ne faut pas confondre avec la faille (β) de Prébayon, qui, dans de tout autres conditions stratigraphiques (coupe 7, pl. IV), vient mourir vers ce même point. Si ces indices ne sont pas trompeurs, la faille (ζ) aurait une direction S. ou S.-S.-E. Peut-être est-ce son passage profond qui est indiqué par le pli brusque qu'on remarque dans la Molasse moyenne à l'E.-S.-E. du Crestet (chapelle du Crestet, tuilerie près Guibert), et qui semble correspondre à une diminution progressive de la Molasse inférieure du S. au N. ?

Enfin cette faille se rattache probablement à celle qui, dans la deuxième région, limite au sud la Molasse inférieure et le Grès vert, et aux dislocations profondes que recouvre aujourd'hui la Molasse supérieure de la vallée de Malaucène et dont les affleurements jura-néocomiens de cette vallée restent comme les éloquents témoins.

Je n'ai pas besoin d'ajouter que je donne sous toutes réserves les indications concernant cette faille, pour le cas où elles devraient être utiles à un observateur plus heureux ou plus perspicace.

CHAPITRE V.

Résumé stratigraphique.

La description stratigraphique détaillée qui précède, a déjà laissé voir que la région du Ventoux doit son relief à l'existence de plissements nombreux et complexes dont il me reste à donner une idée synthétique.

En jetant les yeux sur la carte qui accompagne ce travail, on est frappé, dès l'abord, par les deux grands ensembles d'accidents convergents, dont la rencontre est marquée par les sommets du Ventoux et de Bluye.

De ces deux ensembles, l'un, dirigé environ E.-S.-E., est formé par la vallée synclinale du Toulourenc et par la moitié est des deux anticlinaux du Ventoux et de Bluye; ces plis B,A,C, de la deuxième région sont suffisamment connus.

L'autre ensemble, à direction moyenne E.-N.-E., est formé par le plissement des terrains secondaires de la troisième région, plissement qui se prolonge à la fois dans le grand axe jurassique Saint-Amand—Pierrelongue, et dans le Ventoux-Ouest par le Petit-Ventoux ; il correspond à des mouvements beaucoup plus complexes et surtout bien moins nettement définis que les précédents, d'autant plus qu'ils sont partiellement interrompus ou masqués par la Molasse de la vallée de Malaucène.

Quelques explications ne seront pas inutiles avant d'aller plus loin.

Vers le point de convergence de ces deux ensembles stratigraphiques, on reconnaît aisément que le dernier, à direction moyenne E.-N.-E., est formé par la continuation infléchie vers le S.-O. des plis de l'ensemble E.-S.-E., c'est-à-dire par deux anticlinaux séparés par un synclinal. Au nord, l'anticlinal que jalonnent les pointements jura-crétacés de la plaine et dont le côté méridional est formé par le bord nord-ouest du Rissas : c'est la deuxième partie ou partie S.-O. du revers nord de Bluye (pag. 201); au sud, l'anticlinal du Ventoux-Ouest décomposé en voussoirs (coupe 5, pl. II et pag. 180). Entre ces deux plis, l'extrémité du synclinal du Toulourenc infléchi en fond de bateau vers le S.-O., sur l'extrémité du Rissas (coupe 4, pl. II et pag. 183).

De ces deux derniers plis, celui du Ventoux-Ouest se continue seul partiellement dans l'anticlinal dérivé du Petit-Ventoux (pag. 181) ; le reste disparaît avec celui du Rissas, dans la profondeur, sous la Molasse de la vallée de Malaucène. Au-delà de cette vallée, on retrouve l'anticlinal nord dans les montagnes de Saint-Amand et de Gigondas, et au sud la prolongation de l'anticlinal du Petit-Ventoux dans les plissements de Saint-Baudille, du Barroux et probablement aussi de Laroque ; mais, comme dans la vallée de Malaucène, toute la partie intermédiaire reste masquée par le Tertiaire et en particulier par l'Horizon de Suzette.

Ainsi donc, tandis qu'à l'est on voit le plissement de cette partie bien marqué par le Crétacé, à l'ouest on ne distingue plus rien de net dans les marnes jurassiques bouleversées et en l'absence d'affleurements de couches plus résistantes ; il est par conséquent difficile de déterminer le prolongement comme les allures de ce plissement sous la Molasse de la vallée de Malaucène.

Si, ainsi que je l'ai supposé, on se trouve dans la troisième région, vers Lafare, en présence d'un grand plissement des terrains secondaires, en particulier du Jurassique, très complexe dans le détail, mais anticlinal dans l'ensemble, il en résulterait, semble-t-il, que les deux anticlinaux précédents (Bluye S.-O. — Saint-Amand et Ventoux-Ouest) viendraient ici se confondre en un grand anticlinal (troisième région) par la disparition du synclinal qui les séparait et dont l'atténuation au S.-O. du Rissas est déjà très sensible.

Resterait à déterminer où et dans quelles conditions se fait, dans la partie profondément affaissée de ce plissement E.-N.-E., le passage du double pli au grand anticlinal ou bombement de la troisième région. Est-ce déjà sous la vallée de Malaucène, brusquement, le long d'un accident transversal, ou bien d'une manière plus normale, par le relèvement des couches secondaires et l'atténuation progressive du pli synclinal ? Dans ce dernier cas, ce pli viendrait mourir dans la partie N.-E. du bassin de Suzette, selon l'indication générale donnée par l'arête de la Molasse inférieure et par l'inclinaison des couches du Jurassique supérieur à l'extrémité de la chaîne de Saint-Amand. L'apparition des marnes jurassiques à Charasse, à Aurès et à Bois-long, représenterait la fin de l'anticlinal du Ventoux, qui, rejeté un peu au nord dans le massif de Laroque, viendrait s'y confondre avec celui de Saint-Amand — Gigondas.

Cette question n'aurait qu'une importance bien secondaire si elle n'intéressait le bassin de Suzette. On se souvient de la difficulté qu'il y avait à déterminer (pag. 227) si ce bassin correspondait à un bombement jurassique éventré, au fond duquel auraient pu apparaître des couches inférieures à celles que j'ai décrites, ou si, au contraire, sa partie centrale et N.-E. ne représentait pas, comme les observations générales qui précèdent le laissent supposer, une amorce de pli synclinal rendant peu probable l'apparition de couches très profondes.

En résumé, et abstraction faite, cela va sans dire, des modifications parfois très profondes que d'autres mouvements à directions fort différentes lui ont fait subir, l'ensemble d'accidents à direction générale E.-N.-E. sur lequel je viens de m'étendre, bien que plus complexe, est formé d'une manière analogue à l'ensemble E.-N.-E., dont il ne paraît être que la continuation infléchie vers l'O.-S.-O.

Ces deux ensembles formeraient ainsi comme une sorte de grand plissement en arc de cercle, constitué par deux grands anticlinaux arqués, dont le plus important au midi est représenté par le Ventoux (Ventouret, Ventoux, Petit-Ventoux, Barroux, Beaumes); l'autre, sensiblement plus cintré, par Bluye — Saint-Amand (arête et voûte de Brantes, Bluye, Bluye S.-O. et Entrechaux, Saint-Amand, Gigondas).

Dans leur partie médiane, ces deux plis restent bien séparés par un large anticlinal; à leurs extrémités, ils se confondent: à l'ouest, par la fusion des deux plis en un plissement complexe (troisième région) anticlinal dans l'ensemble ; à l'est, par la disparition du pli septentrional ou son absorption par le pli méridional.

La distinction et l'écartement de ces plis correspond au développement exagéré de la série urgo-néocomienne (N^3b-U), leur fusion et la disparition de l'un d'eux, à l'atténuation de cette même série. On retrouve ici, esquissés à grands traits, les phénomènes déjà exposés à propos de la deuxième région ; ils peuvent, à côté des causes profondes sur lesquelles je vais revenir, avoir contribué, dans leur faible mesure, à l'accentuation vers le nord de l'arc Bluye E. — Saint-Amand.

Ainsi que je l'ai dit, le grand plissement en arc de cercle que forment ces deux ensembles donne à la région du Ventoux sa physionomie stratigraphique.

A côté de ce trait dominant, on remarque encore deux autres ensembles bien accusés, mais beaucoup moins importants, dont la direction oscille autour de la méridienne ou incline vers le N.-N.-O. Ils sont constitués par des accidents transversaux qui limitent en quelque sorte les précédents: à l'est, dans la dépression de Sault et la coupure d'Aurel; à l'ouest, dans la disparition des terrains secondaires sous la vallée N.-S. de l'Ouvèze, dans la quatrième région, et peut-être aussi jusqu'à un certain point dans la vallée de Malaucène.

Si l'on étudie maintenant ces différents ensembles d'accidents, non plus simplement au point de vue de leurs directions et de leurs groupements très généraux, mais à celui de la direction précise des éléments stratigraphiques qui concourent à les former, on peut facilement distinguer un certain nombre de systèmes stratigraphiques, c'est-à-dire de groupes d'accidents, failles ou plis, qui appartiennent à une même orientation.

Tout d'abord, deux systèmes principaux de direction se montrent dans le Ventoux même, qu'ils constituent.

L'un est représenté par la moitié est de cette montagne, qui n'est en réalité que l'extrémité ouest du grand axe de soulèvement Ventoux-Lure, dont la direction E. 10-12° S. est rapportée par Sc. Gras et M. Lory dans la Drôme et les Basses-Alpes au système des Pyrénées (E. 18° S.).

L'autre forme tout le Ventoux-Ouest ; sa direction moyenne E. 14° N. est ordinairement rapportée au système des Alpes principales.

Ces deux systèmes sont les plus importants de la région, et leur rencontre donne naissance au sommet de beaucoup le plus élevé de tout le pays. Ils se retrouvent dans les principaux soulèvements du midi de la Drôme, où leurs entrecroisements contribuent à la formation de plusieurs des vallées elliptiques décrites par Sc. Gras et M. Lory.

Dans le Comtat et la Provence, le second de ces systèmes persiste seul (Monts de Vaucluse, Luberon, etc.). Il se retrouve dans un assez grand nombre d'accidents de la région, principalement dans les failles (α, γ''', δ, ε, η, etc., de la deuxième région, α et d'autres moins importantes, dans la troisième région); puis aussi dans les lignes de faîte de la Plate, du Ventoux-Ouest, du Petit-Ventoux et jusque dans la Molasse de Beaumes et l'arête de Montmirail; enfin, dans le pli de la Molasse de Montbrun, d'où il se prolonge au delà de Séderon, dans l'arête des Bargues, puis dans les crêtes qui se trouvent au N.-E. de Curel dans la vallée du Jabron.

Le premier système se retrouve avec une assez forte déviation vers le N.-O., dans la montagne de Bluye, la vallée du Toulourenc et la plupart des failles qui les parcourent (α', β, γ, etc., de la deuxième région).

Un troisième système très important domine dans la troisième région; sa direction moyenne E.42°N. se rapporte au système de la Côte-d'Or. On l'observe en particulier dans l'arête nord des montagnes de Gigondas, aux deux extrémités de la montagne de Saint-Amand, dans l'axe jurassique Saint-Amand — Entrechaux, et dans un certain nombre des failles de ces montagnes (β, β', β'', etc., de la troisième région). Il se retrouve dévié vers l'est dans le pli Saint-Amand — Bluye-Ouest (bord nord-ouest du Rissas).

A côté de ces trois systèmes qui concourent directement à la formation du grand plissement en arc de cercle dont j'ai parlé, on en remarque d'autres de moindre importance dans la région; ils sont très nettement indiqués par les divers accidents qui se croisent dans la dépression de Sault, à laquelle ils donnent naissance. C'est là qu'il faut les étudier d'abord; on en distingue facilement quatre ou cinq.

La direction de celui d'entre eux qui semble avoir joué le rôle le plus important dans la formation du relief est indiquée par les hauteurs qui s'étendent au midi de Sault jusqu'à l'est de Sarraud ; par une partie des accidents qui, de Sault à la vallée du Toulourenc, séparent le Ventoux du Ventouret ; enfin, par les failles du Ventoux-Est et du plateau des Abeilles. Ce dernier, pris dans son acception la plus large, pourrait être rattaché au même système, qui traverserait ainsi en biais le Ventoux, réunissant dans un même ensemble surélevé les deux soulèvements parallèles du Ventoux-Ouest et des monts de Vaucluse. Ce système, dont la direction moyenne est environ N. 33° O., paraît se rattacher au système du Viso. C'est lui qui, en se combinant avec la direction Ventoux-Lure, donne lieu aux diverses directions résultantes qu'on retrouve dans la montagne de Bluye, dans l'arête jurassique de Plaisians, dans les montagnes de la Geine et de la Nible ; au delà de l'Ouvèze, il reprend sa direction, qui, de nouveau interrompue, reparaît avec netteté à Nyons. En dehors des indications précédentes, cette direction ne se retrouve que dans des accidents trop localisés pour pouvoir être rapportés avec certitude à un système défini.

Une autre direction importante est celle qui est donnée par la dépression même de Sault, de Monnieux à Aurel. Son orientation N. 25° E. la rattache au système des Alpes occidentales. Elle coupe l'arête Ventoux-Lure entre Aurel et Montbrun en la rejetant au N.-E. Ce rejet a amené, près de ce dernier village, la déviation vers le nord du synclinal du Toulourenc, qui épouse en ce point la direction Ventoux-Ouest, direction qui se poursuit au delà de Séderon, ainsi que je l'ai dit. C'est probablement aussi à ce même système des Alpes occidentales qu'il faut rapporter quelques-uns des traits de la quatrième région, ainsi que les accidents parallèles qu'on rencontre dans les montagnes de Gigondas et à l'extrémité du Petit-Ventoux, et dont la direction est N. 21° E.

Il existe enfin, dans la dépression de Sault, un troisième groupe de directions qui oscillent autour de la méridienne et se combinent volontiers avec les précédentes. Les unes, dont la moyenne est N. 6° E., semblent se rapporter au système du Vercors : on les rencontre dans les failles du S.-E. et du N.-E. de la dépression de Sault ; les autres, plus fréquentes, se réunissent autour de la moyenne N. 7-8° O. : on les observe au nord d'Aurel, à Verdoliers, et avec les précédentes sur le flanc méridional du Ventoux, dans la quatrième et peut-être aussi çà et là dans la troisième région. M. Lory (*Dauphiné*, II, pag. 458) voit jusque dans la direction N. 10° O. une déviation locale du même système du Vercors spéciale au midi de la Drôme ; elle se serait poursuivie jusqu'ici [1].

En résumé, la région tout entière du Ventoux constitue un massif montagneux résultant de la rencontre et de la combinaison de deux systèmes principaux, E. 14° N. et E. 12° S., superposés à deux systèmes plus effacés E. 42° N. et N. 33° O. Ceux-ci, avec d'autres systèmes N. 6° E. à N. 8° O. et N. 25° E., de moindre importance, et dont les effets se font sentir surtout aux deux bords est et ouest de la région qu'ils limitent en quelque sorte, contribuent à modifier les deux systèmes principaux, sans en changer toutefois d'une manière bien considérable l'économie générale. Les derniers dominent seuls dans la quatrième région, qui, par là même, paraît comme étrangère à l'ensemble.

Il reste maintenant à examiner, malgré tout ce qu'aura de nécessairement hypothétique l'essai suivant, tenté pour la première fois, de quelle manière ce massif montagneux s'est successivement formé.

Ce sera l'objet d'une troisième et dernière partie.

[1] Vézian ; *Prodrome de Géologie*, II, pag. 511, établit un système de soulèvement du Mont-Ventoux. Ce système, dirigé E. 34° N., aurait relevé les alluvions anciennes dans la vallée du Bas-Rhône (Costières). Si, parmi les lambeaux d'alluvions que j'ai appelées anciennes, quelques-uns semblent porter des traces de relèvements, ceux-ci ne jalonnent nullement la direction E. 34° N.

La seule ligne qui se rapproche de cette direction est celle du bord N.-O. du Rissas, mais son origine est ancienne et elle n'est pas, à proprement parler, une ligne stratigraphique.

TROISIÈME PARTIE.

FORMATION PROGRESSIVE DU SOL ET DE SON RELIEF.

La sédimentation continue qu'on observe du Jurassique moyen à l'Urgonien permet de conclure que, durant cet intervalle, la région du Ventoux est restée submergée.

Indépendamment des reliefs sous-marins préexistants et sur lesquels l'étude de cette région ne peut apporter aucune lumière, voici ce qu'on peut induire sur les mouvements du sol sous-marin pendant cette durée.

Les variations régulières de la nature des dépôts, d'abord vaseux, puis de plus en plus calcaires, et enfin à demi-coralligènes, redevenant de nouveau vaseux pour reparcourir le même cycle, témoignent de mouvements d'oscillation du sol, qui au Ventoux doivent avoir atteint de grandes amplitudes.

Ces mouvements ne se faisaient pas partout dans les mêmes conditions, et les différences d'épaisseur des dépôts J^2-N^1, puis néocomiens-urgoniens, sur les divers points de la région, sont, pour une bonne part au moins, imputables aux variations de la profondeur de cette mer.

Je laisse de côté les phénomènes auxquels on doit la formation des calcaires grumeleux et bréchoïdes qu'on rencontre dans toute l'épaisseur des dépôts J^2-N^1. Ces phénomènes sont encore trop obscurs, et, quels qu'ils puissent être, ils ne se rapportent pas à une exondation, au sens ordinaire de ce mot, c'est-à-dire avec terre ferme, rivages, etc.

Les différences d'épaisseur dont je viens de parler s'accentuent et se diversifient beaucoup pendant la durée de cette période de submersion; peu considérables pour J^2 et N^1, elles le sont davantage pour le Néocomien moyen, infiniment plus pour N^4 et U. Si on considère leur distribution, on remarque qu'elles se produisent à peu près toujours sur les mêmes points, en sorte que, dès le Jurassique et d'une manière croissante, on voit se dessiner des bas-fonds dans la partie S.-O. de la région, tandis qu'au centre, du N.-E. vers le S., des hauts-fonds se prononcent de plus en plus et permettent l'accumulation d'une épaisseur considérable de sédiments.

Du Jurassique au Crétacé moyen, le centre de dépression semble se déplacer vers le sud, autant du moins qu'on peut en juger par le petit nombre d'affleurements jurassiques.

A propos du Néocomien de la seconde région, je me suis occupé des variations si brusques qu'il présente; elles manifestent très probablement des accidents profonds qu'il est impossible de déterminer aujourd'hui et qui devaient jouer un rôle important dans les mouvements dont ces variations restent les témoins.

Au Ventoux, la sédimentation paraît avoir été rapide pendant le Néocomien, ce qui indiquerait que ces mouvements d'affaissement devaient l'être relativement aussi.

Quel est le rapport exact de ces différences de dépôts avec le relief sous-marin ? Il est difficile de le préciser en l'absence de faunes zoologiquement très variées et dans l'état actuel de nos connaissances sur la formation des dépôts marins et la localisation des faunes bathymétriques.

Quoi qu'il en soit, à la fin du Néocomien, ces différences sont aussi accentuées que possible et donnent lieu à la distribution si singulière des divers faciès de la période urgo-aptienne.

Au commencement de cette période, toute la région paraît encore submergée, car on trouve partout les premiers dépôts de l'Urgonien (calcaires à Orbitolines au Ventoux, calcaires à silex et à foraminifères à Brantes et à Vaison, etc.). Il ne peut y avoir quelques doutes que pour le centre de la troisième région. Là s'est dessiné un relief qu'il faut probablement rapporter à la direction N.-E.. et au-dessus duquel les dépôts N^1—U semblent singulièrement s'amincir, si l'on en juge par les témoins qui subsistent encore sur les bords de la région.

Bientôt un immense amas — je n'ose dire récif — coralligène s'étend dans tout le centre de la région, du sud vers le nord. Il n'occupe qu'en partie le bassin de la mer néocomienne, dans laquelle il prend naissance ; en dehors de lui et des dépôts qui en dépendent immédiatement, des calcaires à céphalopodes se déposent avec des épaisseurs très variables dans tout le Nord.

Puissants et intimement unis aux dépôts coralligènes à Séguret et dans la montagne de Bluye, ces calcaires s'atténuent rapidement vers le N. et le N.-E., indiquant ainsi des conditions générales de sédimentation très différentes dans cette direction. La région du Ventoux se forme donc à l'extrémité et tout à fait sur le bord du grand bassin urgonien qui s'étendait surtout au S. (Provence) et au S.-O. (Gard).

Quoi qu'il en soit, un exhaussement se fait bientôt sentir dans le centre de la région et les calcaires de l'Urgonien émergent sur plusieurs points que les eaux de la mer aptienne viennent corroder. Cette émergence, dont les traces certaines sont toutes locales, a eu lieu du nord au sud ; elle n'a pas atteint la région de Vaison, mais peut-être n'est-elle pas sans rapport avec le relèvement que nous avons déjà vu se manifester dans la troisième région. Il serait téméraire d'essayer de déterminer, même d'une manière approximative, les contours de cette première terre (île ?).

Ce qu'il y a de certain, c'est qu'à partir de ce moment on voit se dessiner comme des bassins plus ou moins séparés, dans lesquels vont se déposer, avec des faciès particuliers, les Marnes aptiennes et les dépôts du Crétacé moyen. Ces bassins sont au nombre de trois principaux :

Villes—Bédouin—Sainte-Marguerite—Veaux ;

Eygaliers—Savoillans—Aurel ;

Vaison.

Déterminer ces bassins, c'est déterminer aussi les parties surélevées, émergées ou non, qui les séparent. Au N.-O., un bombement qui correspond à une partie de la troisième région et à la ligne des pointements jurassiques de la plaine : c'est à peu près la position et la direction de l'axe jurassique dont il a été question plus haut. Au centre, un peu vers le N.-E., un autre exhaussement comprenait une partie du Ventoux ; il atteignait peut-être Brantes et Saint-Léger, où l'Aptien semble manquer, et où se fait la séparation entre l'Aptien du premier bassin (Veaux) et celui du second

(Savoillans). Ces relèvements, le second surtout, ne paraissent pas avoir dépassé certaines limites; ils ne s'opposaient pas à toute communication, comme on le voit par les dépôts de Verdoliers qui établissent une transition par le sud entre le premier et le second bassin. Au nord, le second et le troisième paraissent avoir été encore moins séparés ; peut-être même ne l'étaient-ils pas du tout pendant une partie de cette période. Autant qu'on en peut juger avec les documents incomplets qui nous restent, c'est entre le premier et le troisième que la séparation paraît la plus complète (soulèvement de la troisième région).

Le Crétacé moyen débute par un mouvement d'oscillation dont les sables C', et en général les phénomènes qui accompagnent les dépôts à fossiles du Gault ou leurs équivalents probables dans le Midi, sont les témoins remarquables. Ce mouvement vient confirmer les données précédentes, encore vagues, en précisant mieux la position des rivages. Au sud, ils sont restés à peu près ce qu'ils étaient pendant l'Aptien ; au nord, ils ne paraissent pas s'éloigner beaucoup de la ligne Saint-Léger — Sault. Le Ventoux formait donc une île ou une presqu'île dans la mer du Grès vert.

Après les dépôts du Cénomanien, qui se prolongent plus longtemps dans le bassin d'Eygaliers (couches à *O. columba*, calcaires à silex à *Echinoconus* de Coste) que dans celui de Bédoin, les documents font défaut.

La mer se retire vers l'ouest, et la région fait partie d'une terre ferme qui limite à l'est le bassin d'Uchaux. Cette terre s'étendait vers le sud et le S.-O., où elle se rattachait peut-être aux Basses-Cévennes ; elle formait les rivages méridionaux de la mer crétacée qui remplissait plus au nord la vallée du Rhône et s'étendait au N.-E. dans le Dauphiné.

Les documents ne reparaissent qu'avec le dépot des Sables S. à la fin du Crétacé ou peut-être seulement au commencement du Tertiaire, alors que des affaissements assez considérables dans l'intérieur du continent eurent amené la formation de grands lacs. Ces affaissements intracontinentaux étaient la continuation et l'extension des mouvements divers et plus généraux, qui, vers le sud, avaient donné ou donnaient encore lieu aux grands dépôts lacustres crétacés de Provence.

D'assez grandes modifications s'étaient produites dans le relief de la région du Ventoux depuis le retrait de la mer cénomanienne. C'est dans les montagnes de Gigondas qu'elles paraissent avoir été le plus considérables, comme en témoigne la formation du bassin de Suzette, où les sédiments lacustres vont se déposer sur les marnes jurassiques mises à découvert. Cet affleurement des marnes du Jurassique moyen, et peut-être de couches encore plus profondes, implique le soulèvement jusqu'à la rupture du plissement à direction N.-E. que nous avons vu se former antérieurement, puis l'ablation du Jurassique supérieur et du Crétacé inférieur sus-jacents, ce qui suppose des mouvements d'eau très considérables et une configuration du pays bien différente.

Ces mouvements s'étaient en effet étendus sur tout le reste de la région ; mais ils n'y ont pas laissé de traces bien définies, si ce n'est dans un certain nombre de failles qui affectent plus le Grès vert que le Lacustre. Toutefois, comme ces failles ont toutes plus ou moins fortement rejoué après le dépôt de ce dernier terrain et que celui-ci a été de son côté plissé de diverses manières, il est presque impossible de faire aujourd'hui le départ de ce qui revient aux phases de dislocations immédiatement antérieures au Lacustre.

C'est dans le N.-E. de la région cependant que ces mouvements paraissent avoir été le plus accentués ; peut-être en rapport avec la première ébauche de l'axe Ventoux-Lure, d'où serait résulté dans la forme des reliefs quelques modifications qui se font sentir dans la distribution des eaux lacustres.

Les Sables S. sont les premiers dépôts qui viennent remplir les dépressions formées sur ce continent.

L'existence de quelques gisements isolés indiquent qu'ils sont étendus bien au delà des bassins qu'ils occupent aujourd'hui. Toutefois leur origigine geysérienne probable, en les rattachant très naturellement aux mouvements qui ont favorisé leur émission, peut expliquer cet isolement, surtout lorsqu'ils sont en rapport avec des failles.

Peut-être ces dépôts furent-ils suivis d'autres dépôts qui n'ont laissé que des traces insignifiantes ou que je n'ai pu, faute de documents précis, séparer du Lacustre sextien. Toujours est-il que plusieurs indices semblent témoigner de mouvements divers qui auraient eu lieu vers cette époque et qui auraient amené la discordance qui m'a paru exister entre les Sables et les dépôts sextiens. Dans l'est de la région, ils semblent en rapports avec les accidents dirigés plus ou moins N.-S. Mais les faits manquent encore, et on ne sort des conjectures qu'avec l'arrivée des eaux du Lacustre à gypse proprement dit [1].

Celles-ci envahirent la région par le S. ou le S.-O., et vinrent battre les montagnes de Gigondas et le Ventoux.

Les cônes torrentiels de Grillon, des environs de Sainte-Marguerite, comme les couches détritiques du bassin de Suzette-Vacqueyras, montrent qu'il en était bien ainsi, et désignent des rivages au N. et au N.-E. pour le basssin de Bédoin, au N. et probablement aussi au N.-O. pour celui de Vacqueyras, à cause des cailloux de Grès vert qu'on y rencontre.

[1] Si, d'après les notes pag. 210, 232, un certain nombre des affleurements lacustres que je n'ai pas détachés du Sextien devaient être en tout ou en partie considérés comme crétacés, il faudrait comprendre un peu différemment les deux phases de dépôts lacustres que je distingue ici, et attribuer à la première (Sables S.) le lacustre de Vacqueyras et des fractions plus ou moins considérables de celui de Malaucène et de Bédoin.

Après le dépôt des Sables S., les eaux lacustres crétacées auraient continué à s'étendre et gagné en particulier le bassin Suzette-Vacqueyras, où elles auraient laissé de puissants dépôts. Il faudrait leur attribuer à peu près la distribution que j'indique pour le Lacustre inférieur. Puis seraient survenues des modifications du relief qui auraient chassé momentanément les eaux lacustres hors de la région ?. Les mouvements de cette époque seraient précisément ceux que je signale entre les Sables S. et le Sextien. Les eaux sextiennes ne seraient venues que plus tard occuper d'abord le bassin de Bédoin, d'où elles se seraient étendues à l'ouest (Barroux), au nord (Malaucène *partim* ?), puis surtout au nord-est (Sault, Montbrun). Il y aurait donc eu dans l'ensemble déplacement partiel des bassins lacustres de cette seconde période vers le sud-est.

Toutefois, je le répète, la présence de Lychnus dans les calcaires de Vacqueyras (ce qui précède en dépend) reste pour moi tout à fait douteuse : il doit y avoir erreur de provenance pour le fossile de la collection Renaux. Toutes les données que je possède témoignent pour le Sextien ; rien dans les fossiles, en mauvais état il est vrai, que j'ai recueillis dans ces calcaires et que je viens d'examiner à nouveau, pas plus que dans ceux que M. E. Raspail a réunis ou qui se trouvent au Musée Requien, ne rappelle les formes qui accompagnent les Lychnus à Orgon. Loin de là, ces fossiles placeraient plutôt les calcaires de Vacqueyras dans la partie supérieure du Sextien à *Cerithium Lauræ*. (Pendant l'impression.)

Le massif de Laroque restait émergé (conglomérats de rivage au N.-O. du Barroux), ainsi que l'extrémité méridionale du Petit-Ventoux (ravinements dans les dépôts du cône de Crillon), à laquelle il se rattachait probablement par le sud (Saint-Hippolyte).

Du reste, les contours assez irréguliers de ce lac ont varié pendant sa longue durée. Les premiers dépôts lacustres furent suivis d'un mouvement général d'affaissement qui permit aux eaux d'envahir entre autres les parties basses du N.-E. de la région (Sault, Montbrun, Bluye). Dans ses grands traits, la distribution des sédiments lacustres y est la même que celle du Grès vert, avec un peu moins d'extension et des irrégularités dues aux mouvements qui s'étaient produits ou accentués depuis le Cénomanien.

Cette conformité de distribution montre que la topographie de toute cette partie de la région n'avait pas encore été très profondément modifiée depuis le retrait de la mer crétacée.

J'ai déjà dit qu'il n'en avait pas été de même au N.-O., où le Lacustre ne semble pas s'être étendu d'une manière un peu générale (traces au Crestet, à Pierrelongue), et surtout à l'O., où les montagnes de Gigondas présentent un centre important de dislocations.

En rapprochant ce dernier fait de l'altération si singulière du lacustre inférieur du bassin de Suzette, on se demande s'il ne faut pas chercher ici un des points d'émission des sources qui ont amené au jour les gypses caractéristiques des dépôts lacustres de cette époque. Ces eaux, très chargées de principes actifs à leur point d'émission, donnent lieu à de puissants dépôts tufacés, attaquent superficiellement ou profondément les roches encaissantes partout où elles ne sont pas argileuses, altèrent de même les couches lacustres qui s'étaient déposées hors de leur atteinte momentanée ; enfin vont déposer plus loin les gypses, si souvent accompagnés de cargneules, qu'on retrouve à plusieurs niveaux dans cet étage. La grande activité chimique, continue ou intermittente, de ces sources s'épuise peu à peu, et dès le milieu du Lacustre elles semblent avoir pris le régime normal des sources auxquelles on attribue l'origine des gypses lacustres.

Peu après la grande extension de la partie supérieure du Lacustre, les dépôts de cet étage cessent ; les lacs sont remplis ou s'écoulent, et de nouveaux mouvements viennnent modifier le relief d'une manière très sensible avant de produire l'affaissement général qui amènera le retour de la mer.

Les couches lacustres portent de nombreuses traces de ces mouvements antérieurs à la Molasse. Je rappelle la discordance qu'on remarque presque partout entre le Lacustre et la Molasse ; elle témoigne de plissements particuliers que les plissements postérieurs, souvent très différents et presque toujours beaucoup plus accentués, masquent au premier abord. Un certain nombre de failles affectent aussi le Lacustre indépendamment de la Molasse sus-jacente ; quelques-unes sont bien antérieures au Lacustre et ne font que rejouer (massif Gigondas—Vaison, Sainte-Marguerite), comme le prouve la dénivellation des terrains secondaires, beaucoup plus forte que celle du Lacustre qui n'est jamais très considérable ; mais d'autres, celle de Bluye par exemple, se rattachent aux mouvements importants de cette époque. Ceux-ci paraissent avoir laissé des traces, entre autres dans la partie N. et E. de la région.

Le relief que nous avons vu émerger dans cette partie de la région et qui, d'abord allongé N.-O ou N.-N.-O, avait déjà très probablement pris une forme nouvelle plus voisine de la direction E.-S.-E qu'il a aujourd'hui, semble avoir reçu à ce moment une accentuation particulière qui mettra plus tard la région Bluye-Brantes et la région S.-O. de Sault, qui conservait peut-être encore quelques communications avec les bassins lacustres de S. ou du S.-O., hors de l'atteinte des eaux marines. Toutefois il est difficile de dire jusqu'où fut poussée cette action, surtout pour la première, qui n'a certainement reçu ses allures actuelles que plus tard ; la difficulté est d'autant plus grande que les dépôts lacustres de Bluye sont mal datés et ne se trouvent que dans une faille témoin d'un ancien synclinal qui les a conservés.

Ces divers mouvements postérieurs au Lacustre se terminent par un mouvement général d'affaissement qui pourrait bien avoir été la cause encore plus que l'effet des premiers.

Cet affaissement (de plus de 800^{m} par rapport au relief actuel) met fin à la période continentale, qui durait depuis la fin du Cénomanien. La mer envahit de nouveau la région, mais c'est pour la dernière fois, car c'est pendant le dépôt de la Molasse que le relief de la région va prendre sa configuration, si ce n'est encore son altitude actuelle.

La mer molassique paraît avoir recouvert de ses eaux presque toute la partie ouest de la région, sans rencontrer, semble-t-il, de relief d'une certaine étendue émergé à ce moment. Elle y dépose ses sédiments sur les massifs secondaires de la troisième et de la quatrième région, dont la plupart des accidents étaient déjà ébauchés, quand ce n'est pas fortement accentués, comme dans la troisième région, où la Molasse repose sur les couches verticales du Néocomien (coupes 5, 5', 14, 15, Pl. III). J'ai déjà fait remarquer que parmi les nombreuses failles de ces deux régions, un certain nombre seulement affectent sensiblement la Molasse, et la plupart par récurrence.

Dans le reste de la région, la mer molassique rencontre des reliefs émergés, peut-être même assez accentués déjà, entre lesquels elle s'avance en golfe profond jusqu'au delà de Montbrun et d'Aurel. Au sud, le Petit-Ventoux ne paraît pas avoir été recouvert par la Molasse; on la rencontre au nord de Crillon jusqu'à 500^{m} d'altitude, mais elle n'a laissé aucune trace à côté du Lacustre de Saint-Sidoine.

Vers Aurel cependant, le Ventoux était encore déprimé et le golfe s'étendait jusque dans l'ondulation synclinale ?, peut-être assez bien indiquée déjà, qui allait devenir la dépression de Sault ; sa limite ne paraît pas s'être avancée bien au sud.

Au nord, une fraction indéterminée de Bluye était, comme je l'ai dit, déjà trop relevée pour que la Molasse ait laissé à côté du Lacustre des traces dans l'anticlinal de la faille de Bluye. Il va sans dire que là où tout témoin manque, je ne puis tenir compte des dénudations qui auraient pu faire disparaître la Molasse bien au delà des limites que ses restes actuels et leurs allures laissent supposer.

Dans la vallée du Toulourenc, on ne retrouve pas de trace de la Molasse en aval de Saint-Martin (Savoillans) ; il semble cependant que c'est par l'emplacement de cette vallée que les eaux molassiques sont parvenues jusque dans le bassin de Montbrun. Sur le flanc méridional de l'extrémité de la montagne de Bluye, au nord-ouest de Veaux, on rencontre en effet comme les amorces de la Molasse qui occupait cette vallée, ouverte alors probablement un peu plus au nord, peut-être jusqu'à Mollans, par-dessus l'extrémité non encore relevée de la montagne de Bluye. Il semble du reste qu'il y ait eu là, comme plus au sud, le long du Rissas, une sorte de seuil sur lequel les sédiments de la Molasse inférieure ne se sont qu'irrigulièrement et imparfaitement déposés.

Cette grande extension de la mer molassique ne fut pas de très longue durée ; des mouvements compliqués vinrent bientôt modifier le contour de ses rivages.

La succession détaillée de ces mouvements est difficile, pour ne pas dire impossible, à établir dans une région aussi restreinte, où ils semblent s'être continués sans interruption apparente dans les dépots, pendant une longue période de soulèvement qui amène progressivement et successivement la région à son relief actuel.

Il semble cependant qu'on puisse distinguer les traces de deux phases au moins.

On observe en effet, immédiatement ? après le dépôt de la Molasse tout à fait inférieure, des indices de soulèvements qui isolent sur certains points ces dépôts et les séparent du reste de la mer Molassique, où d'autres dépôts continuent à se former. Ces mouvements paraissent se manifester surtout aux deux extrémités est et ouest de la région et se rattacher aux directions N. et N.-N.-E.

A l'est, ils donnent à la dépression de Sault ses principaux traits, traits qui pourront s'accentuer plus tard, surtout sur son bord ouest et dans la coupure d'Aurel, avec le relèvement définitif du Ventoux, mais qui assureront dès à présent la conservation des dépôts relativement meubles de cette vallée.

A l'ouest, ils paraissent avoir contribué au soulèvement partiel de la troisième et de la quatrième région (Molasse de Saint-Amand, Molasse d'eau douce ?). Leur action semble s'être portée sur le bord ouest de ce massif et avoir laissé dans la Molasse inférieure de Gigondas des traces remarquables. Mais à part quelques points, les mouvements subséquents rendent bien difficile la détermination de ce qui appartient à cette première phase. Quant à se servir pour cela des directions, c'est illusoire ; sans aller plus loin que la direction N. 26° E., qu'on serait tenté de rapporter à ce moment, il me serait facile de montrer que plusieurs failles qui lui appartiennent très nettement, comme (ε) de la quatrième région, sont de la manière la plus évidente antérieures à la Molasse, après laquelle elles n'ont fait que rejouer.

Des mouvements très importants et définitifs pour le relief de la région se manifestent en effet après le dépôt de la Molasse inférieure, pendant et après celui de la Molasse moyenne. Ils provoquent entre autres, dans la vallée du Bas-Rhône, la formation des grands plis parallèles du Ventoux-Ouest, des monts de Vaucluse, du Luberon, etc., plis qui tous relèvent fortement la Molasse inférieure et plus ou moins la Molasse moyenne, tandis qu'ils laissent dans la plaine la Molasse tout à fait supérieure, exhaussée, il est vrai, mais en couches ordinairement semi-horizontales.

C'est à ces mouvements qu'il faut rapporter tous les accidents dans lesquels la partie moyenne (partie inférieure de M^2; je ne parle que de la région telle que je l'ai limitée) de la Molasse est intéressée. Si on en fait le relevé, on voit qu'à part quelques failles et quelques plis (Malaucène, Beaumes) qui affectent tout particulièrement M^2, c'est la région entière qui a été non seulement surélevée, mais comme comprimée, de manière à accentuer tous les accidents antérieurs et à amener la formation du grand plissement en arc de cercle que nous avons vu la caractériser. On dirait que tout l'ensemble de la région a reçu une sorte d'ébranlement qui a mis en œuvre tous les soulèvements antérieurs, la plupart, sauf la troisième région, seulement ébauchés, pour relever en masse la région et lui donner son relief dans de telles conditions que celui-ci paraît être — ce qu'il est en effet, nous allons voir dans quelle mesure — le résultat de soulèvements de directions très diverses, superposés et combinés d'un seul et même coup.

Sans entrer dans le détail, ce qui du reste serait impossible, voici comment on peut essayer de se représenter cette action.

La direction des mouvements spéciaux à cette dernière période de soulèvement est donnée par les accidents dont je viens de parler et qui sont dirigés E. 10-15° N. C'est donc perpendiculairement à cette direction que les forces agissantes à cette époque auraient exercé sur toute la région des pressions tendant à lui faire occuper le moins de place possible. Ce résultat était obtenu par la formation de plis et de ruptures suivies de glissements ou failles; mais comme la masse sur laquelle s'exerçaient ces pressions n'était point homogène ou vierge de mouvements antérieurs, les lignes de soulèvements ou de fractures déjà existantes, en offrant à la formation de nouveaux plissements des résistances très inégales, devaient sur un grand nombre de points, si ce n'est commander toujours, au moins singulièrement modifier la direction des accidents et leur manière d'être.

Ainsi donc, quand des résistances trop grandes n'y mettaient pas obstacle, les plis se formaient perpendiculairement à la direction des forces, c'est-à-dire suivant la direction E. 15 N. (Ventoux-Ouest, Molasse de Montbrun); sinon, il se formait des ondulations perpendiculaires au plissement normal (Molasse de Malaucène, Veaux, Péguière), des refoulements (arête de Plaisians) ou de nouvelles combinaisons, si l'on veut de nouveaux couples, d'où naissaient des mouvements résultants (inflexion de l'anticlinal de Bluye, synclinal du Toulourenc à ses deux extrémités), accompagnés souvent de ruptures (mouvements du revers nord de Bluye le long de la faille γ''' ; voussoirs du Ventoux-Ouest); quand les combinaisons devenaient trop complexes dans un espace trop restreint, il se formait un centre de dislocation (Saint-Baudille, Pierrelongue, Arnavon); enfin, lorsque la résistance provenait de masses relativement mobiles par suite de plis ou de cassures antérieures, ces masses pouvaient se mettre en mouvement suivant ces lignes de moindre résistance, et amener ainsi des soulèvements dont la direction (direction d'emprunt) avait été tracée par des forces qui avaient cessé d'agir depuis longtemps (Saint-Amand — Bluye, Ventoux-Est et peut-être tout Ventoux-Lure).

Le plus souvent, ces différents effets se combinent et se superposent de telle manière qu'il est bien difficile de dire ce qui revient à l'un ou à l'autre; mais le fait général de leur combinaison, qui indique une simultanéité de mouvements de directions très diverses, n'en reste pas moins écrit en lettres majuscules dans la région du Ventoux ; témoin le grand plissement en arc de cercle qui, de Vacqueyras à Montbrun, combine dans un même ensemble les principales directions de la région. Ce fait est singulièrement confirmé par l'étude détaillée des failles, de leurs combinaisons, de leurs mouvements successifs, des glissements longitudinaux dont elles portent la trace, par l'absence si fréquente de rejet quelque peu considérable, et par le passage de la dénivellation d'une faille à l'autre, sans égard pour la direction du mouvement auquel ces failles doivent leur première origine. La grande faille composée (α) qui va de Monnieux à Saint-Léger, le long de laquelle le Ventoux se relève au nord-est et qui se continue avec d'autres allures jusque dans la troisième région, en fournit un bel exemple.

Mais ce soulèvement complexe ne s'est pas produit brusquement et en une seule fois ; c'est là un fait qui ressort avec non moins d'évidence de l'étude de la région du Ventoux. Son action progressive et relativement lente est démontrée par la continuité générale et normale des dépôts molassiques, et par les allures de moins en moins accentuées de leurs couches, qui, après avoir affecté celles de terrains secondaires, finissent sur le bord de la région par des mouvements d'oscillation à peine capables de modifier leur horizontalité.

Sur certains points, ces soulèvements ont évidemment amené des ruptures locales et des affaissements ou des relèvements partiels ; mais les phénomènes sédimentaires ou stratigraphiques qui en ont été la conséquence viennent encore confirmer la durée et les phases complexes qu'a présentées cette période de soulèvement molassique. Comme exemples, je rappellerai : les discordances par glissements, failles ou rivages entre la Molasse inférieure calcaire et la Molasse supérieure sableuse (Sablet, Gigondas, Barroux, Valette, Chambette) ; les mouvements d'oscillations assez compliqués dont témoigne la disposition de divers niveaux de la Molasse autour et le long de l'axe Saint-Amand — Mollans : il existe là, pris entre deux grandes failles du groupe E. 15° N. comme une sorte de seuil où la Molasse inférieure n'a laissé que des traces insignifiantes, tandis que la

Molasse sableuse y acquiert un grand développement et y atteint ses altitudes les plus élevées (500^m); les couches de plus en plus récentes de la Molasse qui, à Mollans, recouvrent le Grès vert relevé ; enfin les dépôts d'eau douce intercalés dans la Molasse et qui témoignent, en particulier celui de Suzette, des érosions considérables qui accompagnaient ces phénomènes.

Les faits stratigraphiques qui précèdent ne sont évidemment pas spéciaux à la région du Ventoux, champ trop restreint du reste pour des études de ce genre ; ils se retrouvent, comme je l'ai déjà dit, avec non moins de netteté dans la Drôme et appartiennent d'une manière générale à la région des Alpes, où il faut aller chercher leurs origines et les étudier plus complètement.

Les mouvements dont je viens de tenter une esquisse locale ne se terminent pas avec les dernières couches de la Molasse qu'on observe dans la région, et qui toutes sont plus ou moins plissées (vallée de Malaucène et environs de Beaumes). Ils se poursuivent longtemps encore, mais en s'atténuant, semble-t-il (aucune faille n'est postérieure à M^2), et en se transformant en un mouvement d'exhaussement général (3—400^m) qui refoule la mer dans la vallée du Rhône, et qui, après des oscillations dont les dépôts de cette vallée (groupe de Saint-Ariès, Font.) sont la preuve et donnent la mesure, amène le relief à son altitude actuelle.

Ces phénomènes restent sans témoignages déchiffrables dans la région même du Ventoux. Les inductions qu'on pourrait baser sur les altitudes diverses et la disposition (synclinale ? en amont de Vaison) des alluvions que j'ai appelées anciennes, sont trop insuffisantes. En l'absence de document, il faut savoir ignorer. Toutefois la configuration de la région ne semble pas s'être beaucoup modifiée pendant ces dernières phases du soulèvement ; elle paraît acquise dès la fin de la Molasse.

Peut-être quelque précieux témoin des dernières oscillations a-t-il été détruit par les eaux torrentielles, qui restaient seules chargées du soin d'achever l'œuvre, en donnant au relief sa physionomie actuelle.

Telle me paraît avoir été, dans ses grands traits, l'histoire de la région du mont Ventoux, dont je termine ici l'étude géologique.

TABLE DES MATIÈRES

ERRATA.

Pag. 15, lig. 32, *lisez :* *Sauvanausus.*

— 17, — 18, — *Bachianus.*

— — — 20, — *Greenackeri.*

— 19, — 10, — Bélemnites plates.

— — — 15, — J^1d.

— 20, — 17, — J^1d.

— — — 18, — J^2a.

— 23, — 14, — à 3^m de son....

— 26, — 5, — *Roubyanus.*

— — — 13, — *ptychoicus.*

— — — 24, — *Metaporhinus.*

— — — 28, — *Callisto.*

— 27, — 28, — *pronus.*

— 32, 1 note, — pag. 39.

— 39, note ligne 4, *lisez :* ... des couches à surface irrégulière et empâtée de marne dure, ou d'autres formées...

— 40, lig. 17, *lisez :* ...bien visibles, du Jurassique aux marnes à Am. ferrugineuses, permettent....

— 43, — 12 — *diphyoides*, d'Orb. in Pict.

— 46, — 6, — d'Orb. in Pict.

— 75, — 15 et 16, *lisez :* ... niveau d'ailleurs toujours parfaitement caractérisé par...

— — — 17, *lisez :* .... qui le composent....

— 83, — 13 et 14, *lisez :* .... et la partie supérieure de ces calcaires se montrent....

— 99, — 8, *lisez :* La conformité de l'Aptien....

— 107, — 4, — .... couches de la Bedoule....

— 124, — 1, — .... zone C^2.

— 127, — 20, — .... filets....

— 128, — 8, — .... les témoins...

— 139, — 6, — .... pag. 504, 508.

— 144, — 23-26,— Ib. Ia. Ic. Id.

Pag. 147, lig. 18, *lisez :* qu'en partie, *ajoutez*: toutefois, dans les descriptions stratigraphiques, il pourra être nécessaire de distinguer 7-8 comme Molasse moyenne et 9 comme Molasse supérieure.
— 152, — 4, — ... on trouve....
— 157, — 18, — ... leurs faciès.
— 162, — 6, *ajoutez* : mais seraient indiqués par les pointements crétacés de la plaine (Thouzon, Védènes, Sorgues, Chateauneuf).
— 173, — 25, *lisez :* revers sud.
— 174, — 29, — Quant à
— 185, — 14, — (comp. coupes 13 et 16, pl. II.)
— 188, — 22, — (coupes 25, pl. II) de la ligne 24, après les mots : pli synclinal...
— 189, — 16, — ....sommet du pli (A)......
— 191, — 3, — .... Maurel où ce terrain repose encore normalement sur le Lacustre supérieur.
— 191, — 6, — (coupe 23', pl. II).
— — — 17, — ... aussitôt, le coté sud persiste seul, et, au Moulin...
— 192, 1°— 3, — coupes 8, 10, 11, 13...
— 196, — 19, — .... calcaires avec *Am*.....
— 199, — 29-31, — .... de Molestre oscillent, à l'ouest (coupe 20", pl. II), autour de la verticale et sont disposées en série inverse à celle du calcaire de Vaison ; à l'est, elles plongent nord et sont entièrement renversées (coupe 21, pl. II); de plus..
— 206, — 29, — .... des falaises, pas plus...
— 208, I — 2, — .... Néocomien, et au Lacustre avec son...
— 210, — 13 et 14 — .... deux lambeaux.... (coupe 5, 6, pl. III).
— 211, — 13, — .... et, dans le fond....
— 216, — 23, — .... Queyron, prise....
— 217, — 9 et 10, — .... ouest, ou plateau de Saint-Amand, porte.....
— 219, *b*) — 10, — Ces parties remplissent....
— 220, — 6, — ..... rejoindre celles....
— 224, — 2, — ..... précises, entre elles et avec lui, restent....
— 228, — 17, *ajoutez* : et sur lequel se trouve un lambeau de Lacustre normal. (coupe 6, pl. III).
— 245, — 4, *lisez* : .... marneuse très marquée sur....
— 256, — 29, — N. 42° E.

Dans les coupes stratigraphiques, les terrains sont désignés, comme dans le texte et sur la carte, par leur lettre initiale accompagnée d'exposants, et les failles par les mêmes lettres grecques que dans le texte. Lorsque des signes particuliers ont été nécessaires, ils sont expliqués dans la planche à laquelle ils se rapportent.

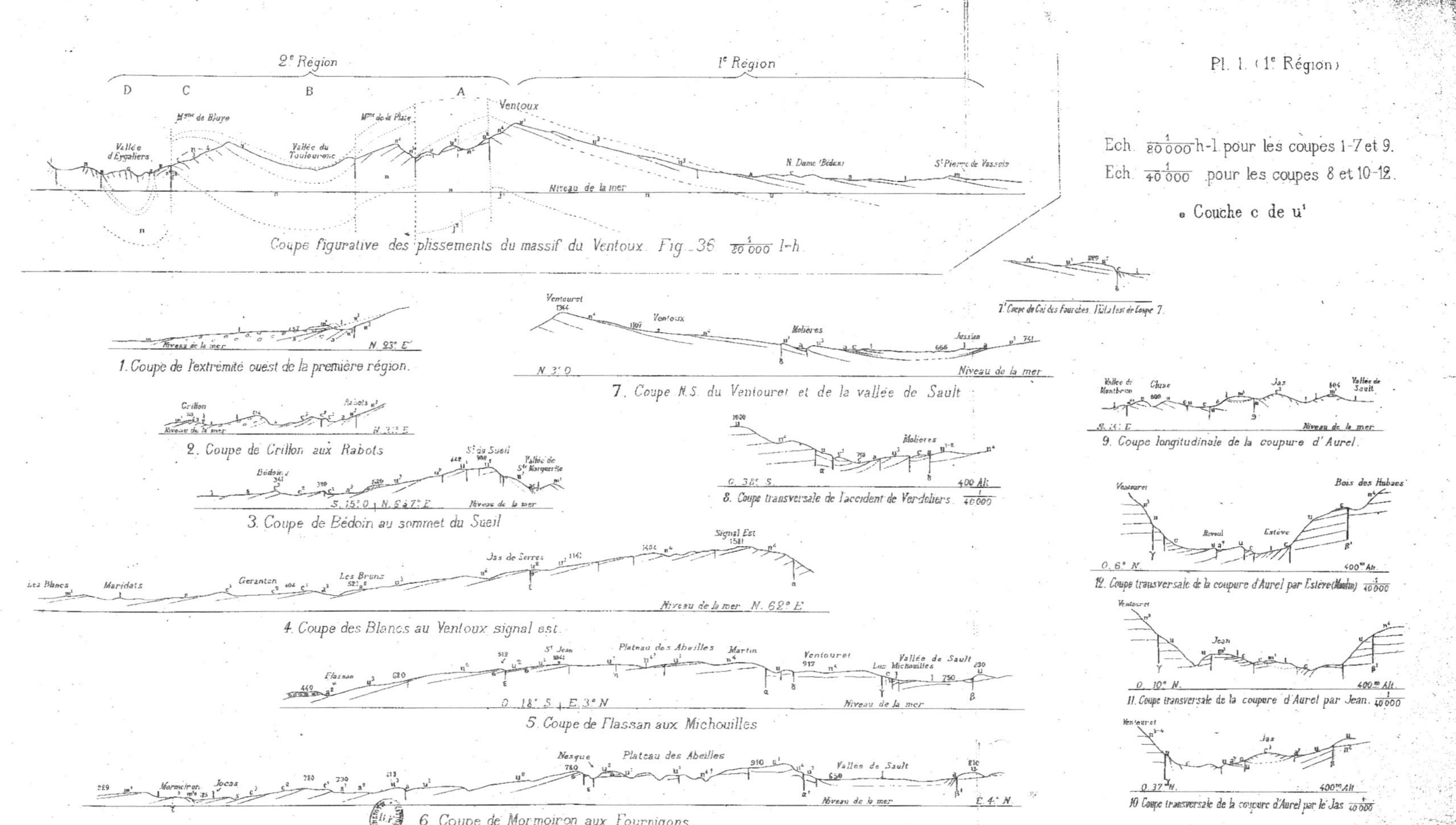
Pl. 1. (1e Région)
Ech. $\frac{1}{80\,000}$ h-l pour les coupes 1-7 et 9.
Ech. $\frac{1}{40\,000}$ pour les coupes 8 et 10-12.
Couche c de u¹
2e Région
1e Région
D
C
B
A
Mgne de Bluye
Vallée d'Eygaliers
Vallée du Toulourenc
Mgne de la Plate
Ventoux
N. Dame (Bédoin)
St Pierre de Vassols
Niveau de la mer
Coupe figurative des plissements du massif du Ventoux. Fig. 36 $\frac{1}{80\,000}$ l-h.
1. Coupe de l'extrémité ouest de la première région.
2. Coupe de Crillon aux Rabots
Crillon
Rabots
3. Coupe de Bédoin au sommet du Sueil
Bédoin
St du Sueil
Vallée de Ste Marguerite
S. 15° O. N. 57° E.
7. Coupe N.S. du Ventouret et de la vallée de Sault
Ventouret
Ventoux
Molières
Jassian
N. 3° O.
7' Coupe du Col des Fourches, l'Est de Coupe 7.
8. Coupe transversale de l'accident de Verdolier. $\frac{1}{40\,000}$
O. 38° S.
400 Alt.
9. Coupe longitudinale de la coupure d'Aurel.
Vallée de Montbrun
Cluse
Jas
Vallée de Sault
4. Coupe des Blancs au Ventoux signal est.
Les Blancs
Maridats
Geranton
Les Bruns
Jas de Serres
Signal Est
1581
Niveau de la mer N. 62° E.
5. Coupe de Flassan aux Michouilles
Flassan
St Jean
Plateau des Abeilles
Martin
Ventouret
Les Michouilles
Vallée de Sault
O. 18° S. E. 3° N.
6. Coupe de Mormoiron aux Fournigons.
Mormoiron
Jocas
Nesque
Plateau des Abeilles
Vallée de Sault
E. 4° N.
12. Coupe transversale de la coupure d'Aurel par Estève(Moulin) $\frac{1}{40\,000}$
Ventouret
Reveil
Estève
Bois des Hubacs
O. 6° N.
400m Alt.
11. Coupe transversale de la coupure d'Aurel par Jean. $\frac{1}{40\,000}$
Jean
O. 10° N.
10. Coupe transversale de la coupure d'Aurel par le Jas $\frac{1}{40\,000}$
Jas
O. 37° N.
400m Alt.
Imp. Berger-Levrault & Fils Nancy

Pl. II (2e Région)

Ech. $\frac{1}{80000}$ 1-h. Sauf les coupes 6. 6' et 7. qui sont au $\frac{1}{40000}$

et les coupes 2'. 2". 3'. 4'. 20'. 21'. 22". dont l'echelle est arbitraire.

A. Anticlinal du Ventoux — C. Anticlinal de Bluye

B. Synclinal du Toulourenc. — D. Synclinal d'Eygaliers.

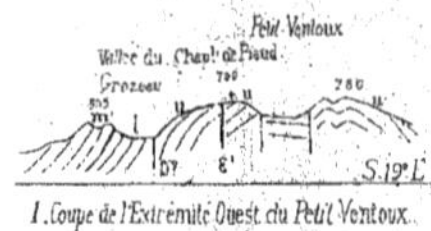

1. Coupe de l'Extrémité Ouest du Petit Ventoux.

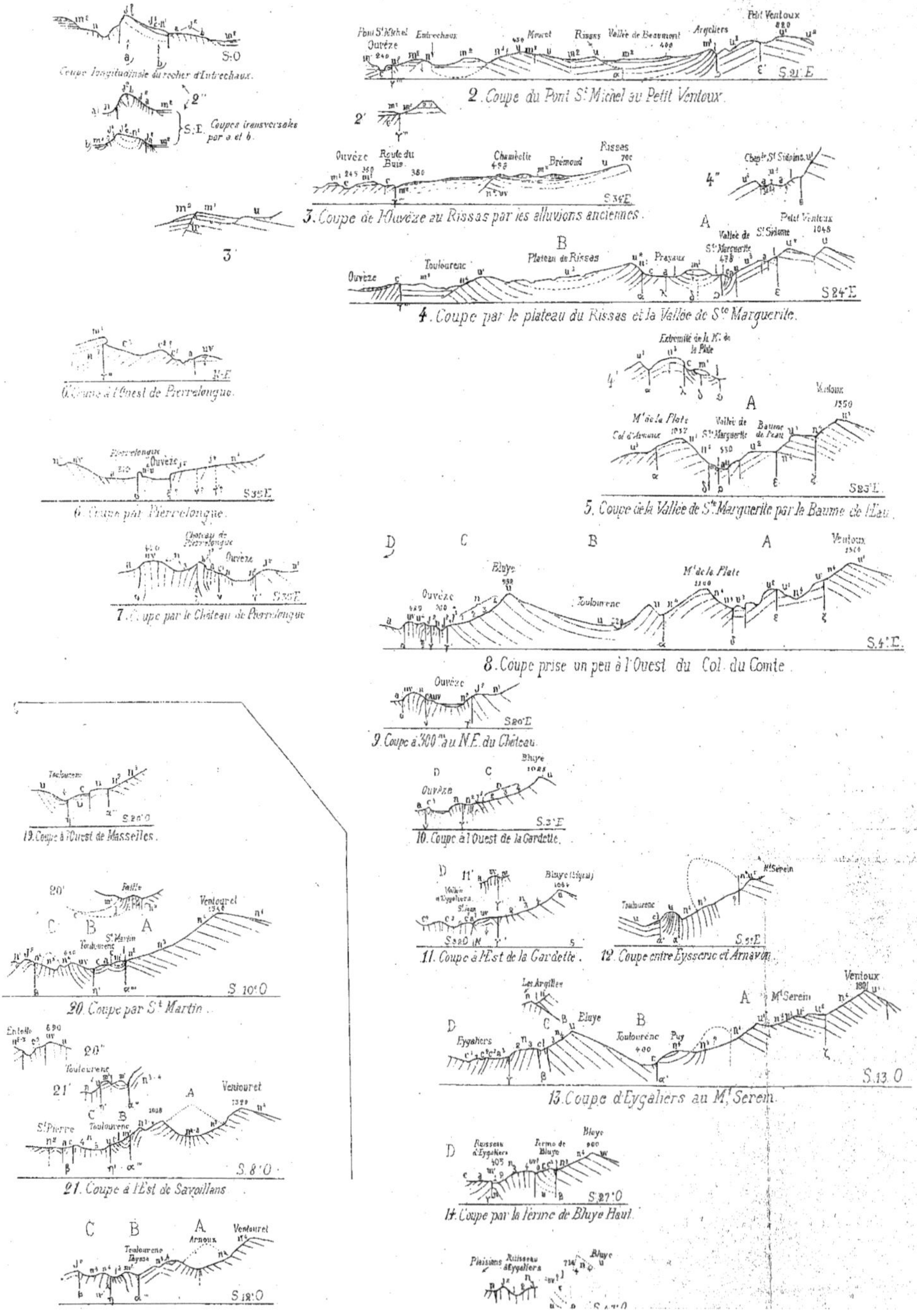

Coupe longitudinale du rocher d'Entrechaux.

Coupes transversales par a et b.

2. Coupe du Pont St Michel au Petit Ventoux.

3. Coupe de l'Ouvèze au Rissas par les alluvions anciennes.

4. Coupe par le plateau du Rissas et la Vallée de Ste Marguerite.

6'. Coupe à l'Ouest de Pierrelongue.

5. Coupe de la Vallée de Ste Marguerite par la Baume de l'Eau.

6. Coupe par Pierrelongue.

7. Coupe par le Château de Pierrelongue.

8. Coupe prise un peu à l'Ouest du Col du Comte.

9. Coupe à 300m au N.E. du Château.

19. Coupe à l'Ouest de Masseiles.

10. Coupe à l'Ouest de la Gardette.

11. Coupe à l'Est de la Gardette.

12. Coupe entre Eysseric et Arnavon.

20. Coupe par St Martin.

13. Coupe d'Eygaliers au Mt Serein.

21. Coupe à l'Est de Savoillans.

14. Coupe par la ferme de Bluye Haut.

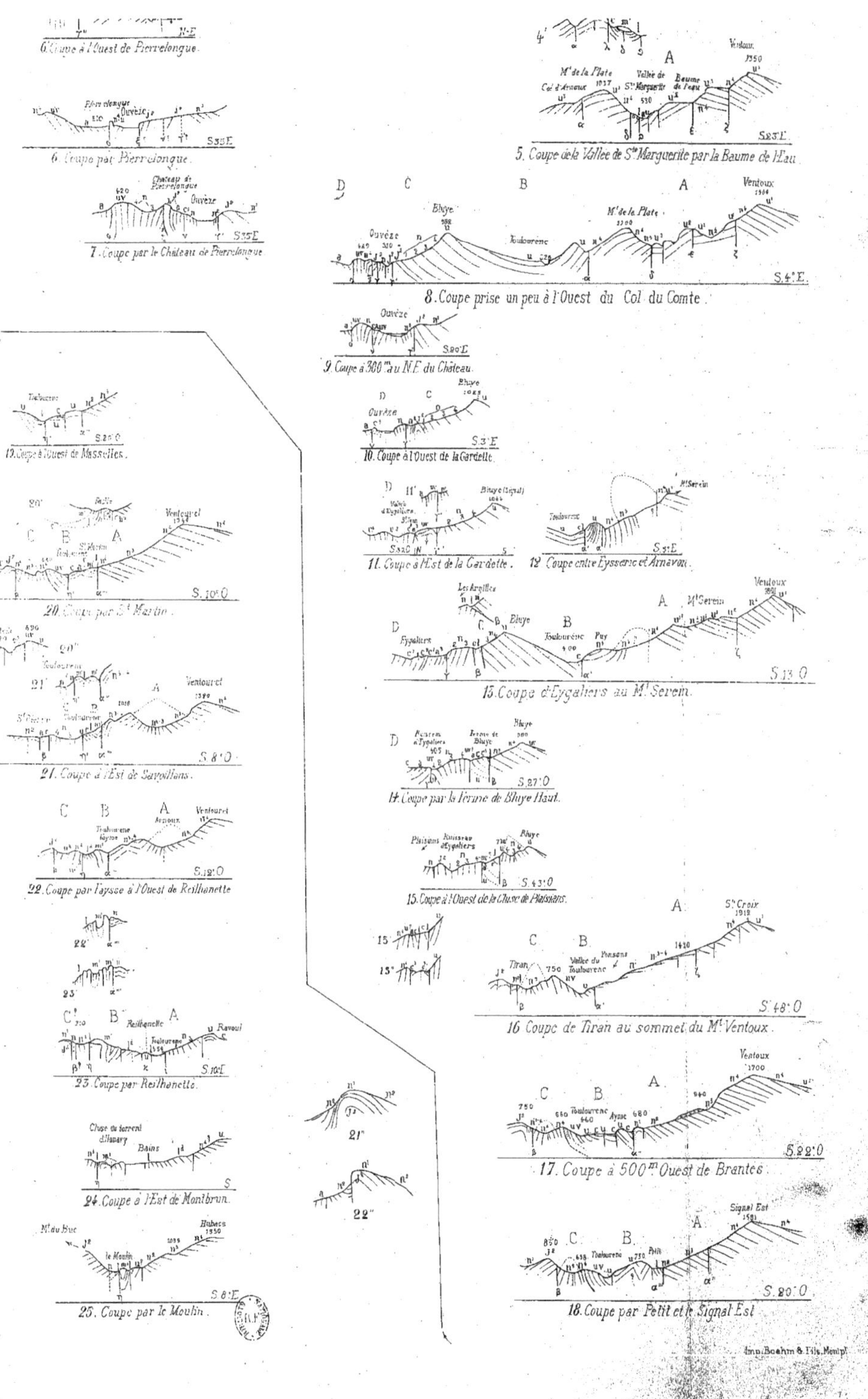

6'. Coupe à l'Ouest de Pierrelongue.

6. Coupe par Pierrelongue.

7. Coupe par le Château de Pierrelongue

5. Coupe de la Vallée de Ste Marguerite par la Baume de l'Eau.

8. Coupe prise un peu à l'Ouest du Col du Comte.

9. Coupe à 300m au N.E. du Château.

10. Coupe à l'Ouest de la Gardette.

11. Coupe à l'Est de la Gardette.

12. Coupe entre Eysserie et Arnavon.

13. Coupe d'Eygaliers au Mt Serein.

14. Coupe par la ferme de Bluye Haut.

15. Coupe à l'Ouest de la Cluse de Plaisians.

16. Coupe de Tiran au sommet du Mt Ventoux.

17. Coupe à 500m Ouest de Brantes.

18. Coupe par Petit et le Signal Est.

19. Coupe à l'Ouest de Masselles.

20. Coupe par St Martin.

21. Coupe à l'Est de Savoillans.

22. Coupe par l'aysse à l'Ouest de Reilhanette

23. Coupe par Reilhanette.

24. Coupe à l'Est de Montbrun.

25. Coupe par le Moulin.

Imp. Boehm & Fils, Montpl.

Pl. III.

Echelle 1/40 000 l-h.
A._Arête Nord
B._Arête du Turc
C._Arête de Montmirail
Calcaires à silex et à foraminifè
limite de n⁴ et de uv.
1. Coupe prise au S.S.E. de la Maronne
Gigondas
St Côme
Pt Montmirail
Niveau de la mer
2. Coupe de St Côme au Petit Montmirail par l'extrémité ouest de l'arête du Turc
Pied-gu
Queyron
Turc
Assault
Roux
St Sébastien
N. 16° O
S. 8° O
Niveau de la mer
3._Coupe de Pied-gu à St Sébastien par le rocher du Turc
Queyron
Assault
Gd Montmirail
Ciély
N. 17° O
S. 4° O
Niveau de la mer
4. Coupe prise à environ 600m à l'est du rocher du Turc et de la ferme du Gd Montmirail
Queyron
Assault
Vallée de Lafare
Niveau de la mer
5._Coupe par l'extrémité est de l'arête du Turc et à 400m O-S-O. de Lafare.
St Christophe
Laroque
Gravairon
Niveau de la mer
6._Coupe par St Christophe et Laroque.
Pied-pourche
Niveau de la mer
16. Coupe par le bord ouest de Pied-pourcl
Font-Sante
Pied-pourche
Niveau de la mer
17. Coupe transversale du massif de Laroque
Plateau de St Amand
734
N. 50° O
200m
11. Coupe du Plateau de St Amand
Meffre
Niveau de la mer
18. Coupe à l'est de la cluse du Barroux.
Ravoux
N. 15° O
200m
12._Coupe un peu à l'ouest du point 691.
N. 10° O.
19._Coupe par la Chapelle
Comtrand
Ravoux
N. 35° O
20_Coupe un peu au sud du Guir

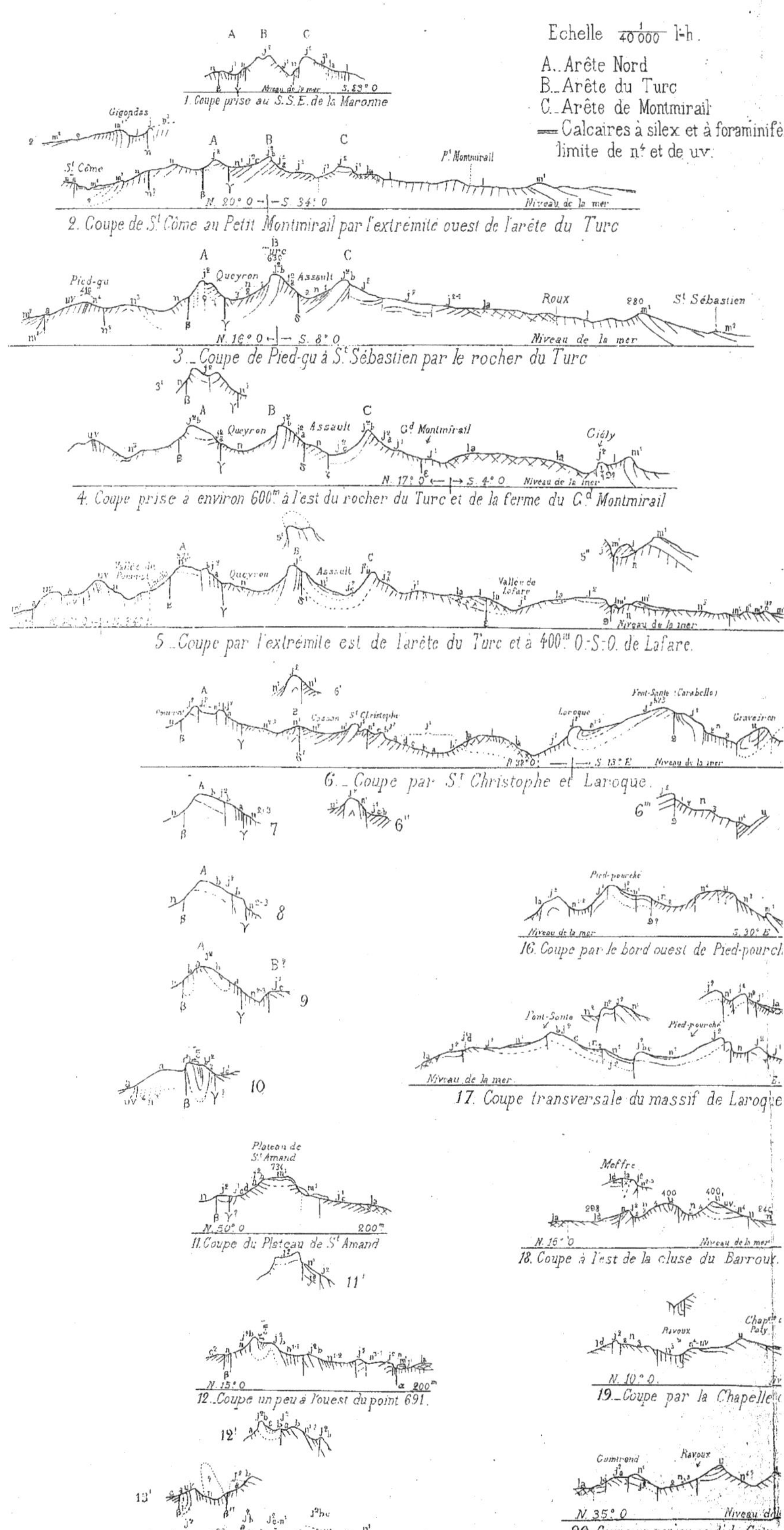

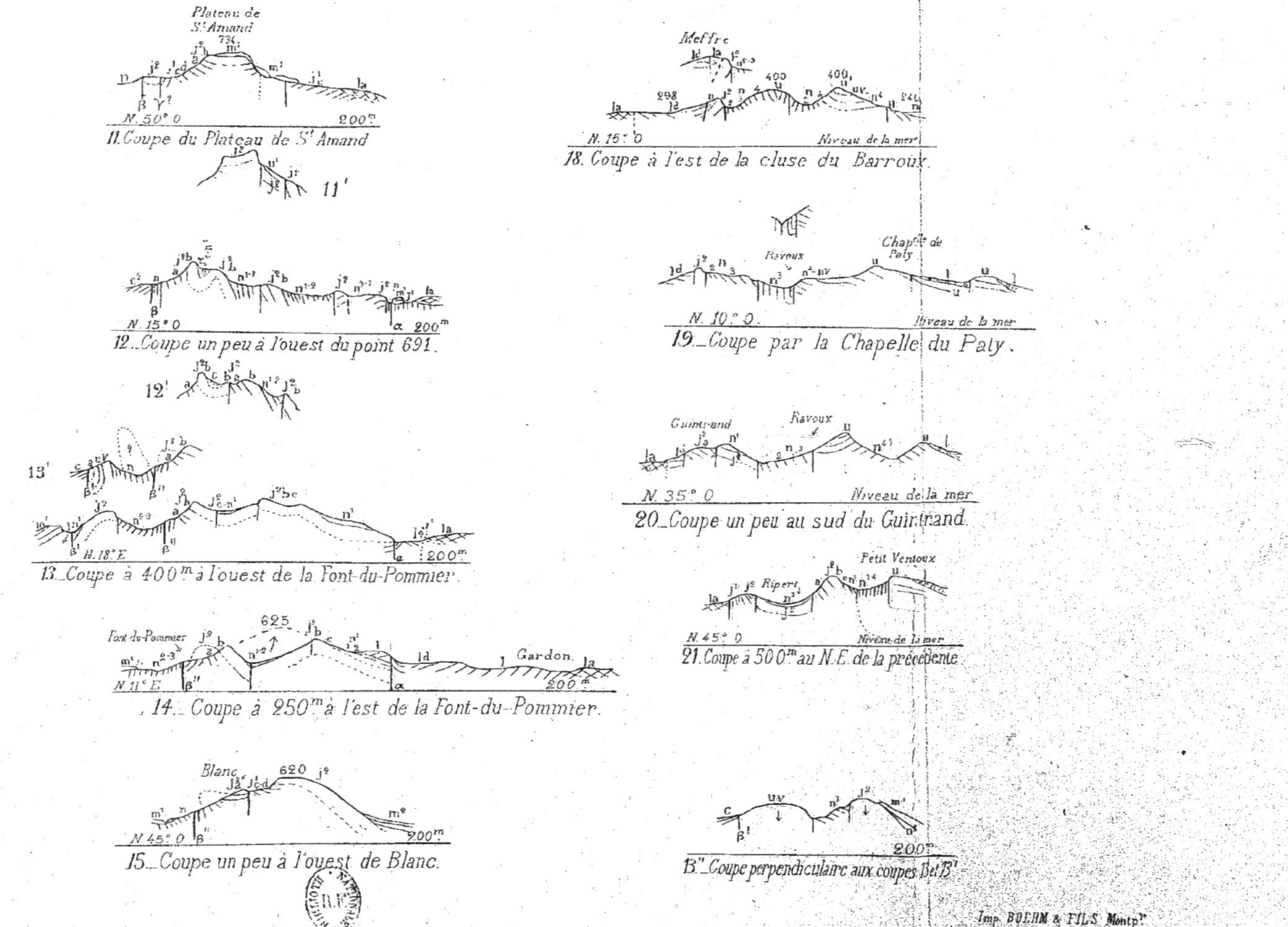

11. Coupe du Plateau de St Amand

12. Coupe un peu à l'ouest du point 691.

13. Coupe à 400m à l'ouest de la Font-du-Pommier.

14. Coupe à 250m à l'est de la Font-du-Pommier.

15. Coupe un peu à l'ouest de Blanc.

18. Coupe à l'est de la cluse du Barroux.

19. Coupe par la Chapelle du Paly.

20. Coupe un peu au sud du Guintrand.

21. Coupe à 500m au N.E. de la précédente.

13''. Coupe perpendiculaire aux coupes 13 et 13'

Pl. IV (4e Région)

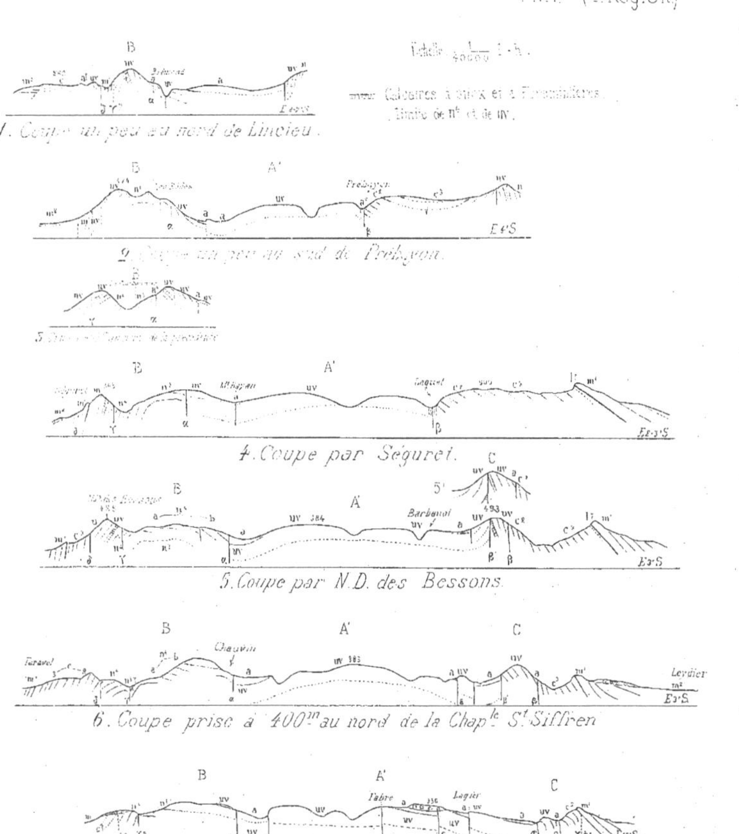

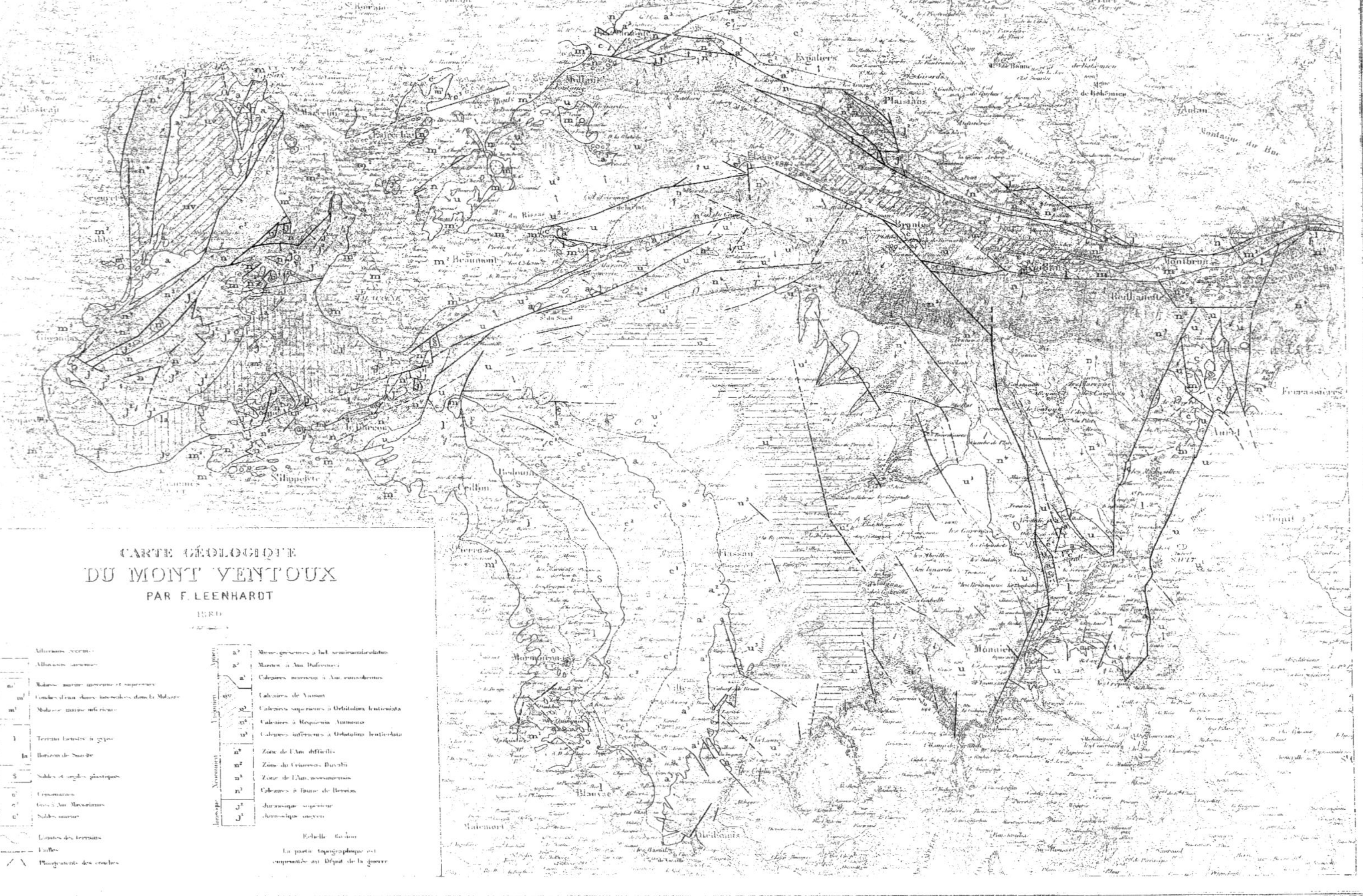
CARTE GÉOLOGIQUE
DU MONT VENTOUX
PAR F. LEENHARDT
Alluvions récentes
Alluvions anciennes
Molasse marine inférieure
Terrain lacustre à gypse
Horizon de Suzette
Sables et argiles plastiques
Calcaires de Vaison
Calcaires à Requienia Ammonia
Zone de l'Am. difficilis
Calcaires à faune de Berrias
Jurassique supérieur
Jurassique moyen
Limites des terrains
Failles
Plongements des couches
La partie topographique est
empruntée au Dépôt de la guerre
Plaisians
Malaucène
Mormoiron
Monieux
Aurel
Ferrassières
Sault
Crillon
Bedoin
Flassan
Villes
Blauvac
Méthamis

Montpellier. — Typogr. BOEHM et FILS.

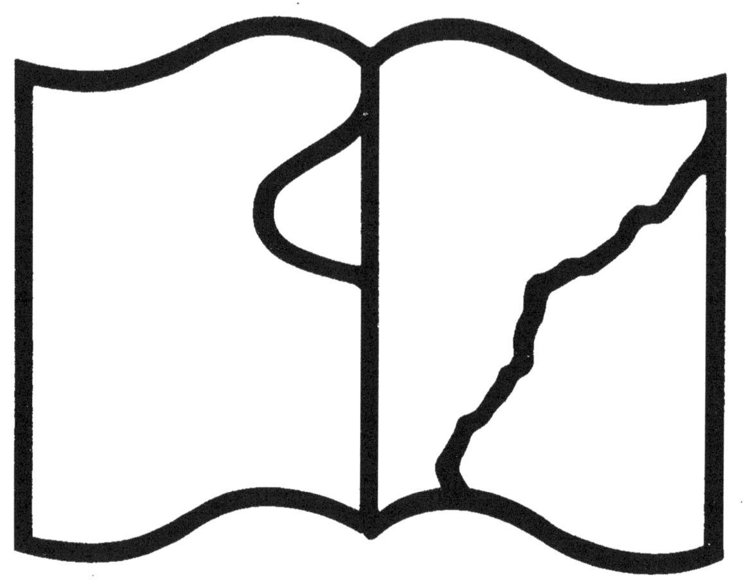

Texte détérioré — reliure défectueuse

NF Z 43-120-11

www.ingramcontent.com/pod-product-compliance
Ingram Content Group UK Ltd.
Pitfield, Milton Keynes, MK11 3LW, UK
UKHW012017240726
13965UKWH00002B/425